U0178479

本书受国家自然科学基金项目资助（项目编号：11473030）

明代
天象记录研究

刘次沅 马莉萍 著

科学出版社
北京

审图号：GS 京（2022）0545 号

内 容 简 介

中国古代有记录天象的传统，流传至今的天象记录数量巨大、门类齐全、持续时间长久，为世界独有。这些记录对于中国历史、科技史，甚至现代科学的研究，都具有不可替代的作用。

明代是中国传统天文学的最后一站，距今较近，因而留存的相关信息特别丰富，最能显示中国传统天文学的面貌。这些记录以《明实录》为主体，补充以《崇祯历书》及各种地方志和私人著作，并得到各种明代史书、类书的传播。本书全面搜集各种相关史料，在比对校勘、科学计算检验的基础上，按天象的种类进行数量统计和内容分析。

本书可供科技史、历史学、天文学研究者，以及对天文学和传统文化感兴趣的读者阅读参考。

图书在版编目（CIP）数据

明代天象记录研究 / 刘次沅，马莉萍著. —北京：科学出版社，2022.10
ISBN 978-7-03-073304-7

Ⅰ.①明… Ⅱ.①刘… ②马… Ⅲ.①天象-天文观测-记录—研究—中国—明代 Ⅳ.①P1-092

中国版本图书馆 CIP 数据核字（2022）第 181853 号

责任编辑：邹 聪 胡文俊 / 责任校对：韩 杨
责任印制：李 彤 / 封面设计：有道文化

科 学 出 版 社 出版
北京东黄城根北街 16 号
邮政编码：100717
http://www.sciencep.com

北京建宏印刷有限公司 印刷
科学出版社发行 各地新华书店经销
*
2022 年 10 月第 一 版 开本：720×1000 1/16
2023 年 4 月第二次印刷 印张：16 3/4
字数：260 000
定价：98.00 元

（如有印装质量问题，我社负责调换）

目　录

第1章 引 言

1.1 钦天监

中国古代有记录天象的传统。除了民间著作偶有零星的记载外，天象记录基本上来自钦天监之类的官方机构，并载于官方史书。这一方面是为天文学研究积累资料，更重要的是为皇帝预测吉凶。例如，《旧唐书·天文志下》记乾元元年三月，改太史监为司天台，设官员六十六人，观生、历生七百二十六人。《旧唐书·职官志二》记司天台"监候五人，掌候天文。观生九十人，掌昼夜司候天文气色"①。

明太祖朱元璋登基以前，便设立了"太史监""太史院"。洪武元年改为"司天监"，洪武三年改称"钦天监"。《明史·职官志三》专门记载明代天文机构的建制、职司和官员配置。洪武二十二年的钦天监包括以下官员：钦天监监正一人，正五品。监副二人，正六品。主簿一人，正八品。春官正、夏官正、中官正、秋官正、冬官正各一人，正六品。五官灵台郎八人，从七品。五官保章正二人，正八品。五官挈壶正二人，从八品。五官监候三人，正九品。五官司历二人，正九品。五官司晨八人，从九品。漏刻博士六人，从九品。以上官员共四十人。其他学生、职员、差役等，当不在少数。

监正、监副全面负责天文观测、编订历书、占候吉凶、推算历法天象。凡遇天象变异，以"密疏"报告皇帝。业务分为四科：天文、漏刻、回回、历法。自五官正以下至天文生、阴阳人，各分科肄业。

钦天监官、生的职业高度神秘而专业。《明会典》（万历本）卷 223 载："凡本监人员……永远不许迁动，子孙只习学天文历算，不许习他业。其不习学者，发海南充军。"缺员时，也会在民间征召，经严格考试后方录用。钦天监人员在劳役、服丧、退休、罪罚等方面都有特殊政策，以保障他们能尽可能在岗工作；与其他官民之间的交往，也有诸多限制。

历代都严禁民间私习天文，以免庶民窥知天意，妄议朝政，惑乱民众。《明

---

① 本书所引二十四史据中华书局点校本，《明实录》据"中央研究院"历史语言研究所整理本。

实录》景泰二年八月丙戌，吏科给事中毛玉言："传用妖书妖言、私习天文禁书，俱律有常禁……诚虑四外无籍之辈，收藏天文星象之图，左道谶纬之术，指以天象垂戒，妄论气运兴衰以煽惑人心……宜敕法司，通行天下，榜谕有收藏及知而不发觉者，重罪之。"

钦天监每年编算各种历书呈报皇帝颁行天下；负责皇家营建宫殿、陵墓、征讨用兵、婚丧大典等重要事项的择日、择地；运行、维护漏刻、钟鼓，报告时辰；先期预报日月食及其分秒时刻、起复方位，以便礼部组织救护仪式。

至于天象观测，《明史・职官志三》记载："灵台郎辨日月星辰之躔次、分野，以占候天文之变。观象台四面，面四天文生，轮司测候。保章正专志天文之变，定其吉凶之占。"这是说，观天的事，由天文生在观象台上分司四面，轮班监视天空。如有情况，由灵台郎用仪器测量星变的位置。保章正根据观测结果和星占理论判断吉凶。当然，最后由钦天监监正来判断是否立即上报朝廷。

钦天监由礼部管辖。在钦天监监正之上，有时还有掌监事。这一职位可以是太常寺少卿或者礼部侍郎。掌监事也可以兼任监正。此外，在宫内还设有灵台，由宦官掌管。

天象记录的流传，通常是这样一个流程：候簿—奏章—实录—正史。候簿之后，可能会有一个全面的文献整理。这样，当时没有上报朝廷的天象，也可能会出现在实录或天文志中。明代以前，我们可以看到的最原始的文献，就是正史天文志和本纪了。比起前朝，明代留存的文献非常丰富。《明实录》基本完整地留存，其中包括大量的天象记录。与之相比，《明史》中的记录显然是从《明实录》中选取的。此外，《崇祯历书》中留存了一大批预报和观测天象的奏折，内容非常详细，这也是此前没有过的。

1.2　干支纪日

中国古代采用干支纪日，这在殷商甲骨卜辞、西周铜器铭文、汉代简牍文书中都有普遍记载。但是这样的纪日方法显然很不方便。序数纪日（如初一、十五）和月相对应，很容易判断和记忆；同时数字之间也便于演算，如初五到二十是 15 天，戊辰到癸未是多少天就必须查表了。

陈侃理认为，西汉太初历之后，序数纪日方才逐渐普及，大量出现在简牍文书中①。事实上，历代正史本纪、天文志、五行志的大量日期记录，都是采用干支纪日。天象记录也有极少数序数纪日，如《南齐书·天文志上》补记刘宋末期的一批天象时，就是使用序数纪日。

天象的原始记录采用什么样的纪日方法，与对于错误日期的考证大有关系。《孝宗实录》中弘治七年九月辛丑（十六）"夜月犯天高星"、壬寅（十七）"是日晓刻金星犯亢宿"、癸卯（十八）"夜月犯井宿东扇南第一星"、甲寅（廿九）"是日晓刻火星犯木星" 4 条记录，经验算错误，但符合十月辛未（十六）、壬申（十七）、癸酉（十八）、甲申（廿九）的天象。显然，这些记录曾经以序数式日期（十月十六、十七、十八、廿九）连续地记载于某文献。月份一个字传抄错误，导致 4 条记录产生同样的月份错误（九月十六、十七、十八、廿九）。在编纂实录时，将序数式改为干支式，导致每个干支都有一个字错误。

又如《英宗实录》中 9 条正统十四年的错误记录，改为正统十二年的同月同日（序数日，而不是干支日），天象全都相合。显然，在史书（实录或更原始的史书）编纂过程中，其被同时误置年份；或在流传过程中，"十二年"误写为"十四年"。

类似的问题，《诸史天象记录考证》中有许多例子②。

早期遗存中，确实以干支纪日为多，给人以当时主要使用干支纪日的印象。《明实录》中每日纪事的起首用干支纪日，但在随后的纪事中提到别的日期时，却是采用序数纪日。天象记录也都是这样，少有例外。例如，《明实录》弘治十二年三月壬申（十三）之后的文本中有"金星昼见于辰位，自初九至是日"，即记录本身引用其他日期时，用序数纪日。《崇祯历书·治历缘起》中有大量涉及天象的奏折，其中用到的日期也都是序数纪日。

种种迹象显示，古时日常生活中（包括钦天监的工作记录中）采用序数纪日，只是在编史或书写文书这样的"正规场合"，才查对日历，将日期由序数改写为干支，以示郑重。

---

① 陈侃理. 序数纪日的产生与通行. 文史，2016（3）：57-69.
② 刘次沅. 诸史天象记录考证. 北京：中华书局，2015.

1.3　历法及其表达

历法产生于人类生产、生活的需要。白天黑夜的交替产生了日的概念,月相盈亏的周期性变化产生了月的概念,寒暑及日夜长短的周期性变化产生了年的概念。这些都是便于观察的自然现象,将它们按照某种规则加以组织,就成了历法。

公元前 1 世纪罗马统治者儒略·恺撒颁布的历法被后世长期使用,称为儒略历。该历规定了每个月的天数,全年共 365 天。又规定每 4 年设一个闰年(能被 4 整除的年份为闰年),增加 1 天,把 2 月由 28 天变为 29 天。这样,每年平均 365.25 天。这种历法遵循太阳年的周期,与月亮盈亏无关,称为阳历。由于太阳年(回归年)的准确周期是 365.2422……天,儒略历每年有 0.0078 天的误差。这误差积累十几个世纪,就有了十多天的差距。具体来说,春分、冬至这样的太阳特征日期,与日历的日期不再同步了。于是,16 世纪教皇格里高利十三世颁布了格里历,规定每 400 年减去 3 个闰年(00 结尾的年数,需被 400 整除才是闰年)。这样,每年 365.2425 天,误差只有 0.0003 天,三千多年才会差一天。格里历规定,旧历 1582 年 10 月 4 日(万历十年九月十八日癸酉)的次日启用新历,具体日期为 1582 年 10 月 15 日(万历十年九月十九日甲戌)。这样跳动 10 天是为了使春分的日期回归儒略历行用的初期。这种国内外学界通用的儒略−格里历,通称为公历(或西历)。

中国传统的历法(简称中历),兼顾太阳和月亮的周期。以日月相合的日子(朔)作为每个月的首日,这样每个月 30 天或者 29 天。每年正午日影最长的一天称为冬至,以此为起始,将一年均分为二十四节气。冬至、大寒、雨水、春分等称为中气,小寒、立春、惊蛰、清明等称为节气,一中一节互相交错。规定含有冬至日的那个月为十一月,其余月份依次排开。平均而言,12 个阴历月共有 354 天,与 365 天的阳历年有 11 天的差距。今年冬至在十一月,过了 12 个月,明年冬至就不一定落在十一月了,因此必须加入一个闰月。传统历法规定,没有中气的月为闰月。这样阳历年和阴历月就同时兼顾了,称为阴阳合历。中国历法早期采用帝王纪年,自西汉初开始采用年号,并且同一皇帝还常常改元，导致年的计数非常不便。自明代开始，皇帝不再改元（除英宗两度执政各用一个年号外）。这应该说是一个进步。

为节省篇幅，本书中某些地方，如表格和图中，对中历日期的表述做了简化。年号依次简化为洪武→武、建文→建、永乐→永、洪熙→熙、宣德→宣、正统→统、景泰→景、天顺→顺、成化→成、弘治→弘、正德→德、嘉靖→嘉、隆庆→隆、万历→万、泰昌→泰、天启→启、崇祯→崇。年、月、日之间用短横线相连。例如，正统四年八月二十八日癸卯，简化为"统 4-8-28"或"统 4-8 癸卯"。

传统历法表达的日期，往往需要化为公历。本书所用公历，年、月、日之间用点相连。在 1582.10.05 以前为儒略历，之后为格里历。由于儒略历与季节和节气之间缺乏对应关系，本书在做周年分析时（如流星雨、老人星见、星昼见），1582.10.05 以前也用格里历，届时会做特别说明。简单地讲，二十四节气在格里历的日期是固定的，在儒略历中则有明显的漂移，在中历中更是没有固定关系。

本书用不同的连接符号（-、.、/）来表达不同的日期系统。例如，中历正统元年八月廿二日，简化为统 1-8-22；化为公历（儒略-格里历）1436.10.2；在第 7 章流星中，还用到一种"相对于 1900 春分点的日期"，表为 1436/10/17。

1.4 计时系统

明代钦天监的计时系统延续前代，少有变化，但留存文献更多，可以看到更多的细节。《明实录》《崇祯历书》记载的日月食事件，屡有关于预报精度的讨论，列举了一些计时的预报和观测结果。为了将这些数据与现代天文计算结果相比较，进而讨论当时的预报和观测精度，需要厘清一些基本概念。

古今中外，地球自转，也就是日出日落，是人类计量时间的基准。两次太阳中天（天体通过天子午圈称为中天）形成一个"日"，向上组合而成星期、月、年、世纪；向下细分为时、分、秒。中国古代将一日分为十二个时辰，每个时辰分为初、正两个"小时"，与现代时间系统的关系如表 1-1。

表 1-1　干支时刻与现代时间的关系（时:分）

子初 23:00	子正 0:00	丑初 1:00	丑正 2:00	寅初 3:00	寅正 4:00
卯初 5:00	卯正 6:00	辰初 7:00	辰正 8:00	巳初 9:00	巳正 10:00
午初 11:00	午正 12:00	未初 13:00	未正 14:00	申初 15:00	申正 16:00
酉初 17:00	酉正 18:00	戌初 19:00	戌正 20:00	亥初 21:00	亥正 22:00

　　与十二时辰制同时，中国古代又将一昼夜划分为 100 刻，这源自漏壶的刻箭制度。一刻相当于现代时间的 14.4 分钟（0.24 小时）。于是，用"刻"的单位将一个时辰向下细分时，一个小时被分为 4 个"大刻"（14.4 分钟）和一个"小刻"（2.4 分钟）。这样的计量系统当然别扭。历史上也曾用过 96 刻制，即将一小时平分为 4 刻，但使用时间并不长。明代钦天监一直使用百刻制。明代文献还能看到刻以下"半""强""弱"的记录。以"午正"这个小时为例，可以表 1-2 表示。刻以下还曾有 1 刻=100 分、1 分=100 秒的用法。这样的细分，并无时间测量的意义（测不了那么细），只是用在日月食计算预报的中间过程。至明末引进西法改历，百刻制被废除，改用 96 刻制，就与现代意义的"刻"完全一致了。

表 1-2　小时内时间的划分（时）

午正初刻 12.00	午正初刻强 12.06	午正初刻半 12.12	午正一刻弱 12.18
午正一刻 12.24	午正一刻强 12.30	午正一刻半 12.36	午正二刻弱 12.42
午正二刻 12.48	午正二刻强 12.54	午正二刻半 12.60	午正三刻弱 12.66
午正三刻 12.72	午正三刻强 12.78	午正三刻半 12.84	午正四刻弱 12.90
午正四刻 12.96	未初初刻 13.00		

　　无论是漏壶还是机械钟表，误差都会逐渐积累。必须时时与太阳周日视运动比对同步，才能长期运行。中国古代漏壶制度，每天两次放掉最后一级受水壶的水，让指示时刻的刻箭归零。这叫作"昼漏上水"和"夜漏上水"，具体时间是日出前两刻半和日落后两刻半，也就是天亮和天黑的时间。当然，以日中圭影或日晷指示校准漏壶更加科学，但文献缺少记载。

　　这样以太阳周日视运动为标准的时间，在天文学上叫作地方真太阳时（地方真时）。由于太阳在天球上的运动并不均匀，两次太阳中天之间的"日"并不等长。因此我们假想一个均匀运动的太阳，也就是真太阳时的平均系统，称为地方平太阳时（地方平时）；真太阳时的误差称为时差，呈现周年性，最大幅度达 16 分钟（0.27 小时）。每天的时差，可以由表 1-3 查出。表中给出公历（格里历）每个月 1、11、21 三天的时差，由此可以估计出其他日期的时差值。例如，3 月 11 日的时差为−0.17 小时。

表 1-3　时差表（时）

日＼月	1	2	3	4	5	6	7	8	9	10	11	12
01	−0.05	−0.22	−0.21	−0.07	0.05	0.04	−0.06	−0.10	0	0.17	0.27	0.18
11	−0.12	−0.24	−0.17	−0.02	0.06	0.01	−0.09	−0.08	0.06	0.22	0.27	0.11
21	−0.18	−0.23	−0.12	0.02	0.06	−0.03	−0.11	−0.05	0.11	0.26	0.24	0.03

平太阳时是一种均匀的时间，这才能用于天象运动规律的探索和预报。真太阳时、平太阳时和时差的关系为：地方平时＝地方真时−时差。

例如，3月11日太阳中天时，真太阳时为12.00，平太阳时为12.17，即12:10。由于地球上各地的地方平太阳时互不相同，现代标准时间采用区时，在我国即是东经120°的标准时间——北京时间。我国各地地方平时与北京时间之差，即是地理经度之差。例如，北京0.24小时［（120−116.4)/15］，南京0.08，西安0.74，广州0.44，上海−0.02。地方平时与北京时间的关系为：北京时间＝地方平时＋经度改正。

例如，北京3月11日太阳中天时，真太阳时12:00，平太阳时12.17，北京时间12.41，即12:25。

以上两个公式合并可得到：地方真时＝北京时间−经度改正＋时差改正。

本书中用阿拉伯数字表示的时间，通常指北京时间。

《明实录》中的天象记录通常在日期后带有夜、晓刻、昏刻、晚刻这样的时间指示，这是前代天象记录所少有的。除了"夜"比较含糊外，晓刻、昏刻、晚刻记录都进一步精细了观测时间。其中的月行星记录得到计算检验的证实，因而为彗流云气等无法计算的天象，提供了有效信息。

中国古代将一夜均分为 5 份，称为五更或五鼓。明代天象记录中偶尔也用到"更""鼓"的表述，也得到某些可计算案例的支持。显然，随着季节的变化，五更的长短及其对应时刻，也有所不同。

1.5　天球的度量

在地球上的人类看来，天空就像一个球，我们处在球心。由于大地的阻隔，总是只能看到半个天球。日月星辰附丽在天球上，按照各自的规律运动。要表达和研究天体的位置和运动，就需要给天球设置坐标系统。现代天文学设立了两个基本坐标系。一个是赤道坐标系（以及类似的黄道系、银道系），以天赤道为基本大圆，天北极、天南极为极，以赤经、赤纬来表达天球上的每一个点。在这个坐标系中，恒星的位置基本上是固定不动的。另一个是地平坐标系，以地平线为基本大圆，以天顶点、天底点为极，以方位（通常从北点起始向东计量）和地平高度（仰角）来表达天球上的每一个点。在这个坐标系中，由于地球的自转，日、月、行星、恒星每昼夜都不停地东升西落，快速改变着位置。

中国古代也有类似的两个天球坐标系。《史记·天官书》记："司危星，出正西西方之野，星去地可六丈，大而白，类太白。"其他类似妖星，亦用方位和高度来描述其位置。又如北天极的高度一直被重视，《晋书·天文志》有"北极出地三十六度"之语。古代天象记录中方位表述常见，高度则涉及不多。中国古代以十二地支来定义方位，即正北为子、正东为卯、正南为午、正西为酉。这一系统在《明实录》行星昼见记录中常常用到，如"正统十四年正月辛亥，太白昼见于巳位"。巳位即正南偏东30°。

为了进一步细分方位，十天干中的8个以及八卦中的4个被插入十二地支方位，于是形成每份15°的二十四方位，如图1-1。

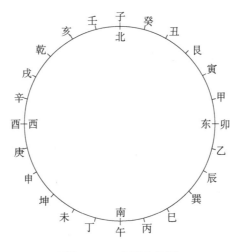

图 1-1　二十四方位图

老人星记录就常常用到丙、丁方位。《史记·天官书·正义》载："老人一星，在弧南，一曰南极，为人主占寿命延长之应。常以秋分之曙见于景（丙），春分之夕见于丁。"《明实录》载："永乐元年八月庚午晓刻，老人星见丙位。"

中国古代全天分为 283 个星官，共计 1464 颗恒星。其中 28 个星官被称为二十八宿，大致沿天球赤道形成一圈，是天空位置的参考系。它们分为 4 组，自西向东分别如下。

东方苍龙：角（左角）、亢、氐、房、心、尾、箕。

北方玄武：斗（南斗）、牛（牵牛）、女（婺女/须女）、虚、危、室（营室）、壁（东壁）。

西方白虎：奎、娄、胃、昴、毕、觜（觜觿）、参。

南方朱雀：井（东井）、鬼（舆鬼）、柳、星（七星）、张、翼、轸。

每宿有一颗"距星"，是测量位置的标准。用 28 颗距星分别连接天球南北极，将全天划分为 28 个长条区域，全天每颗恒星都属于其中一宿。天体的球面位置用"入宿度"和"去极度"来表达，类似于现代天文学中的赤经、赤纬。在天象记录中，日月行星以及彗流云气的位置，大多用恒星、星官来表达。例如，《明史·天文志三》记载："洪武九年六月戊子，有星大如弹丸，白色，止天仓。经外屏、卷舌，入紫微垣，扫文昌，指内厨，入于张，七月乙亥灭。"但明末的一些天象记录也用到经纬度。例如，《明实录》万历四十七年"二月丁巳夜五更，火星逆行入轸宿六度二十分。癸亥（初九）夜四更，火星逆行入轸宿三度十八分"。《崇祯历书》中的日月食和行星记录，更是离不开这样的精确表达。

为了满足太阳日行一度的观念，中国古代定义周天为三百六十五又四分之一度，这与现代度量的"°"相当接近，本书中分别用"度"和"°"表示。在历法计算和仪器（如浑仪）观测中均使用这种计量单位。一度以下，分为一百分，这显然已经超出当时的测量精度，只是在推算中经常用到。在实际测量中，"度"以下常用强、弱、少、太、半这样的估计来表达。先把一度均分为"半"，再将两半各均分为"少、太"。再将"度、少、半、太"各加强弱。这样可以把一度分为 12 份。例如，从一度到二度之间有：一度、一度强、一度少弱、一度少、一度少强、一度半弱、一度半、一度半强、一度太弱、一度太、一度太强、二度弱、二度。

明末改历中，周天 360 度、每度 60 分的计量方法被引用。《崇祯历书》中就有大量这种用法。《崇祯历书·恒星经纬表》中，一千三百多颗恒星的黄经度、分，黄纬度、分，赤经度、分，赤纬度、分以及星等被一一列出。恒星分属十二宫，每宫黄经分别计量。《明史·天文志一》中用表格列出其中 109 颗亮星，并将其中角分转化为少、半、太、强、弱系统。上述 12 份各占 5 角分。例如，0°58′—1°02′归入一度，1°03′—1°07′归入一度强，1°08′—1°12′归入一度少弱，等等。

在任意方向的角度估计时，"丈、尺、寸"常被用到，尤其在天象记录中。笔者应用古代行星位置的尺寸记录回推显示，一尺相当于一度①。王玉民的研究证实了这一结论②。明代在描述彗星尾长和流星尾迹流光时，这种角度体系大量被用到。例如，《明实录》载："(洪武十四年七月壬子)夜，有大星青白色，自天津北行，流三丈余。""(洪武元年)三月辛卯，彗出昴北大陵、天船间，芒长约八尺余。"

二十八宿的宽窄差别很大，最宽的为井宿，宽达 33°，最窄的为觜宿，在汉初只有 1°余，到元代(由于岁差变化)就归零了。二十八宿是如何形成的？为何宽度相差悬殊？为何名称怪异？为何不选取亮星作距星？为何不严格地沿着赤道或黄道分布？这些都是难解之谜。

天体的亮度各不相同。中国古代虽然提到大星、小星，但没有严格的亮度分级。现代天文学将最亮的十几颗恒星定为 1 等，肉眼可见的最暗星定为 6 等，称为星等。星等每差 1 等，亮度差 2.5 倍。这样，太阳的星等为−27 等、满月亮度−13 等、金星最亮时可达−4.7 等、织女星(α Lyr)为 0.0 等、角距星(左角，α Vir)为 1.1 等、房距星(房南第二星，π Sco)为 2.9 等、亢距星(亢南第二星，κ Vir)为 4.2 等、鬼距星(鬼西南星，θ Cnc)为 5.4 等。

1.6 天象记录的文本校勘

天文内容比较专业，在史书编纂、传抄过程中，容易发生错误。像数字、干支这类错误，后世很难根据文义更正。例如，"自己"误写为"自乙"，传抄过程中很自然就会更正；但"己卯"误写为"乙卯"，就很难发觉并更正。因

---

① 刘次沅. 中国古代天象记录中的尺寸丈单位含义初探. 天文学报，1987(4)：397-402.
② 王玉民. 以尺量天——中国古代目视尺度天象记录的量化与归算. 济南：山东教育出版社，2008.

此,与其他文本相比,天象记录错误更多。利用现代天文计算方法,可以准确地推算几千年来的日、月、行星、恒星位置。因此,对于大多数天象记录,我们都可以计算验证。错误的记录,也可以用计算方法考证其本来面貌。可以计算的天象包括日月食、月行星位置、恒星方位等。彗星、流星、云气等无法计算,但天文学知识也有助于发现和解决其文本中的问题。

笔者搜索了二十四史及《清史稿》的本纪和天文诸志,对其中的天象记录进行了全面复算考证,将其中错误且能考出原貌者汇成《诸史天象记录考证》一书[①]。该书前言论述了中国古代天文学和天象记录的简要知识、常见天象的基本原理和现象、天象记录错误的常见类型及原因。

二十四史天象记录错误的原因,大致可归于三个方面。其一,传抄过程中由于形似、音似造成错字;年份、月份、日期脱漏造成日期错误。其二,史书编纂过程中日期摘取、内容分类归置时的错误;史书作者缺乏天文学知识因而导致归并简化原始资料时的错误表述。其三,也有少数错误能看出是观测者导致,如日期差一两天,或认错恒星。

与诸史天文志不同,《明实录》纪事密度大,日期环环相扣,互相关联,因此在成书之后,传抄造成的日期错误比较少,而且容易根据上下文校正。另有一些日期错误,可以看出是在编纂实录时误置,或进入实录之前,就已经错了。

明实录中有一种错误比较常见,如《太宗实录》总第 494 页:

（永乐二年正月）辛亥（初九）夜,月犯轩辕左角。

天文计算显示,正月初九辛亥(1404.02.19),月在参。5 天后十四丙辰,月犯轩辕左角。此处文本上承辛亥(初九),中间还有 5 条纪事。下接丁巳(十五)日纪事。显然,中间有日期"丙辰"脱。

又如,成化八年十二月丙戌两条天象中间间隔其他纪事,后一天象经计算当在下一天,显然在中间有日期脱。

这样的错误记录如果摘录到天文志中,前后文的日期不再像这样互相关联,就无法做出这样顺畅的解释了。

---

① 刘次沅. 诸史天象记录考证. 北京:中华书局,2015.

中国古代虽然明确以子夜为一日之始，但历代天象记录中，后半夜至凌晨的天象，绝大多数记前一天日期①。在《明实录》月亮记录中（行星运动较慢，一天之差不很明显），这一点也表现得很明确：凌晨至日出前发生的事件，记前一天日期，即使"是日晓刻"，指的还是次日。例如，《孝宗实录》总第 496 页：

> （弘治元年十二月）壬子，是日晓刻，月犯房宿南第二星。

计算显示，是日（1489.01.24）凌晨，月距离房宿尚有十几度；次日凌晨，月犯房宿南第二星。

但也有少数例外，即凌晨的天象记当天的日期。例如，《太宗实录》总第 1407 页：

> （永乐八年十月）戊午（廿五）夜，月犯太微垣右执法。

计算显示，是日（1410.11.21）凌晨，月犯右执法。这种凌晨天象记当天日期的情况不多见，但却相当集中。计有永乐八年 2 例，弘治九年 1 例、十年 4 例、十六年 2 例、十八年 1 例，正德二年 3 例、三年 2 例、四年 2 例、五年 1 例、七年 1 例。此外，本书月食一章表 4-6 显示，早上 5 点以后发生的月食，也有相当一部分用当天日期。

因此，凌晨发生的天象，记录日期有一定的不确定性。在我们的计算检验中，凌晨的天象，记当天或是前一天，都属正确。

《明实录》中的天象记录，往往出现在《明史·天文志》中。对比同一事件，互有正误。

除二十五史外，《明实录》是中国古代天象记录最大的来源。何丙郁等从《明实录》中摘出了与天文有关的内容②。笔者参考何书及其他线索，摘出《明实录》中的天象记录，对何书进行了勘误和补遗。此外，笔者还补充了何书不载的《崇祯实录》和《崇祯长编》中的内容③。在全面计算验证的基础上，找出那些错误的记录予以考察。这些错误多数能够考证复原，但也有的考证证据较弱，甚至无考。这些结果，集于《〈明实录〉天象记录辑校》一书④。

---

① 江涛. 论我国史籍中记录下半夜观测时所用的日期. 天文学报，1980（4）：323-333.
② 何丙郁，赵令扬. 明实录中之天文资料. 香港：香港大学中文系，1986.
③ 刘次沅，刘瑞. 崇祯实录及长编中的天文资料. 陕西天文台台刊，1998，21（2）：76-82.
④ 刘次沅. 《明实录》天象记录辑校. 西安：三秦出版社，2019.

1.7　天象记录的数量统计

朝廷天象记录虽有不同文献记载，但其先后源流比较清晰。记录的内容、形式都比较规范。因此我们可以对这些记录进行计数统计。天象记录的计数，按照以下规则。

（1）天象记录的计数，以一个日期、一个天象为"一条"。一个日期下系两条各不相干的天象，计为两条。例如，"月犯心前星，又犯大星"，计为一条（因为月犯心大星后，必犯心后星）；"有流星大如杯……又有流星大如鸡弹……"计为两条。

（2）延续数日的天象，计首尾两条。例如，"甲子彗星见，二十日没"，计甲子、第 20 日癸未两条；"乙丑太白昼见，至壬申没"，计乙丑、壬申两条。

（3）无日期不计，如"二月己巳，月入东井，是岁凡六"，只计二月己巳一条。一个彗星多日记录，各计一条。

应用现代天文计算方法，部分天象记录的正误、精度可以得到检验。这包括日月食、月行星位置记录。在历代朝廷天象记录中，能够计算检验的占到半数以上。由于历代有预报日月食的传统，日月食记录很难判断是来自实际所见还是计算预报。那种有食而中国不可见的情形也难以定义正误。因此我们对天象记录的错误率统计，只针对月行星位置记录。正误的界定按照以下约定。

（1）考虑到月亮周围很难看清暗弱的恒星，所谓"掩"只能是光芒相掩。因此"掩"和"犯"采用相同的标准。古代以 1 度以内为犯，"入""在"的标准不是很严格，但距离也不会太远。

（2）考虑到可能的观测误差和措辞不准确，月掩犯记录，月星距离 5° 以内的算正确。行星掩犯在 2° 以内算正确（实际上绝大多数在 1.5° 以内）。被犯恒星，误在同一星官（如斗第二星误为斗第三星）算正确。日期相差 1 天算正确。

（3）一个错误引起多条记录错误的，只计一条错误。例如，年误、月误，其下所有记录就都错了。《南齐书・天文志上》"月犯列星"中"永明"年号脱漏,导致其后的 200 余条记录全部错误。在我们的错误率统计中,只计 1 条错误。又如,北魏太安至皇兴 13 年间连续 59 条恰早 1 年,可能是互相转抄中的纪年转换错误,也可能是北魏纪年本身的错误,只计 1 条错误。

表 1-4 给出历代天象记录的统计和检验结果。表中以"朝代及文献"顺序排列。其中元朝系统的天象记录始自世宗中统,《清史稿·天文志》仅包括顺、康、雍、乾四代的记录。元朝及以前的天象记录基本上来自正史。明、清记录来源复杂,这里只能提供具体文献的统计。表中给出每个朝代天象记录的总计、年数、年平均数和错误率,错误率是由可以计算验证的月行星记录得出的。

表 1-4　历代天象记录的统计和检验结果

朝代及文献	总计/条	年数/条	年平均数/条	错误率/%
西汉	205	230	0.9	20
东汉	452	195	2.3	31
三国	156	45	3.5	32
西晋	166	52	3.2	63
东晋	602	103	5.8	27
南朝	1 093	169	6.5	15
北朝	1 353	195	6.9	17
隋	57	37	1.5	—
唐	1 170	289	4.0	30
五代	280	53	5.3	16
宋	7 991	317	25.2	10
金	579	119	4.9	14
元	1 945	108	18.0	4
《明实录》	6 617	277	23.9	4
《清史稿》	5 968	151	39.5	4

表 1-4 中可见,南北朝(以及东晋)、五代、金、元代天象记录较密,宋、明、清最密。唐以前的错误率较高,五代以后错误较少。这符合年代越久信息损失越大的一般规律,但较为意外的是隋唐两代天象记录在数量(年平均数)和质量(错误率)两方面都明显不足。

除历代正史外,天象记录还被系统地记载于《通志》、《古今图书集成》、《文献通考》系列、各种"会要"等书籍中,但不难发现,这些书籍中的天象记录基本上还是抄自正史天文等志。明代以前，正史以外的天象记录，仅有《唐会要》中的 89 条唐代月食较为集中，其他如《宋会要辑稿》《文献通考》等偶有零星的有效信息。

明代以前的天象记录，笔者有专著研究，即表 1-4 的数据来源①。表中明代的记录，仅限于《明实录》。明代天象记录的全貌，正是本书讨论的主题。至于明代以前，诸史天文志的记录基本上就涵盖了全部。

每个中历年末的几十天属于下一个公历年。本书所做各种统计，所依据的是中历年，这样比较接近记录的原貌。例如，洪武四年是 1371 年，但"十二月辛丑夜，太阴犯房第二星"，发生在 1372 年 1 月 28 日，而本书统计中列入 1371 年。

---

① 刘次沅，马莉萍. 中国古代天象记录——文献、统计与校勘. 西安：三秦出版社，2021.

第 2 章　明代天象记录的文献来源

2.1　《明实录》

2.1.1　《明实录》及其天文内容

每个皇帝去世后，其继任者为之所编写的编年体史书，称为实录。明、清之实录基本完整，更早的实录极少留存。

《明实录》共 13 部，包括《太祖实录》《太宗实录》《仁宗实录》《宣宗实录》《英宗实录》《宪宗实录》《孝宗实录》《武宗实录》《世宗实录》《穆宗实录》《神宗实录》《光宗实录》《熹宗实录》。其中，建文帝附入《太宗实录》，景泰帝附入《英宗实录》，崇祯帝及南明诸帝没有官修实录。目前最完整、最流行的是"中央研究院"历史语言研究所以北京图书馆藏红格抄本为底本整理的影印本（以下简称红格本），也是本书所据底本。该本除以上 13 部《明实录》外，还附有校勘记与后人所编《崇祯实录》《崇祯长编》《宝训》。由于《崇祯实录》《崇祯长编》并非官方在正常情况下编纂，显然没有得到钦天监的系统天象记录（抑或作者对此没有兴趣），这一时期的天象记录极少，且体例迥异。本书的统计分析中也将这两部书纳入《明实录》，聊胜于无。

13 部实录大多每页 12 行，每行 24 字，共计 3058 卷（大致上每月纪事作为一卷），约 1600 万字；《崇祯实录》17 卷，每页 10 行，每行 20 字；《崇祯长编》66 卷，每页 10 行，每行 22 字。图 2-1 是《宣宗实录》书影。

表 2-1 是红格本《明实录》篇幅及天象记录的统计，内容按照实录和年号的顺序排列。表 2-1 中给出每部实录包括的卷数（不包括序言目录）、页数（总页数/正文页数）、字数（以万字计，每页字数×总页数）、密度（每页字数×正文页数/在位年，反映该实录的纪事密度）、在位年（首年相减得，光宗占神宗一年）、天象记录总数、年均天象记录数（反映该实录的天象记载密度）。

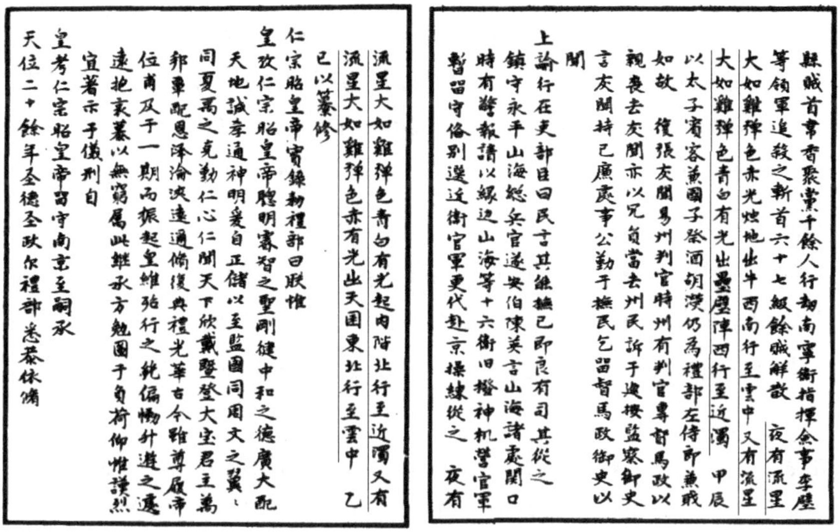
縣賊首常香聚黨千餘人行劫南寧衛指揮僉事李璧
等領軍追殺之斬首六十七級餘賊解散　夜有流星
大如雞彈色赤光燭地出牛西南行至雲中又有流星
大如雞彈色青白有光出壘壁陣西行至近濁　甲辰
以太子賓客兼國子祭酒胡濙仍爲禮部左侍郎兼職
如故　復張友閒易州判官時州有判官專督馬政以
親喪去友閒亦以兄負當去州民詣于巡按監察御史
言友閒持己廉處事公勤于撫民乞留督馬政御史以
聞
上諭行在吏部臣曰民言其能撫己即良有司其從之
鎮守永平山海總兵官遂安伯陳英言山海諸處關口
時有警報請以緣邊山海等十六衛旧撥神机營官軍
暫留守備别選近衛官軍更代赴京操練從之　夜有
流星大如雞彈色青白有光起內階北行至近濁又有
流星大如雞彈色赤有光出天囷東北行至雲中　乙
巳以纂修
仁宗昭皇帝實錄勅禮部曰朕惟
皇考仁宗昭皇帝聰明睿智之聖剛健中和之德廣大配
天地誠孝通神明爰自正儲以至監國同周文之翼翼
同夏禹之克勤仁心仁聞天下欣戴暨登大寶君主萬
邦覃配恩澤淪浹遠邇備復典禮光華古今雖尊履帝
位甫及于一期而振起皇維弘行之純偏懋升遐之遽
遠抱哀慕以無窮屬此繼承方勉圖于負荷仰惟謨烈
宜著示于儀刑自
皇考仁宗昭皇帝留守南京至嗣承
天位二十餘年聖德聖政尔禮部悉恭依備

图 2-1　《宣宗实录》中洪熙元年闰七月癸卯至甲辰的流星记录

表 2-1　《明实录》篇幅及天象记录统计

书名	年号	卷数	页数	总字数	正文字数	密度	在位年	天象记录总数	年均天象记录数
《太祖实录》	洪武	257	3823/3720	110	107.1	3.5	31	801	25.8
《太宗实录》	建文	↓					4	78	19.5
	永乐	274	2538/2480	73	71.4	3.2	22	686	31.2
《仁宗实录》	洪熙	10	323/314	9	9.0	9.0	1	141	141.0
《宣宗实录》	宣德	115	2652/2602	76	74.9	7.5	10	807	80.7
《英宗实录》	正统	361	7285/7179	210	206.7	14.8	14	510	46.8
	景泰	↑					7	381	↑
	天顺	↑					8	467	↑
《宪宗实录》	成化	293	5065/4982	146	143.5	6.2	23	699	30.4
《孝宗实录》	弘治	224	4310/4252	124	122.5	6.8	18	780	43.3
《武宗实录》	正德	197	3763/3694	108	106.4	6.7	16	458	28.6
《世宗实录》	嘉靖	566	9205/9068	265	261.2	5.8	45	307	6.8
《穆宗实录》	隆庆	70	1740/1696	50	48.8	8.1	6	55	9.2
《神宗实录》	万历	596	11572/11450	333	329.8	7.0	47	347	7.4
《光宗实录》	泰昌	8	231/235	7	6.8	6.8	1	7	↓
《熹宗实录》	天启	87	4268/4246	123	122.2	17.5	7	59	8.4
《崇祯实录》	崇祯	17	551	11	11.0		17	34	2.0
《崇祯长编》	↑	66	3873/3853	85	84.8	5.3	↑	↑	↑
总计				1730	1706.1		277	6617	

需要说明的是，年号与实录并不完全对应，因为通常新皇帝继任次年才改年号。所以每部实录的头几个月用的是前任皇帝的年号，而表 2-1 统计是按照实录而不是年号进行的。天象记录则是按中历年的年头统计。泰昌不足一年，没有统计意义，年均天象记录归入下一代（表中用"↓"表示）。建文帝没有实录，其间事件记在《太宗实录》中。

《崇祯实录》和《崇祯长编》的文字分别统计，天象记录及其年均则是综合的，即剔除了重复记录。因为《崇祯实录》和《崇祯长编》都是崇祯时期的，表 2-1 中《崇祯长编》那一行的"↑"表示《崇祯长编》中的相关内容归入上一行。

由表 2-1 中可见，《英宗实录》《熹宗实录》纪事密度最高。《太祖实录》《太宗实录》密度较低，其他实录大体相当。武宗以前天象记录密度都很高，尤其是洪熙到宣德这 11 年，平均每年记录天象近百条。然而嘉靖以后天象记录突然下降，世宗到熹宗五代，年平均只有 7 条。及至崇祯朝，年平均只有 2 条，而且完全失去"常规记录"那样简略、公式化的样貌。也就是说，《明实录》历代的一般纪事密度没有大的变化，但天象记录则自世宗开始的明朝后期大幅减少。

从《明实录》的具体内容看，明代后期钦天监仍在正常活动，应当留下了大量天象记录。自《世宗实录》以后的天象记录减少，应是《明实录》编纂体例的改变所致。至于崇祯时期的天象缺失，显然是资料遗失了。《崇祯实录》和《崇祯长编》的天象记录互有长短，显然没能像其他《明实录》那样参考钦天监的记录。所记天象不但极少，而且既不系统也不专业。

建文帝于洪武三十一年闰五月登基，至建文四年六月被推翻，其间天象记录几乎毫无留存。倒是建文四年（洪武三十五年）六月永乐登基以后的半年间，天象记录多达 78 条，远超平均密度。中国古代认为天象是对皇帝的警示，因而也是皇帝是否正统的"客观标准"。因而彻底抹杀建文帝执政时期的天象记录，密集记载新皇帝所获"天意"，也是编史者的一种政治态度。

除天象记录外，《明实录》中还记载了一些与天文有关的信息，大致可以分为以下几类。

（1）钦天监的组织和工作。例如，《太祖实录》吴元年十月丙午，"改太史监为院。设院使，正三品。同知，正四品……以太史监令刘基为院使"。又如每年十一月朔日记钦天监进明年历书。

（2）钦天监官员及其活动。例如，洪武六年十一月己酉"赐钦天监官及天文生冬衣"。又如万历四十四年九月己巳"盗窃观象台铜索，夺灵台官刘臣俸两月"。

（3）朝廷关于天文现象的议论。例如，洪武十年三月丁未"上与群臣论天与日月五星之行。翰林应奉傅藻、典籍黄麟、考功监丞郭傅皆以蔡氏左旋之说为对。上曰，天左旋，日月五星右旋，盖二十八宿经也，附天体而不动，日月五星纬乎天者也"。

《明实录》篇幅巨大，而且仅存手抄本，更加之没有标点符号和分段，通读和研究其中与天文相关的信息相当不易。何丙郁、赵令扬据红格本将其中相关信息辑出为《明实录中之天文资料》，给研究者以极大便利[①]。该书未包括崇祯时期，笔者以同样体例据《崇祯实录》和《崇祯长编》加以补充[②]。笔者据红格本的电子版，对该书内容进行了核对，并发现和订正了一些细节缺失和错误。

笔者参考以上线索，摘出《明实录》中的天象记录，并以天文计算方法进行了校勘，结果集于《〈明实录〉天象记录辑校》[③]。

2.1.2　《明实录》天象记录的分类统计

《明实录》天象记录的分类统计结果为表 2-2。其中"月恒"为月掩犯（以及入、在、见等）恒星、"月行"为月掩犯行星、"行恒"为行星犯恒星、"行行"为行星互犯或会聚、"老人"为老人星见或寿星见、"彗客"为彗星和客星。多条时间相距不久，位置相关联的彗星记录有可能是记录了同一个彗星，这样估计的彗星个数，置于（）一栏。"昼见"指金星和木星昼见。"其他"天象包括天鸣、太阳黑子、异常恒星现象等。

《太祖实录》记载了洪武元年以前的 5 条天象（日食 2、行星 2、流星 1），应属元代，本书统计不再计入。

表 2-2　《明实录》天象记录分类统计（条）

年号	日食	月食	月恒	月行	行恒	行行	流陨	彗客	（）	云气	昼见	老人	其他
洪武	16	23	171	12	178	18	194	27	7	74	42	0	46
建文	0	0	14	0	18	0	45	0	0	0	1	0	0

① 何丙郁，赵令扬. 明实录中之天文资料. 香港. 香港大学中文系，1986.
② 刘次沅，刘瑞. 崇祯实录和长编中的天文资料. 陕西天文台台刊，1998，21（2）：76-82.
③ 刘次沅. 《明实录》天象记录辑校. 西安：三秦出版社，2019.

续表

年号	日食	月食	月恒	月行	行恒	行行	流陨	彗客	（）	云气	昼见	老人	其他
永乐	8	20	111	10	93	11	396	3	2	8	8	17	1
洪熙	0	1	12	1	8	1	98	0	0	19	1	0	0
宣德	3	9	70	8	60	5	516	16	7	102	7	1	10
正统	4	11	108	16	50	10	173	11	4	106	7	0	14
景泰	4	7	77	7	50	12	118	10	5	68	19	2	7
天顺	4	9	112	1	53	11	156	24	4	73	18	3	3
成化	9	25	252	14	111	8	164	21	2	59	25	0	11
弘治	7	19	266	15	110	12	107	33	6	68	85	33	25
正德	6	12	136	4	54	4	166	6	1	16	32	0	22
嘉靖	17	34	59	13	49	15	21	29	11	12	54	0	9
隆庆	2	6	14	0	6	0	6	6	2	4	7	0	4
万历	18	45	43	10	55	14	76	29	13	13	11	2	31
泰昌	0	1	1	0	1	0	1	0	0	3	0	0	0
天启	1	3	11	1	23	0	7	2	2	5	5	0	0
崇祯	6	6	0	1	8	0	4	1	1	4	1	0	3
总计	105	231	1457	113	927	117	2248	218	67	634	323	58	186

注：共计 6617 条。洪武元年以前的 5 条不计。

从表 2-1 可见，以嘉靖元年为界，明前期天象记录密度很高，后期密度很低。这很显然是《明实录》编纂的体例和兴趣改变导致。从表 2-2 中的数据，我们还可以具体分析前后期对于各类不同天象的态度。

明前期（洪武元年至正德十六年）154 年，各类天象记录共 5808 条，年均 37.7 条；明后期（嘉靖元年至崇祯十七年）123 年，天象记录 809 条，年均 6.6 条。前后期的比率为 0.17。同样方法，表 2-3 给出各类天象的年均数。其中"月亮"合并自表 2-2 的"月恒""月行"；"行星"合并自"行恒""行行"；"其他"合并自"老人""其他"。

表 2-3　明代前后期各类天象记录数的年均比较（条）

项目	日食	月食	月亮	行星	流星	彗星	（）	云气	昼见	其他	总计
前期	0.40	0.88	9.25	5.69	13.85	0.98	0.25	3.85	1.59	1.27	37.76
后期	0.36	0.77	1.24	1.36	0.93	0.54	0.24	0.33	0.63	0.40	6.56
比率	0.90	0.88	0.13	0.24	0.07	0.55	0.96	0.09	0.40	0.31	0.17

由表 2-3 中可见，明代前后期天象记录密度的不同与天象的种类密切相关。月亮、行星、流星、云气等历代数量最多的天象大幅削减，日食、月食的数量基本保持一致。彗星的记录条数有所减少，但个数不减，这说明一颗彗星的记录次

数减少，但彗星的出现得到记载。明后期之《明实录》突出保留的是日月食、彗星、金木昼见和地方报闻的流陨天鸣。这显示了当时对各种类型天象重要性的认识。此外，万历十三年以后似特别关注火星，表达方式也有所不同。

图 2-2 给出《明实录》每 10 年的天象记录数。横坐标下方是公元年，上方是相应的年号；纵坐标是天象记录数。灰色表示日月食、月行星位置动态等"可计算天象"；白色表示其他"不可计算天象"。注意，1426—1435 年（宣德元年至十年）记录总数达到 807 条，超出了图的范围（主要是流星记录猛增）。天象记录最多的年份是洪熙元年（1425 年），达到 141 条。因为洪熙皇帝在位仅一年，次年即宣德元年，所以图 2-2 中没有标出。建文和泰昌同样因为年份太少而未标出。图 2-2 形象地显示了明代天象记录的数量分布。

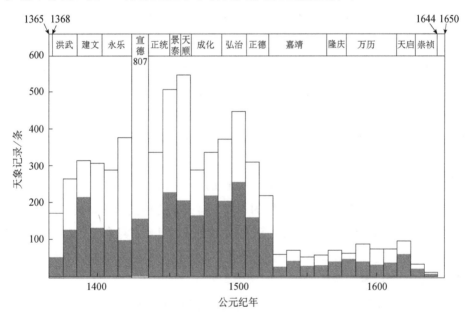

图 2-2　《明实录》天象记录的时代分布

建文帝在位的洪武三十一年闰五月初十日至建文四年六月十三日，《明实录》没有任何实时的天象记录，在前后天象记录都很多的情况下显得十分突兀，这显然表现了后世编《明实录》者不承认建文皇帝的政治态度。

《明实录》的天象记录，基本上来自钦天监（形式规范公式化），但也杂有极少量廷议和地方报闻。廷议中的天象主要是皇帝因天象而对官员的训诫、日食彗星等严重天象时的君臣互动、明末改历争议中涉及的天象。地方报闻在明末渐多，与钦天监渐少形成对比（尽管如此钦天监的记录仍占大多数）。外地天象多是南京报告的老人星见（北京看不到老人星）和各地的流星、陨星报告。

2.1.3 《明实录》天象记录的一些特征

笔者通过对《明实录》中天象记录的统计分析得出以下结论①。一些细节，将在下文中展开。

（1）《明实录》共 13 部，三千多卷，1600 余万字，是明朝历代官修编年史。此外，非官方的《崇祯实录》和《崇祯长编》也包括在本书的统计之中。除历代正史天文志外，《明实录》是中国古代天象记录最大的来源。《明实录》的天象记录远远多于《明史》，两者的源流关系也是历代诸史唯一的例证（表 2-1）。

（2）《明实录》共计天象记录 6617 条，可以分为以下类型：日食 105 条、月食 231 条、月亮动态 1570 条、行星动态 1044 条、流星陨星 2248 条、彗星客星 218 条、云气 634 条、金木昼见 323 条，"老人"和其他 244 条（表 2-2）。

（3）《明实录》总的纪事密度，整个明代没有大的变化。但天象记录的密度，正德以前平均每年 38 条，嘉靖至天启平均每年 7 条，崇祯每年 2 条。崇祯朝天象记录极少且不规范，显然是明末战乱导致资料缺失；嘉靖以后的大幅减少，应是编修《明实录》的史官观念的变化和实录编纂体例的改变所致（图 2-2）。建文执政时期的天象全部抹杀，显然是一种政治态度。

（4）明代前后期天象记录密度的不同，与天象的种类密切相关。月亮、行星、流星、云气等历代数量最多的天象大幅削减，日食、月食的数量基本保持一致。彗星的记录条数有所减少，但个数不减。这反映明后期编史者对各类天象重要程度的取舍（表 2-3）。

（5）用现代天文计算方法可以对大多数天象记录进行验算。由 2614 条月行星记录检验得到错误 107 条，错误率 4.1%。这与《元史·天文志》相当，远好于此前的历代天象记录。错误主要是资料编纂整理过程和书籍传抄过程造成的（表 5-1）。

（6）《明实录》记载日食 105 条，月食 231 条。它们覆盖了都城实际可见日月食的大多数。有的日月食记录，虽然发生，但都城甚至全国皆不可见，这是由于不准确的预报混入实测。《明实录》日月食记录通常非常简略，但明后期常有因为预报不精确而发生争执的记载。

---

① 刘次沅，马莉萍.《明实录》天象记录的统计分析.天文学报，2018，59（3）：73-85.

（7）历代月行星掩犯记录数量巨大。通过复算分析证实，绝大多数凌晨看到的天象记前一日的日期。若干例证说明，原始记录采用序数纪日，只是在编纂史书时，才改用干支纪日。

（8）流陨记录之多、记录之详细，是《明实录》天象记录的一大特色。流星记录详细而规范，通常包括流星的大小、颜色、起始、经过和终止的方向及星区。陨石也多有具体地点和过程的描述。

2.2　《明　史》

2.2.1　张廷玉《明史》的天象记录

《明史》是清初官修的明代历史。自顺治二年（1645）始修，至雍正十三年（1735）定稿，总裁张廷玉。全书共 332 卷，包括本纪 24 卷、志 75 卷、表 13 卷、列传 220 卷，共约 500 万字。

《明史·天文志》3 卷，第一卷述天文理论、恒星、仪器、分野等；第二、三卷分类记载实时天象记录。天象分类很细，包括月掩犯五纬、五纬掩犯、五纬合聚、五纬掩犯恒星（五个行星分别列出）、星昼见（恒星、岁星、荧惑、太白分别列出）、客星、彗孛、天变、日变月变、晕适、星变、流陨、云气，共 20 项。

《明史·天文志》中没有日食分类记录，日食记录分散在本纪中，亦没有月食和月犯恒星分类和记录（尽管《明实录》中很多）。此外，《明史·五行志一》中有"陨石"一节共 18 条，与《明史·天文志》"星流星陨"的记录并不重复，其中 5 条《明实录》也没有；也有少数流星被归入《明史·五行志二·火异》。《明史·历志》有明末关于日月食及行星位置的预报和实测，一些内容不见于《明实录》，可能来自《崇祯历书》。

对比可见，《明史》的天象记录，几乎全部可从《明实录》中找到。比较明显的差别主要有二：其一，《明史》未取《明实录》中的月犯恒星记录，流星也只取了很小一部分。这些在历代天象记录中都是数量最多的。月食未取。云气也只取一小部分，主要是"五色云见"。其二，《明史》通常较为简略和公式化。例如，《明实录》中恒星通常有星座名和具体星名，而《明史》中只记星座名；流星、彗星之类，《明史》的记载也更简略。此外，《明史》中称辰星、太白、荧惑、岁星、填星，《明实录》中多称为水星、金星、火星、木星、土星。

《明史·天文志》的错误记录，大多可在《明实录》上找到正确的原文。对比两者，可发现《明实录》正确而《明史·天文志》错误或关键字脱漏的91条；《明史·天文志》正确而《明实录》错误的6条；两者俱误的29条。详细查看和对比二者，对于理解天象记录在传抄中发生错误的原因很有启发。具体情况，可参阅《〈明实录〉天象记录辑校》[1]和笔者对《明史·本纪》和《明史·天文志》天象记录的校勘[2]。

《明史》天象记录分类统计如表2-4。表中天象的分类，依照《明史》，共计23类。原标题被简化如下：日食，月食，月行——月掩犯五纬，行行——五纬掩犯（行星互犯），合聚——五纬合聚（两个以上行星同宿、合、同度、俱见），木恒、火恒、土恒、金恒、水恒——五纬掩犯恒星，恒昼、木昼、火昼、金昼——星昼见，客星（实际包括彗星、流星、新星及不明异星），彗孛，天变（天鸣、天裂、天变色），日月——日变月变（黑子、日月变色无光、黑气侵日），晕适（日晕、月晕、白虹），星变（恒星、行星亮度变化），流陨（流星大者、异者、陨星出自各地），云气（五色云），陨石。其中日食来自《明史·本纪》和《明史·历志》，月食来自《明史·历志》，陨石来自《明史·五行志》，其他各项来自《明史·天文志》。此外《明史·五行志二·火异》中有火流星12条。

由于位置、形状、亮度变动，一颗彗星（客星）会有多条记录。"彗孛"和"客星"的下一行（）表示上一行的记录总数可能归属几颗彗星，不参加最末行的"总计"。

表2-4　《明史》天象记录分类统计（条）

天象	洪武	建文	永乐	洪熙	宣德	正统	景泰	天顺	成化	弘治	正德	嘉靖	隆庆	万历	泰昌	天启	崇祯	总计
日食	16	1	8	0	3	4	4	4	9	7	6	14	2	18	0	2	6	104
月食	0	0	0	0	0	0	1	0	1	0	0	1	0	0	0	0	3	6
月行	6	0	9	1	7	13	6	1	14	14	4	13	0	12	0	0	2	102
行行	5	0	8	1	5	9	1	1	4	9	3	4	0	11	0	1	1	63
合聚	10	0	2	0	0	2	9	1	4	4	1	5	0	2	0	0	0	55
木恒	26	2	10	0	4	6	7	13	24	16	7	9	1	1	0	4	2	132
火恒	69	8	29	2	26	25	14	19	35	27	10	24	3	36	1	7	8	343
土恒	19	0	4	1	2	6	7	4	7	10	8	2	0	3	0	0	3	76
金恒	45	2	40	4	22	13	22	15	44	44	29	9	1	3	0	3	0	300
水恒	11	1	8	0	5	1	1	0	1	6	1	2	0	0	0	0	1	38

① 刘次沅. 《明实录天象》记录辑校. 西安：三秦出版社，2019.
② 刘次沅. 诸史天象记录考证. 北京：中华书局，2015.

续表

天象	洪武	建文	永乐	洪熙	宣德	正统	景泰	天顺	成化	弘治	正德	嘉靖	隆庆	万历	泰昌	天启	崇祯	合计
恒昼	4	0	0	0	0	0	0	0	0	2	1	0	0	0	0	1	1	9
木昼	0	0	0	0	0	0	8	4	5	21	9	2	0	0	0	0	1	50
火昼	0	0	0	0	0	0	1	0	0	0	0	0	0	0	0	0	0	1
金昼	42	1	10	3	5	7	10	14	20	35	27	52	6	9	0	5	3	249
客星	8	0	2	0	9	0	1	8	8	0	1	10	0	11	0	1	1	60
（ ）	4	0	2	0	6	0	1	3	4	0	1	6	0	6	0	1	1	(35)
彗孛	6	0	1	0	9	8	9	5	9	5	4	14	2	17	0	1	2	91
（ ）	5	0	1	0	3	4	4	2	4	2	2	8	1	10	0	1		(48)
天变	6	0	0	0	0	1	0	0	0	0	1	0	1	1	0	0	2	12
日月	22	0	0	0	3	2	6	11	3	0	3	0	0	8	6	11		75
晕适	12	0	1	2	13	8	7	4	6	7	3	7	1	2	0	2	1	76
星变	3	0	0	0	0	2	0	0	0	0	0	0	0	0	0	1	7	18
流陨	2	0	5	0	1	4	2	0	3	12	6	3	0	20	0	0	0	60
云气	42	0	6	3	6	9	7	2	4	2	0	2	0	2	0	0	0	85
陨石	0	0	0	0	0	0	0	0	3	4	3	0	0	4	0	0	1	18
总计	354	18	143	17	117	121	119	113	214	228	125	178	19	153	10	39	55	2023

注：①日食据《明史·本纪》、《明史·历志》，陨石据《明史·五行志》，月食据《明史·历志》，其他据《明史·天文志》；②最下一行的总计，不包括两个括号行的客星与彗孛个数。

《明实录》共有天象记录 6617 条，《明史》只有 2023 条。《明实录》天象记录 14 万字，《明史》只有 2 万字。

《明史》中也有少数天象记录是《明实录》中没有的，基本上都在明末。当然，那些明显源自《明实录》的错误记录，不在此列。

日月食。104 条日食记录（《明史·本纪》103，《明史·历志》补 1），其中 6 条是《明实录》没有的：建文二年三月，万历四十四年三月，天启六年七月，崇祯七年三月、十四年十月、十六年二月。《明史·本纪》中的日食记载都非常简单。《明史·历志》月食 6 条，都是《明实录》有的。《明史·历志》中有些日月食详情，大抵不出《明实录》。

月五星动态。《明史》独有的月掩犯行星、行星掩犯合聚及凌犯恒星之类共计 28 条。这些记录可以复算检验。其中正德以前 4 条，全部错误。他们可能是抄自《明实录》发生错误，又找不到源头的。嘉靖至天启 11 条，6 正 5 误。这一时期《明实录》的天象记录较少，这些记录可能有其他来源。崇祯时期 13 条，5 正 5 误，另有 3 条同《明实录》。

《明史》独有的其他天象。星昼见 10 条，彗星、客星 13 条，天变、日晕、云气（气象）30 条，星变 9 条，流星 9 条，共计 71 条。其中正德以前 12 条，嘉靖至天启 34 条，崇祯 25 条。此外还有《明史·五行志》5 条陨石记录，12 条火异流星。

《明史》中超出《明实录》的天象记录，正德以前大多应是源自《明实录》的误传。万历以后往往与《续文献通考》《国榷》《二申野录》等同时代文献雷同，似另有来源。崇祯年间的天象记录往往显示出与传统朝廷记录在类型、形式和语言上的不同，有的明显来自民间。例如，"崇祯十三年六月，泰阶拆。九月，五车中三柱隐。十月，参足突出玉井。后四年二月，荧惑怒角"，以及"帝星下移"，"轩辕星绝续不常，大小失次。文昌星拆，天津拆，瑶光拆，芒角黑青"这样一组异乎寻常的记载，更早地出现在《绥寇纪略·虞渊沉》中。

2.2.2　三种《明史·天文志》的比对

清朝鼎革伊始的顺治二年（1645），即议修《明史》，但未见实际成果。康熙四年再修。康熙十八年以万斯同为主再修，历 20 年，于康熙三十八年（1699）成《明史》416 卷（据《续修四库全书》清抄本）。康熙五十三年（1714）王鸿绪上《明史稿》310 卷（据文海出版社影印敬慎堂刻本）。雍正元年张廷玉总裁，至十三年成 332 卷。乾隆四年（1739），《明史》最后定稿，进呈刊刻，成为二十四史官定史书之一（据中华书局点校本）。本书未特别指明时，《明史》皆指张廷玉版。

三种明史都有《天文志》。

（1）万斯同《明史》416 卷：本纪 26 卷、志 110 卷、表 12 卷、列传 268 卷。

卷 32《天文一》：天体、二曜、五纬、经星、大星黄赤道经纬度。

卷 33《天文二》：仪象、极度日影、黄赤宿度、中星、分野。

卷 34《天文三》：天变、日食、日变、日辉气。

卷 35《天文四》：月食、月变、月辉气、月犯五纬、月犯列舍。

卷 36《天文五》：五纬犯列舍、五纬犯太阴、五纬相犯、五纬相合、五纬俱见、星昼见、老人星、瑞星、妖星、彗孛、星变。

卷 37《天文六》：流星、云气。

（2）王鸿绪《明史稿》310 卷：本纪 19 卷、志 77 卷、表 9 卷、列传 205 卷。

《天文一》：仪象、极度日晷、黄赤宿度、中星、分野、天变、日食、日变、月变、月犯五纬。

《天文二》：月犯列舍、五纬犯列舍。

《天文三》：五纬犯太阴、五纬相犯、五纬相合、五纬俱见、星昼见、纬星昼见、老人星、瑞星、妖星、彗孛、客星、星变、星流星陨、云气。

（3）张廷玉《明史》332 卷：本纪 24 卷、志 75 卷、表 13 卷、列传 220 卷。

卷 25《天文一》：（小序）、两仪、七政、恒星、黄赤宿度、黄赤宫界、仪象、极度晷影、东西偏度、中星、分野。

卷 26《天文二》：月掩犯五纬、五纬掩犯、五纬合聚、五纬掩犯恒星。

卷 27《天文三》：星昼见、客星、彗孛、天变、日变月变、晕适、星变、流陨、云气。

各史的某些门类，还有更细的分类，如月犯五纬，以岁星、荧惑、填星、太白、辰星为序分列；星昼见分列恒星、荧惑、岁星和太白。

由于三种《明史·天文志》的格式一致，我们在表 2-5 分类给出各自的字数（不包括标点、小序和说明文字），以反映其天象记录的多少。不同栏目的记录做了适当的归并。表中"月恒"即月犯列舍，"月行"包括月犯五纬、五纬犯月，"行恒"即五纬犯列舍，"行行"包括五纬相犯、五纬相合、五纬俱见，"流陨"包括流陨、五行志的陨石，"彗客"包括彗孛、客星、瑞星、妖星，"云气"包括云气、日晕气、月晕气、晕适，"昼见"即星昼见，"老人"即老人星见，"其他"包括天变、日变、月变、星变。

表 2-5　三种《明史·天文志》天象记录字数比较

文献	日食	月食	月恒	月行	行恒	行行	流陨①	彗客	云气	昼见	老人	其他	总计
万斯同版	1 122	1 781	11 947	1 264	8 897	1 586	6 134	3 365	6 887	2 228	426	7 796	53 433
王鸿绪版	1 113	111②	9 752	1 100	7 844	1 560	2 013	2 855	557	2 315	406	2 376	32 002
张廷玉版	0③	0	0	953	7 692	1 547	1 802	2 553	2 058	2 011	0	1 339	19 955

注：①流陨包括了五行志的陨石记录；②王鸿绪版无月食类，仅在"月变"类列出一年三次月食的"异象"；③张廷玉版日食在本纪，《天文志》无。

表 2-5 中可见，从万斯同《明史·天文志》到张廷玉《明史·天文志》，天象记录总字数逐渐减少。三史中月行、行恒、行行、昼见的规模大致一致。与

万斯同《明史·天文志》相比，王鸿绪《明史稿·天文志》删去了月食、大量减少了云气和其他。张廷玉《明史·天文志》则删去了日食（日食保留在本纪中）、月食、月恒、老人星四类，其他各类也都有所减少。逐条比对可以看出，王鸿绪《明史稿·天文志》、张廷玉《明史·天文志》的天象记录几乎全部来自万斯同《明史·天文志》。

《明实录》中的天象记录格式与《明史·天文志》不同，因而其字数无法与之直接相比较（如《明史》将"太白昼见"集中一起，每条记录只需写出日期；《明实录》插在文本中，就每条都要写出）。不过，以《〈明实录〉天象记录辑校》一书的文本，删去所有标点符号、日序和校勘记，可以得到 142 846 字，略可资比较。

由逐条比对可以看出，万斯同《明史·天文志》的天象记录绝大多数直接抄自《明实录》，只是在明末据其他书籍略有补充。情况与前节所分析的张廷玉《明史·天文志》略同。万斯同《明史·天文志》的日月食、月行星、彗客、星昼见等都与《明实录》逐条相对。最大的不同是，万斯同《明史·天文志》略去了《明实录》的大多数流星记录（《明实录》中记流星 6 万余字，万斯同《明史·天文志》只余 6000 字）和云气记录，其他各种记录也有不同程度的简化。

2.3 几部专志

2.3.1 《续文献通考》

典制文献，类似二十四史志书，分类记载国家制度、自然状况。明王圻编著，万历十四年成书，254 卷。体例上承马端临《文献通考》，纪事起自南宋宁宗嘉定末，终于明神宗万历初。清乾隆敕重编《钦定续文献通考》，体裁内容多取王圻书，乾隆三十二年（1767）成稿[①]，四十九年（1784）成书。全书 250 卷，纪事终于明末。本书所据为 1936 年商务印书馆《万有文库》"十通"本。

《续文献通考》天象记录载于《象纬考》卷 210—215。卷 210 历法沿革，卷 211 天文理论，之后 4 卷分类记载南宋后期至明末的天象记录，约 8 万字。卷 212：天变、日食、日变（黑子、晕珥）、月变（月食、月晕）、彗孛。卷 213：

---

① 吴枫. 简明中国古籍辞典. 长春：吉林文史出版社，1987：827.

月五星凌犯。卷 214：杂星变（恒星光变、行星光变失行、流陨）、流星星陨星摇。卷 215：星昼见、五星聚合、瑞星（老人星、景星）、客星、云气。

《续文献通考》的明代天象记录，似采自《明史·天文志》。文中有不少"臣等谨按"起始的注文，则引用了《明实录》的一些内容，以及对《明史·天文志》的勘误。《明史·天文志》所缺的月食记录，也是"臣等谨按"所补《明实录》内容。像《明史·天文志》一样，《续文献通考》明代部分不载月犯恒星记录。但"臣等谨按"中引用了《明实录》洪武和永乐年间的 5 条。

对比其主要来源宋、金、元、明史之天文志，《续文献通考》天象记录的错误显然更多。

表 2-6 是《续文献通考》中的明代天象记录统计。分类与书中相同，只是使用一些简称以便表中节省篇幅。一颗彗星往往会有多次记录，"彗孛"和"客星"的下一行（）表示上一行的记录总数可能归属几颗彗（客）星，不参加最末行的"总计"。为方便与其他文献比较，"月五星凌犯"被分为月犯（月掩犯恒星行星）和行犯（行星互犯及行星掩犯恒星）。

表 2-6　《续文献通考》中的明代天象记录统计（条）

天象	洪武	建文	永乐	洪熙	宣德	正统	景泰	天顺	成化	弘治	正德	嘉靖	隆庆	万历	泰昌	天启	崇祯	总计
天变	3	0	0	0	1	1	0	0	0	3	2	1	1	6	0	2	1	22
日食	17	1	8	0	3	4	4	4	9	7	6	14	2	17	0	2	6	104
日变	30	0	1	1	11	4	7	10	27	7	7	7	1	14	0	9	9	145
月食	21	0	17	0	5	11	6	7	20	7	11	30	4	39	1	4	7	190
月晕	0	0	0	0	5	9	3	2	2	4	2	3	1	2	0	1	1	35
彗孛	5	0	1	0	9	7	8	5	8	3	4	14	2	17	0	0	3	86
（）	3	0	1	0	4	4	4	3	4	2	2	8	1	10	0	0	0	（48）
月恒	3	0	2	0	0	0	0	0	0	0	0	0	0	0	0	0	0	5
月行	4	0	7	1	7	13	6	1	13	13	4	13	0	13	0	0	1	96
行犯	171	14	99	8	61	59	51	49	128	110	53	53	14	52	0	10	9	941
杂变	5	0	0	0	0	0	0	0	0	0	0	0	0	0	0	8	0	18
流陨	8	0	12	0	7	8	2	5	11	25	40	8	2	30	0	0	0	165
昼见	47	1	9	2	5	7	19	16	23	57	37	52	6	10	0	6	5	302
聚合	10	0	2	0	0	2	9	11	4	4	0	3	0	3	0	1	4	56
瑞星	2	0	16	0	4	0	0	3	0	27	0	0	0	0	0	0	0	54
客星	7	0	0	0	4	0	0	8	0	4	0	8	0	0	0	1	0	47
（）	4	0	0	0	2	0	0	3	0	4	0	4	0	0	0	0	0	（25）
云气	48	0	8	6	7	26	13	11	8	17	10	6	3	6	0	1	3	173
总计	381	16	184	18	129	151	129	132	253	294	179	214	36	221	1	43	58	2439

2.3.2 《古今图书集成》

陈梦雷原编，康熙四十五年（1706）修成。蒋廷锡等奉敕校勘重编，雍正四年（1726）[①]终成。共 1 万卷，约 1.6 亿字。分 6 汇编（历象、方舆、明伦、博物、理学、经济），32 典，6109 部。常见的版本（本书所据）是中华书局 1934 年据雍正四年铜活字版缩小影印本，共计 5020 册。

历象汇编分乾象、岁功、历法、庶征 4 典 120 部。天象记录载于《庶征典》。"庶征"语出《尚书·洪范》，"推天而征之人也"。《庶征典》的内容分类到"部"，每部下有汇考、总论、艺文、纪事、杂录等分部，以下是按历史年代排列的条目。一条引用一个文献，讲一件事情。每册、每卷长度相当，部、分部和条目则长短差异可以很大。

《古今图书集成》的天象记录分为天变部、日异部、月异部和星变部。另有历代天文志所记云气，归入"云气异部"。

第 38 册 17 卷记"天变"，包括天鸣、天变色、天开裂等。第 38 册 19—23 卷记"日异"，包括日食、黑子、晕珥、云气等。第 38 册 25—26 卷记"月异"，包括月食、晕、晦朔见月等。第 39—41 册 35—56 卷记"星变"，包括月五星凌犯、彗星、流陨、星昼见等。每"部"以下的天象，按历代顺序排列，不再分类。《古今图书集成》的天象记录，基本上都注有文献来源，这是十分重要且难得的。

《古今图书集成》元代以前的记录，基本上引自历代正史的本纪和天文志，明代天象记录来源则非常广泛，既有朝廷文献，也有省级的地方志，共计 29 种。其中超过 20 条的有《皇明大政纪》144 条、《昭代典则》68 条、《续文献通考》47 条、《明外史》21 条、《山西通志》49 条、《云南通志》24 条、《广东通志》24 条。其中日食记录多引自《皇明大政纪》和《续文献通考》。地方志中则有比较丰富的陨星记录。天象记录中穿插一些相关纪事和奏章。表 2-7 给出《古今图书集成》天象记录的引用文献。

表 2-7　《古今图书集成》天象记录的引用文献（条）

文献	天变	日异	月异	星变	总计
《皇明大政纪》	4	46	0	94	144
《昭代典则》	3	18	0	47	68
《续文献通考》	0	44	3	0	47

[①] 《古今图书集成》终成时间据《简明中国古籍辞典》第 194 页。

续表

文献	天变	日异	月异	星变	总计
《明外史》	0	6	0	15	21
《明通纪》	1	2	1	8	12
《山西通志》	15	6	0	28	49
《山东通志》	3	3	1	5	12
《广西通志》	4	1	0	10	15
《广东通志》	1	3	0	20	24
《陕西通志》	5	1	0	7	13
《云南通志》	6	2	1	15	24
《四川通志》	4	1	0	7	12
《江西通志》	2	5	0	9	16
《福建通志》	2	0	0	16	18
《湖广通志》	5	3	1	7	16
其他	9	2	0	41	52
总计	64	143	7	329	543

注：其他包括《绥寇纪略》天变 6 条；《春明梦遗录》星变 2 条；《永陵编年史》星变 3 条；《异林》星变 2 条；《正气纪》星变 1 条；《四川总志》星变 2 条；《河南通志》日异 2 条，星变 6 条；《畿辅通志》星变 5 条；《江南通志》天变 1 条，星变 4 条；《盛京通志》天变 1 条；《全辽志》星变 1 条；《泽州志》星变 1 条；《潞安府志》星变 5 条；《浙江通志》天变 1 条，星变 9 条。

　　以下是《古今图书集成》引用比较多的几部著作的大致情况。

　　《皇明大政纪》25 卷，明代编年体史书。起自元至正十二年，终于明隆庆六年，共计约 90 万字。作者雷礼（洪武至正德 20 卷）、范守己（嘉靖 4 卷）、谭希思（隆庆 1 卷）。雷礼曾任工部尚书、太子太保，卒于万历九年。上海古籍出版社 1995 年《续修四库全书》据万历壬寅博古堂刻本影印，属史部编年类。

　　《昭代典则》28 卷，明代政书，记明太祖起兵至穆宗隆庆六年间诸帝、大臣、贤士功业和典章、朝政、征伐大事，提纲列目，叙次条理。作者黄光昇，嘉靖进士，曾任兵部、刑部尚书，太子少保。有万历二十八年金陵周日校刻本。

　　《山西通志》先后多次编纂。有胡谧成化 17 卷本、周斯盛嘉靖 32 卷本、李维桢崇祯 30 卷本、刘梅康熙 32 卷本、石麟雍正 230 卷本、王轩光绪 184 卷本。雍正本收入《四库全书》，得以广泛流传。其中卷 162、163 为《祥异》，有较多天象记录。

　　《云南通志》先后多次编纂。有邹应龙、李元阳 17 卷万历四年本，范承勋、吴自肃 30 卷康熙三十年本，鄂尔泰、靖道谟 30 卷乾隆元年本，阮元、王崧 216 卷道光十五年本，毓英、陈灿 284 卷光绪二十年本。鄂尔泰乾隆元年本入《四库全书》，30 卷，其中卷 28 为《祥异》，记有天象若干，以陨星为多。

《古今图书集成》日食多处所引《续文献通考》与今本所见已有不同。《古今图书集成》没有引天象记录丰富而系统的《明实录》和《明史》，收录的范围显得杂乱而缺少规则，表述也不太清晰规范。

表 2-8 给出《古今图书集成》中的明代天象记录统计。表中第一栏天象记录的类型采用缩写，详见下文。

表 2-8　《古今图书集成》中的明代天象记录统计（条）

天象	洪武	建文	永乐	洪熙	宣德	正统	景泰	天顺	成化	弘治	正德	嘉靖	隆庆	万历	泰昌	天启	崇祯	总计
天变	3	0	2	0	0	0	0	0	0	4	6	12	6	13	3	1	14	64
日食	17	1	16	1	2	12	4	4	13	8	7	14	2	10	0	0	4	115
日变	8	1	0	0	0	1	0	0	2	0	1	7	1	3	0	3	5	33
月变	0	0	1	0	0	0	0	0	1	0	0	0	2	2	0	1	0	7
月犯	4	0	11	0	0	0	0	0	21	0	0	1	1	0	0	1	0	39
行恒	8	1	6	0	0	0	0	0	14	0	1	7	2	1	0	4	3	51
彗客	10	0	1	0	4	0	3	0	20	3	2	6	0	22	0	1	0	73
流陨	3	0	15	0	1	0	0	0	10	11	11	18	2	26	0	5	7	109
昼见	3	0	1	0	0	0	2	0	2	2	1	1	1	3	0	1	3	20
老人	0	0	7	0	0	0	0	0	0	0	0	0	0	0	0	0	0	7
总计	56	3	60	1	10	14	9	7	82	28	29	66	17	80	3	17	36	518

"天变部"的明代记录在卷 17，共 64 条。其中天鸣 43 条，昼晦 9 条，天开裂 9 条，天变色 3 条。

"日异部"的明代记录在卷 23，共 148 条。其中日食 115 条，黑子 2 条，白虹贯日、日晕等云气现象 31 条。表中分别列于"日食"和"日变"。

"月异部"的明代记录在卷 26，共 7 条，表 2-8 中列于"月变"。其中月食 4 条、月昼见 1 条、月变色 1 条、月晕 1 条。

"星变部"的明代记录在卷 55、56，共 299 条，表 2-8 中分别归于以下门类："月犯"月掩犯恒星 32 条、行星 7 条；"行恒"行星犯恒星 45 条、行星相犯 3 条、行星合聚 3 条；"彗孛"彗星、孛星 68 条，客星、妖星 5 条；"流陨"流星、陨星 109 条；"昼见"太白昼见 17 条、岁星昼见 2 条、荧惑昼见 1 条；"老人"星见 7 条。

2.3.3　《二申野录》

在大量地方性著作中，《二申野录》以其天象记录之多而独树一帜。该书共 8 卷，共计约 12 万字，是一部专门记载明代奇闻异事的书籍，始自戊申（洪武元年），终于甲申（崇祯十七年），故名"二申"。该书记载内容没有分类，而是按时间顺序的编年体形式成书。各卷篇幅相差甚远，按朝代排列。明朝早期，记载较少；越到晚期，记载越密。文中没有引用信息来源，但显然采自《明实录》和明末清初大量涌现的各地地方志及文人笔记小说。

　　作者孙之騄，字晴川，浙江仁和（杭州）人。大约生于康熙初年，逝于雍正末年。雍正时曾官庆元教谕，著《晴川八识》八部著作，《二申野录》即为其中之一。该书大约成书于康熙五十年，现存康熙年间的刻本，以及同治、光绪两种吟香馆刻本。《二申野录》内容题材类似《明史·五行志》而成书早于后者，部分内容又得到后者的证实，可见其言之有据，后世亦颇见引用。近年有杨国宜整理的名为《明朝灾异野闻编年录——原《二申野录》（清·孙之騄）》的排印本面世[①]。图 2-3 为《二申野录》光绪辛丑吟香馆刻本书影。

图 2-3　《二申野录》万历甲午（1594）年流星、流星雨及异星记录

　　天象记录是《二申野录》的重要内容，共计 506 条记录，门类齐全，包括日月食、月行星凌犯、彗星、流陨、云气、星昼见、恒星异变等传统天象记录的几乎所有类型，详见表 2-9。明代前期和中期的年均天象记录数平稳，万历以后则明显增多。与《明实录》雷同的比例逐渐减少，至明末则大多数天象记录不见于《明实录》。与《明实录》《明史·天文志》等朝廷记录不同，《二申野录》和各种地方性记录的表达往往不规范，甚至含义不清，错误也相当多。

① 杨国宜. 明朝灾异野闻编年录——原《二申野录》（清·孙之騄）. 芜湖：安徽师范大学出版社, 2012.

日食是《二申野录》天象记录的重点，记录数量甚至超过《明实录》和《明史》，但错误较多。在总共 109 条日食记录中，与朝廷记录相同的有 67 条。其余 42 条记录包括：都城可见者 3 条，都城不可见但中国别处可见者 6 条，有日食但中国各地均不可见者 11 条，错误但可考者 14 条，错误不可考者 8 条。《二申野录》还收录了几例日全食的详情描述。

月五星凌犯记录 166 条，大多可以看出抄自《明实录》。许多错误的记录，也可以看出是从《明实录》中摘抄而发生笔误或错误地简化。独立于《明实录》而又检验正确的记录 19 条，大多集中在万历以后。

《二申野录》的 76 条彗星记录，多数可以看出来自《明实录》，而且一些记录在缩编简化过程中发生了错误。也有一些彗星，朝廷记录过于简单，《二申野录》搜罗的民间记录则丰富很多。

流星、陨星是地方性天象，形态也变化多端，是地方记录中最精彩的部分。总共 68 条流陨记录中，只有 13 条与《明实录》雷同。地方性著作中的记录，显然都是最明显、最震撼的流星事件，其中包括亮如白昼甚至白昼可见、声如雷震、各种颜色和分裂情况的记载，巨大流星陨落并找到陨落物的过程，以及几次流星雨在各地见到的情形。其现象之丰富多彩，地点之具体，也是天象记录中少见的。

《二申野录》中的天象记录统计见表 2-9，表中按照年号分别列出各类天象记录数量，更详细的讨论笔者有文专论①。

表 2-9　《二申野录》中的天象记录统计（条）

天象	洪武	建文	永乐	洪熙	宣德	正统	景泰	天顺	成化	弘治	正德	嘉靖	隆庆	万历	天启	崇祯	总计
日食	15	1	15	1	2	11	4	5	13	9	8	12	1	5	1	6	109
月食	0	0	0	0	0	0	0	0	1	0	1	3	1	0	1	0	8
月亮	1	0	1	0	2	1	0	0	19	1	0	0	1	11	1	2	40
行星	14	1	0	0	0	0	0	0	14	1	1	17	3	48	11	15	126
流陨	2	0	0	0	1	0	1	1	9	5	2	16	2	17	5	6	68
彗孛	7	0	1	1	5	0	5	2	15	2	5	10	0	17	3	3	76
云气	3	0	0	0	0	0	0	1	3	0	2	8	1	5	0	6	31
昼见	5	0	0	0	0	0	0	1	1	3	4	7	3	4	3	6	37
恒星	0	0	3	0	0	0	0	0	0	0	1	0	0	4	0	2	11
总计	47	2	21	2	10	15	13	10	75	20	25	71	11	112	25	47	506

① 刘次沅，马莉萍. 《二申野录》中的天象记录.咸阳师范学院学报，2017，32（6）：1-9.

2.4　几种明朝史书

2.4.1　《国榷》

作者谈迁（1593—1657）①，为编年体明代史书，取材于《明实录》、官方档案、民间所修各种明史，万历以后 70 年占 1/3。共计 104 卷，428 万字。历经周折，于顺治十三年（1656）完成，未能付印。1958 年中华书局始出版排印本。《国榷》除了吸收《明实录》的内容外，还着力于对明末史料的搜集整理，弥补了崇祯一朝缺少官方实录的缺憾。作为官方史书，《明实录》在朱元璋杀害功臣、朱棣掩盖建文朝历史等方面多有忌讳，并且明晚期信息缺失。《国榷》在这些方面都有重要和比较客观的补充。

《国榷》几乎抄录了《明实录》中的所有天象记录。由于总篇幅远少于《明实录》，《国榷》中的天象记录更加显眼。因此，它是除《明实录》以外，明代天象记录最多的文献。

《国榷》天象记录与《明实录》相比，有以下不同。

（1）不取：转引，如谈话中提及的，不取。

（2）简化：月五星凌犯记载中的恒星，《明实录》通常记有星官名和具体星名，《国榷》通常只取星官；"日中有黑子"《国榷》中记"日中有黑"；流星的描述通常有所简化。

（3）空缺：洪武十五年至三十一年，《国榷》仅摘取了《明实录》日月食、星昼见、彗星等少数类型的记录，天象记录的数量远少于《明实录》。此外，偶有如成化十三年十一月、成化二十年这样整月整年的空缺。

尽管《国榷》在史实方面对明代历史，尤其是明晚期历史有重要补充，但其中极少《明实录》没有的天象信息（崇祯时期天象记录与《崇祯长编》《崇祯实录》基本相同）。尽管如此，它还是为《明实录》中天象记录的校勘提供了又一种参考。

---

① 中华书局出版的《国榷》中，吴晗为之作序，言谈迁卒于丁酉年（1657 年）。

2.4.2 《绥寇纪略》

清初吴伟业（号梅村）撰，纪事本末体史书，记明末农民起义事。全书 12
卷。有康熙十三年（1674）刻本。卷 12《虞渊沉》专门记载崇祯年间的灾异，
类似历代正史中的天文志、五行志。《四库提要》称，《虞渊沉》尚有中、下卷，
已佚。

《绥寇纪略·虞渊沉》天象部分四千余字，分为 9 个门类：荧惑太白彗、
紫微帝座轩辕前星太阶文昌、岁星填星觜觿参井六、五车河鼓天津摇光、狼天
弧王良驷房、营头天狗枉矢流星、天赤如血、日变、天鼓鸣。

《绥寇纪略·虞渊沉》的天象记录，基本上是为星占服务的。利用星象对明
末社会动乱进行的附会解释占了相当大的篇幅。天象记录的描述和归类，都
和历代天文志有很大差别，显得很不专业。最明显的特征是，恒星异常的数
量较多，而这在历代天文志中是很罕见的。这些记录大多含义不明，如亢宿、
文昌等星"圻"（裂开，《明史》作"拆"），觜宿、帝座"下移"，"参足突出玉
井"等。

《绥寇纪略·虞渊沉》崇祯时期的天象记录共计 62 条，包括日食 1 条、月
掩犯 2 条、行星运动 14 条、行星昼见 6 条、流星 7 条、彗星 1 条、日变（气
象原因）11 条、天鼓鸣 4 条（可能与陨星有关）、恒星异常 16 条。此外，《绥
寇纪略·虞渊沉》往往引万历时期的天象作为备注。这些引用更加简略，应是
出自《神宗实录》。

崇祯朝没有官方实录，天象记录极少。因此《绥寇纪略·虞渊沉》的天象
记录是很宝贵的。

2.4.3 《罪惟录》

明末清初浙江海宁人查继佐（1601—1676）所作明代纪传体史书。原名《明
书》，载明末及南明史事较详。原书纪 22 卷、志 32 卷、传 36 卷，后经整理为
102 卷。该书写成后，即复壁深藏，秘不示人，冀以免祸。辛亥革命后，始见
于世。1936 年，商务印书馆将该藏本影印出版，收于《四部丛刊》三编中。

《罪惟录》志卷 1 为《天文志》（卷 2《历志》、卷 3《五行志》），专门记载
明代的天象，以及部分气象灾害事件。按时间顺序排列，不分类。图 2-4 为《罪
惟录·天文志》书影。

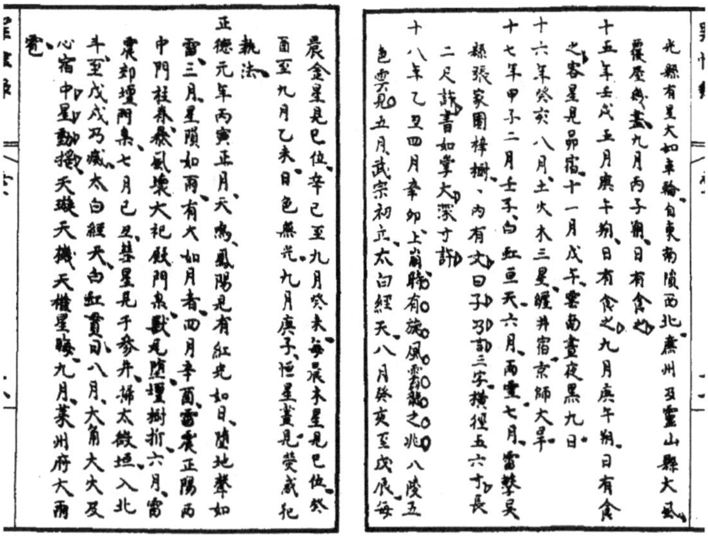

光縣有星大如車輪，自東南隕西北。肅州及靈山縣大風
霰壓殺畜。九月丙子朔，日有食之。
十五年壬戌五月庚午朔，日有食之。九月庚午朔，日有食
之。客星見昴宿。十一月戊午，雲南晝夜黑九日。
十六年癸亥八月，土火木三星纏井宿。京師大旱。
十七年甲子二月壬子，白虹亘天。六月，雨雹。七月，雷擊吳
縣張家園梓樹，內有文曰子卯勳三字，横徑五六寸，長
二尺許，書如掌大，深寸許。
十八年乙丑四月辛卯，上崩。時有旋風、雷霆之兆。八陵五
色雲見。五月，武宗初立，太白經天。八月癸亥至戊辰，每

晨金星見巳位。辛己至九月癸未，每晨木星見巳位。癸
酉至九月乙未，日色無光。九月庚子，恒星晝見。熒惑犯
執法。
正德元年丙寅正月，天鳴。鳳陽見有紅光如日，墜地聲如
雷。三月，星隕如雨，有大如月者。四月辛酉，雷震正陽西
中門柱脊獸，風壞大祀殿門鼎獸瓦，墮壇樹折。六月，雷
震郊壇門鼎。七月己丑，彗星見于參井，掃太微垣，入北
斗，至戊戌乃滅。太白經天，白虹貫日。八月，大角大火及
心宿中星動搖，天璇、天璣、天權星暗。九月，萊州府大雨
雹。

图 2-4　《罪惟录・天文志》书影

天象记录共 525 条，洪武、成化至嘉靖期间较多。门类比较注重日食、彗星和星昼见。与《明实录》相比较，可以看出它基本上摘自《明实录》，只是明末有少数其他来源。表 2-10 中“其他”一项包括恒星异常、老人星见、太阳黑子等。

表 2-10　《罪惟录》天象记录统计（条）

天象	洪武	建文	永乐	洪熙	宣德	正统	景泰	天顺	成化	弘治	正德	嘉靖	隆庆	万历	天启	崇祯	南明	总计
日食	20	1	16	1	5	12	4	4	13	10	7	20	2	2	0	1	1	119
月食	0	0	0	0	0	0	0	0	0	0	0	2	0	0	0	0	0	2
月亮	13	0	3	0	0	0	0	0	22	0	0	0	0	0	0	0	0	38
行星	38	0	3	0	0	1	0	1	19	3	2	19	1	4	7	5	0	103
流陨	7	0	0	0	0	0	2	0	11	6	5	7	2	5	4	0	3	52
彗孛	12	0	1	0	0	0	4	2	11	6	4	16	0	6	0	2	0	64
云气	16	0	1	0	0	1	0	2	10	4	3	6	1	2	2	1	0	49
昼见	21	0	5	0	0	0	3	0	6	7	9	24	3	4	2	0	0	84
其他	3	0	5	0	0	1	0	0	1	1	1	0	0	0	1	1	0	14
总计	130	1	34	1	5	15	13	9	93	37	31	94	9	23	16	10	4	525

2.4.4　《明书》

作者傅维麟，明末举人，清初进士，曾任内翰林弘文院编修，官至工部尚

书。《明书》171 卷，有康熙三十四年（1695）刻本，早于《明史》。以下统计据商务印书馆《丛书集成初编》排印本。《明书·司天志》一卷，专记明代天象，分为三部分："天" 40 条，主要是天鸣，包括天鸣陨星；"日月" 56 条，有日旁云气、太阳黑子、月食、月犯恒星等；"星" 209 条，包括彗客、流星、太白昼见、五纬凌犯等。各朝分布见表 2-11。此外，日食记载于《明书·本纪》，其内容应摘自《明实录》，日期、内容都有所简化，看不出摘录有何规律。

表 2-11 　《明书·司天志》天象记录统计（条）

天象	洪武	建文	永乐	洪熙	宣德	正统	景泰	天顺	成化	弘治	正德	嘉靖	隆庆	万历	泰昌	天启	崇祯	总计
天	5	0	0	0	1	0	0	0	1	3	1	5	8	12	1	1	2	40
日月	10	0	10	2	0	1	0	1	17	0	0	3	3	4	0	3	2	56
星	34	0	26	1	7	2	10	2	35	8	9	37	9	27	0	0	2	209

2.5 　《崇祯历书》

明末钦天监日月食预报屡屡失误，改历呼声大振。崇祯年间，徐光启、李天经一派通过传教士引进西方近代天文学，建立历局（西局），所制定的历法经过多次日月食及行星位置预报、观测的检验，在与钦天监大统历、回回历和魏文魁东局的对比中胜出。新法的多种著作分数批次出版印刷，进呈崇祯皇帝。这些著作统称为《崇祯历书》。新历未及颁行，明朝即灭亡。传教士汤若望等将《崇祯历书》略加修改整编，以《西洋新法历书》为名，进呈清顺治帝，后其得以颁行。该书在清代又以《新法历书》《新法算书》为名多次刊刻印刷，并收入《四库全书》。明末改历的这段历史，《明史·历一》有详细的记述。

《崇祯历书》的明刊本十分少见并且没有整套存世。潘鼐先生花费大量心血，从海内外不同图书馆搜集到各种《崇祯历书》的明刊本，汇编成《〈崇祯历书〉附西洋新法历书增刊十种》影印出版[1]。石云里、褚龙飞发现，即使明刊本，也有明显的先后变化，需要校注；潘鼐本的内容，也有若干篇章需要补充。因而出版了《〈崇祯历书〉合校》排印本[2]。本书内容即根据此本。

合校本的《崇祯历书》分为 5 部、25 种、94 卷。

---

[1] 潘鼐.《崇祯历书》附西洋新法历书增刊十种. 上海：上海古籍出版社，2009.
[2] 石云里，褚龙飞.《崇祯历书》合校. 合肥：中国科学技术大学出版社，2017.

《治历缘起》1 种 13 卷，崇祯二年至十七年，包括关于改历的各种题本、奏本、圣旨，内容多为西法历局的日月食预报、观测结果、历局管理事务、呈报著作等。

《历学小辩》1 种 1 卷，魏文魁的历议、日月食预报和观测，西历历局相关的议论辩驳。

《法原部》10 种 40 卷，包括历引、测天约说、测量全义、大测、日躔历指、恒星历指、月离历指、交食历指、古今交食考、五纬历指。介绍了测量基础知识和球面天文学的主要内容，重点讲解日月五星及恒星的位置计算原理。

《法数部》11 种 34 卷，包括黄赤距度表、正球升度表、割圆八线表、日躔表、恒星经纬图说、恒星经纬表、恒星出没表、月离表、交食表、五纬表、筹算，这些是平面和球面三角计算和日月行星位置计算用表。同时还列出了 1354 颗恒星的黄道和赤道位置表以及相应星图。

《法器部》2 种 6 卷，包括比例规解和浑天仪说，介绍了这两种仪器的原理、制造和使用方法。

图 2-5 为《崇祯历书》书影。

《崇祯历书》中包括一批天象记录。与传统记录不同，这些天象记录作为新历检验的一部分，内容极为详细。记录通常包括事先的计算，时间精确到时、刻、分、秒，位置精确到度、分、秒。实时的观测包括参加人员、观测地点、所用仪器、天象发生的时间、食分或位置的测量结果，以及点评。

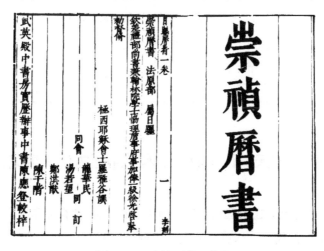

图 2-5　《崇祯历书》书影

《崇祯历书》的天象记录出自以下几部分。

《治历缘起》中各次奏折报告的预先计算和实时观测结果，包括崇祯年间的日食 8 次，月食 16 次，行星位置、合犯、见伏报告 18 次。

《历学小辩》中提到崇祯二年和四年的 2 次日食、2 次月食的计算和观测结果。

《法原·交食历指》记载万历至崇祯年间的 10 次月食，钦天监、西人的观测和钦天监计算的比对。

《法原·古今交食考》记载上古至崇祯年间 31 次日食和 12 次月食，以及前人的记录和新法的计算结果。其中明代的日食 11 次、月食 11 次，都在明末。

《法原·五纬历指》记载崇祯七年至九年的 23 次行星天象，以及大统历和新法的预报和实测结果的对比。

此外，崇祯十七年八月的日食，记载于《西洋新法历书》中汤若望向清帝进呈的奏疏中。

值得注意的是，《法原·古今交食考》中日食记录基本上在隆庆至天启年间，与《治历缘起》崇祯年间的记录相互衔接（仅一条重复）；《法原·古今交食考》和《法原·交食历指》的月食记录都在天顺至天启年间，时期相同且互相补充，加上《治历缘起》的崇祯时期记录，极少重复。

表 2-12 统计《崇祯历书》中的天象记录。注意，"总计"一栏已将重复的记录合并。

表 2-12 《崇祯历书》明代天象记录统计（条）

天象	《治历缘起》	《历学小辩》	《法原·交食历指》	《法原·古今交食考》	《法原·五纬历指》	总计
日食	8	2	0	11	0	19*
月食	16	2	10	11	0	35
行星	18	0	0	0	23	29

* 包括《西洋新法历书·汤若望奏疏》崇祯十七年八月 1 条。

2.6 《中国古代天象记录总表》和《中国古代天象记录总集》

20 世纪 70 年代，在中国科学院（简称中科院）、教育部和国家文物局的组织下，开展了对古代天文学遗产的大规模调查整理工作，由中科院北京天文台（现中科院国家天文台）牵头，中科院各相关研究所、各地高校、图书馆大量人员参加。历时多年，查阅了 15 万卷史书、地方志及其他古籍，搜罗其中有关天文学信息，尤其是其中的天象记录。调查结果以"天象资料组"的名义，于 1977 年汇集为两套非正式出版的油印本。

《中国古代天文史料汇编》（待定稿 1977），16 开本，8 册，共计近 1800 页。其中包括：①与天文有关的历史人物（上），②与天文有关的历史人物（下），③天文著作书目—天文著作提要，④天文仪器—天文台站—天文古迹及其他，⑤天文学说，⑥其他，⑦历法—昼夜·漏刻—天文大地测量—天文事件，⑧各类补遗。

《中国古代天象记录总表》（简称《总表》）（待定稿 1977），8 开本，8 册，共计近 1600 页。①日食，②太阳黑子—月掩行星—月食，③彗星（上），④彗星（下），⑤流星（上），⑥流星（下），⑦陨石—陨石古迹—流星雨—天鸣，⑧极光—新星。

以上资料，部分有正式出版物：庄威凤、王立兴总编，北京天文台主编：《中国古代天象记录总集》（简称《总集》），江苏科学技术出版社 1988 年出版，书后记参加普查和整理工作人员署名者 229 人。王立兴、庄威凤、冯楠总编，北京天文台主编：《中国天文史料汇编·第一卷·人物事略》，科学出版社 1989 年出版，书后记参加普查和整理工作人员署名者 221 人（与《总集》略同）。此外，还编辑出版了《中国地方志联合目录》，中华书局 1985 年出版。该书收录历代地方志 8200 余种，按省、地区分类，每志列出年代、版本、卷数、馆藏。由庄威凤、朱士嘉、冯宝琳总编，北京天文台主编。

《总集》系由《总表》缩编和补充而成。二者将古代记录按照现代科学分类来汇集。由于古代记录往往并不清晰明确，一些记录的性质难以确认。例如，"客星""妖星"之类，有可能是彗星，也有可能是新星、超新星，甚至是流星。至于从"天开裂""赤气"等云气中找出极光，更是难以判断。

明代以前，天象记录基本上来自正史中的天文志（天象志、五行志、司天考），其他文献极少独立信息。明代时代较近，不但《明实录》完整，留存至今的各种其他古籍也多，其中也有不少天象记录。尤其值得重视的是，明中期起，地方修志已蔚然成风，许多地方志有"祥异""灾异"等志。其中包括的天象记录，应属当地实时天象，具有地点明确的优点。除了补充钦天监的遗漏外，有地方性的天象（如日食、流星雨）在不同地点的多次记录，局地性天象（如流星、陨石）的实地记录，均具有特殊的科学意义。这也是这一浩大工程的重要目的。因此，明清两代的地方志天象记录，是《总表》《总集》中最精彩的部分。

地方性天象记录大致可以分为三类。第一类是编史者的个人爱好，如民国广西《来宾县志》记载了明代日食 99 条，除了少数几条明显笔误外，几乎与《明史·天文志》一一对应。嘉庆四川《马边厅志略》、同治四川《邛嶲野录》所记日食详情，则来源于钦天监的预报①。第二类记录源自"分野"观念，以为发生在一定天区的天象与本地有关，因而在编纂地方志"灾异篇"时，在正史天文志中摘抄。因为汉代和唐代天文志日食记录附有日所在星宿，所以这一类摘抄也最多。第三类是日全食、火流星、大彗星等天象，容易引起轰动，有很大影响，因而在编纂地方志时，会通过笔记、回忆等途径留存下来。这一类记录比较真实，很有价值。当然，相邻地区的地方志会互相转抄，靠回忆记载的天象容易在时间上发生错误。那些明显的个人笔记应该是最可靠的。

在这些记录中寻找最原始可靠的记载，上海松江范濂的《云间据目抄》可算一例。该书成书于万历二十一年，记嘉靖末年以来作者在当地的所见所闻。其中有 5 条天象，明显是作者亲眼所见。

嘉靖"癸丑（三十二年）正月朔（1553.01.14），日有食之，昼晦"。计算显示松江食分 0.98。作者时年 13 岁。

万历"乙亥（万历三年）夏四月朔（1575.05.10），日蚀。是日，天色晴朗无纤翳。亭午食圆，白昼如晦，仰观星斗灿烂，逾时始吐微光。余平生见日蚀，惟此为奇"。计算显示松江食甚 14:36，正好在全食带中，全食历时 3 分 22 秒。

万历"丁丑（万历五年 1577）冬十月，彗星见西方，大如车轮，气焰上冲如喷，状甚可畏。时予客宜兴，赴大宗伯万覆庵宴。适平头来报，予同宗伯出睹。宗伯老臣，亦骇为大异，盖疑江陵柄国所致也。此彗逾年不散，至后渐微芒而长竟天。且移入吴越分井，或以为水灾之兆。果验"。这颗彗星自当年七月至十二月，在全国各地百余种地方志上有记录。在欧洲各地也引起轰动。丹麦天文学家第谷做了大量详细的观测，并因为各地观测得到的彗星实时位置相同，而得出彗星是大气层以外遥远天体的正确结论。

万历"丙戌（十四年）二月十二日（1586.04.10），日晕，有连环圈。从古未见，因图其象，以垂记焉"。今本已经看不到范濂所画图像，但连环日晕也是

---

① 马莉萍. 清代日食的地方性记录. 自然科学史研究. 2004，23（2）：121-131.

符合实际的。

　　万历壬辰（二十年）"七月初十日（1592.08.16），漏二鼓，有星贯月而过。据《辍耕录》载，此变自汉宋元仅三见。而元时星从西水关飞入月中，若仰瓦纳之"。这应该是一次流星现象。

　　《总表》天象分为 12 类：黑子、极光、陨石、陨石古迹、日食、月食、月掩行星、新星（按可信度分为两类）、彗星、流星雨、流星、天鸣。条目按时间先后顺序排列，每个文献记录列为一条。"陨石古迹"按地域排列。

　　《总集》天象分为 11 类：太阳黑子、极光、陨石（内附陨石古迹）、日食、月食、月掩行星、新星和超新星、彗星、流星雨、流星、附录。每类之后又附有"不确定类"。《总集》中的条目，以日期为准。同一日期的同一事件，各种文献来源（即使内容不完全相同）归为一条。彗星记录则通常把同一彗星在若干不同日期的记录归为一条。每一类型按年代顺序编排。唯"陨石"后附"陨石古迹"，无年代或年代模糊，按地域编排。书后"附录"汇集了几类疑似天象的记录，包括异常曙暮光（18 条，主要在明末）、日月变色（30 条）、雨灰—雨黑子（23 条）。

　　《总表》和《总集》并不包括全部传统的天象记录类型，如历代天文志数量最大的（占总数的多半）月犯行星、月掩犯恒星、行星掩犯恒星、行星互犯会聚等，就不在其中。

　　表 2-13 分类统计《总表》和《总集》中的明代（1368—1644）天象记录。

表 2-13　《总表》和《总集》中的明代天象记录统计（条）

文献	黑子	极光	陨石	日食	月食	月掩行星	新星	彗星	流星雨	流星	天鸣	附录	总计
《总表》	103	34	364	662	268	63	53	1612	303	1512	446	0	5420
《总集》	84	67	158	225	260	40	20	429	101	2539	0	71	3994

注：①另有"陨石古迹"，《总表》39 页，《总集》16 页，按地域排列；②《总集》包括的各类"不确定"有黑子 16 条、极光 24 条、陨石 13 条、新星 7 条、彗星 28 条、流星雨 6 条、流星 1 条。日食不见 7 条。

　　《总表》《总集》所载天象记录数量有较大差异。这主要有两个原因：①前者条目是按每个日期、每个文献列出。例如，一次日食，会有多条出自不同文献的记载；后者则将同一日期内容大致相同的文献归为一条。②后者对前者进行了补充和删节。例如，流星，后者补充了《明实录》中的大量记录。又如日食，后者删去了一些出自不同文献的相同记录。

2.7 小　结

（1）《明实录》是明朝历代官修的编年史，共 13 部，3000 多卷，1600 余万字（另有非官修的《崇祯实录》与《崇祯长编》）。天象记录穿插其中，共计6617 条，约 14 万字，可以分为以下类型：日食 105 条、月食 231 条、月亮动态 1570 条、行星动态 1044 条、流星陨星 2248 条、彗星客星 218 条、云气 634条、金木昼见 323 条，其他 244 条。中国古代天象记录主要留存于二十五史天文志和本纪中，总共约 23 000 条。除此之外，《明实录》是最大的来源。《明实录》天象记录在明初至正德间非常密集，嘉靖以后急剧减少，崇祯时期稀少而不规范。建文帝执政期间的天象全无记载。无论从形成过程还是从留存数量来看，《明实录》都是明代天象记录的主要来源。

（2）张廷玉主编的《明史》在本纪中记载日食，《天文志》中分类记载其他天象，此外《历志》和《五行志》也有少量记载，共计 2023 条，约 2 万字。对比可见，《明史》的天象记录几乎全部可从《明实录》中找到，只是明末有很少量独有记录。比较《明实录》和《明史》，后者未取月犯恒星和月食记录，流星和云气也只取极少数。同时后者也更加简略。张廷玉《明史》的前身——万斯同《明史》和王鸿绪《明史稿》都有《天文志》。万斯同版摘录了《明实录》的大多数天象记录，只有流星和云气有大幅度削减。王鸿绪版和张廷玉版则一脉相承，只是在门类和数量上都逐步减少。

（3）《国榷》基本上照抄并简化了《明实录》的天象记录，因此数量可观。《续文献通考·象纬考》分类记载了南宋后期至明末的天象记录，其中明代2439 条，似采自《明史》，但据《明实录》和其他文献有所补充。《古今图书集成·庶征典》分类记载明代天象记录 518 条，大多注有文献出处。所引文献有《皇明大政纪》《昭代典则》和各省级地方志，共 29 种。

（4）明末一些私人著作记载了一些朝廷记录以外的天象。其中最重要的当属《二申野录》。该书是一部专门记载明代奇闻异事的书籍，按年代顺序，不分类，共记载明代天象 506 条，尤以日食为重，但经检验发现其错误太多。此外《绥寇纪略·虞渊沉》《罪惟录·天文志》《明书·司天志》都以专门章节记载天象，不规范、错误多，但对明末的朝廷记录有所补充。

（5）《崇祯历书》全面介绍了从西方引进的近代天文学成果，重点是日月食和行星运动计算方法，同时记录了建立新法过程中的日月食、行星计算预报和实际观测过程和结果，其中包括明末的 83 次实测天象记录。这些记录非常详细，通常包括预报的日月食食分、时刻、位置，行星位置和伏见，以及实际测验的人员、地点、所用仪器、测量数据和评论。这样详细的天象记录，是之前从未有过的。这些记录同时也部分填补了《明实录》崇祯朝天象记录的空缺。

（6）明代较近，留存的文献很多，尤其是地方志很多，其中有不少天象记录是朝廷记录所没有的。20 世纪 70 年代集中大量人力，普查各种文献，搜罗其中有关天文学的信息，汇集为《中国古代天文史料汇编》和《总表》两套非正式出版的油印本。《总表》包括日月食、流星客星等部分门类的古代天象记录，其中明代共计 5420 条。《总表》经过补充、删节和整理，以《总集》为名正式出版。《总表》和《总集》按照现代科学的角度分为黑子、极光、陨石、日食、月食、月掩行星、新星、彗星、流星雨、流星等类型。月行星掩犯恒星、行星互动等数量最多的类型和云气及一些无法归入以上类型的古代记录则不在其中。

第3章 明代日食记录

3.1 日食原理及前代记录

日食是令人瞩目的天象，也比较常见。

日食发生，是因为月亮的遮挡。图 3-1 显示太阳、月亮及其影子，当地球进入月影时，就发生日食。A 区称为本影，观察者在这里看到的月面大于日面，发生日全食；B 区称为半影，在这里看到日偏食；C 区称为伪本影，在这里看到日环食。由于月球、地球轨道都是椭圆，从地球上看来，月亮、太阳的视圆面直径差不多大小，又都略有变化。日食时，地球总是位于图上 A、B、C 区的交点附近。

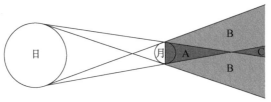

图 3-1　日食原理

月球视圆面大于太阳时，可以发生日全食；小于时，发生日环食；临界状态时，地球上近一点的地方见全食，远一点见环食，叫作全环食，又称混合食。能见到全食或环食的地域很小，在地图上呈一条狭长的带，叫作中心食带。中心食带以外，只能看到偏食。有的日食，地球各地都只能看到偏食，称为日偏食。据统计，平均每 100 年发生日食 238 次，其中日全食占 27%，日环食占33%，全环食占 5%，日偏食占 35%。每次日食，只能在地球上的某一地区看到，能看到日全食的地区更少。据统计，对于一定地点而言，平均每 100 年可以看到日食 30 多次，日全食则要二三百年才得一见。

日食从日面的西侧开始。当月球圆面和太阳圆面外切，即日食开始时，称为初亏。全食开始时，称为食既。日面中心和月面中心最接近，即日食最甚时，称为食甚。全食结束时，称为生光。日食结束时，称为复圆。当然，日偏食没有食既和生光两个步骤。日面直径被遮挡部分与日面直径之比，称作食分。当月面大于日面时，食分的概念在日全食时被延伸，可以大于 1（最多可达 1.08）；食分越大，全食时间越长。一个完整的日全食过程（从初亏到复圆）有两个多小时，但全食过程（从食既到生光）很短，最长 7 分多钟。

日偏食时，太阳被月亮"吃掉"一块。日全食则是令人惊骇的场面：月亮的黑影越来越大，太阳只剩下蛾眉似的弯钩。天空迅速变暗，气温明显下降。阴风突起，鸟畜归巢。突然降临的黑暗恍若深夜，星斗灿然出现。由于全食区范围有限，远处天边还留着一带霞光。月影周围显出平时看不到的日冕，它苍白的辉光向外逐渐减弱，这是太阳的高层大气。图 3-2 显示的是日偏食和日全食的场景。

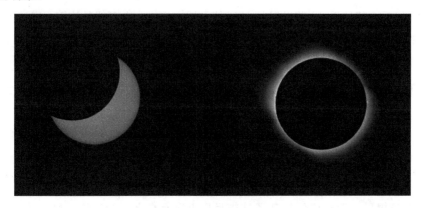

图 3-2　日偏食和日全食

笔者《中国历史日食典》一书[①]以日食图和日食表的形式，给出公元前 2300 至公元 2100 年这 44 个世纪中国可见的日食，其"说明"部分对日食原理、规律、计算和表达有更加详细的论述，对中国古代日食记录也有全面的介绍。前文关于日食发生概率的统计，来自该书。

日食是中国古代最受重视的天象。一方面，时人认为它是上天对皇帝最直接的警告；另一方面，它是历法是否准确的最根本标准。历代史书不但把日食记录集中在天文志中，而且编排在记录全国大事的"帝纪"里，以表示该帝王统治的合天、合法和正统。

现存最早的日食记录存于殷商甲骨中，更早的线索见于《尚书·胤征》所

---

① 刘次沅，马莉萍. 中国历史日食典. 北京：世界图书出版公司，2006.

记"仲康日食",此后还有西周时期的"天再旦""天大曀"和《诗经》中的"十月之交"等模糊记载①。最早的日期确切的日食记录见于《春秋》,"(鲁隐公)三年春王二月己巳日有食之"。《春秋》记载日食 37 条,大多数准确无误。这是中国古代史书中连续系统地记录天象之始。

战国至秦朝,只有零星的日食记录留存,而且仅有年份而没有日期,无法验证。自西汉起,各种类型的天象记录大量增加,并汇集在史书天文等志(天文志、五行志、天象志、司天考)中。西汉日食记录明显多于春秋,而东汉以降,日食记录已经覆盖了都城可见日食的大多数。

自东汉开始,出现一种特殊的日食记录,即记录当天确实有日食发生,但中国各地都不可能见到。这显然是不准确计算的结果。也有部分记录,都城不可能见到,但国内其他地方可以见到。这可能是地方报闻,也可能是计算不准确所致。

日食需要预先预报,做好救护仪式的准备工作。由于预报不准确或是阴云蔽日,届时并未看到,这时应当记载"当食不见"或"阴云不见"。这种记录历代皆有,《宋史·天文志》日食记录中最多。部分文献在流传过程中将这样的说明遗漏或略去,就成为"不可见"日食记录。

另外一种情况是,某一段时期的日食记录严重缺失,史书编纂时根据计算补入(本纪中插入日食是史书编纂的惯例,表示该皇帝的正统地位)。《隋书》中出现这种情况的可能性就很大。

不难想见,那些仅仅记载了某年月日"日有食之"的记录,尽管计算检验确有日食可见,也不能确认是真正见到了日食。可见,日食是中国古代最受重视的一类天象,其记录却也是最不可靠的一类。

我们对明代以前各朝代日食记录做出了统计,资料主要来自二十四史之帝纪和天文等志。其他文献极少独立的信息,但若有新的正确记录则加入其中(其他文献的错误记录不在其中)。经由天文计算验证和文本比对,资料已做如下预处理:①同一事件的多处记录归为一条。②源头明显的错误加以改正。例如,"鲁宣公八年七月甲子日有食之既",显然是十月之误。又如《宋书》《南史》本纪"孝建元年七月丙申"日食,《宋书·天文志》误为丙戌。这样,一个朝代的日食记录可以分为以下 3 类:①正确的或修正的,②有日食但都城不可见的,③错误而考不出源头的。以上 3 类之和便是"总记录数"。"当食不见"或"阴

① 刘次沅. 中国早期日食记录的研究进展. 天文学进展, 2003, 21 (1): 1-10.

云不见"的记录包括在其中。

天文计算可以计算出一段时期（朝代）都城可见的全部日食事件。正确记录（包括修正）数除以都城发生的日食数称为"覆盖率"。表 3-1 给出我们对明朝以前历代日食记录的统计，数据（以及下文关于月食的统计）源自我们对历代天象记录的分别研究①。作为对比，下文统计得到的明代数据也列在表中。

表 3-1　历代日食记录统计

朝代	春秋	西汉	东汉	魏	西晋	东晋	北朝	南朝	隋	唐	五代	宋	金	元	明
总记录数/条	37	54	78	19	31	30	86	39	12	108	20	150	40	61	—
正确/条	35	48	72	13	17	23	51	25	6	71	16	104	34	47	101
不可见/条	0	0	3	3	4	3	29	12	6	7	4	42	5	10	—
覆盖率/%	36	54	93	65	85	55	65	40	55	66	67	92	74	77	95

注：明代记录日食的文献很多，但错误记录也很多，"总记录数"已失去意义。

尽管绝大多数日食记录只是某年月日"日食"或"日有食之"，但还是有少量记录带有更多的信息。这些详情包括：①未见到日食的记录。例如，前文所述"当食不食""阴云不见"。②日食食分记录。描述性的如"既""不尽如勾""昼晦星见"，数量性的如"食三分之一""食十分之六"。③时刻及方向记录。例如，"午正二刻""日中时食从东北""日从地下食出，十五分食七，亏从西南角起"。④日食所在宿度。汉代和唐代日食记录大多带有某宿某度的记载，如"日有食之在翼八度"。这显然是事先或事后的计算结果。⑤观测地点。一般天象记录应是身在京师的史官记下的，但也偶有外地报闻，如"史官不见，张掖以闻。"

《旧唐书·天文志下》记载：

> 肃宗上元二年七月癸未朔（761.08.05），日有食之，大星皆见。司天秋官正瞿昙譔奏曰："癸未太阳亏，辰正后六刻起亏，巳正后一刻既，午前一刻复满。亏于张四度。"

这条记录包括了全食（既）的信息和初亏、食既、复圆的时刻以及日食所

---

① 刘次沅，马莉萍. 春秋至两晋日食记录统计分析. 时间频率学报，2015，38（2）：117-128；刘次沅，马莉萍. 南北朝日月食记录. 西北大学学报（自然科学版），2013，43（3）：510-516；刘次沅，马莉萍. 隋唐五代日食记录. 时间频率学报，2013，36（2）：120-128；刘次沅.《宋史·天文志》天象记录统计分析. 自然科学史研究，2012，31（1）：14-25；刘次沅.《金史》《元史》天象记录的统计分析. 时间频率学报，2012，35（3）：184-192.

在星座，并且是司天官员在都城的观测，堪称相当完备。这可能是中国古代（明末以前）最详细的日食记录。

《长春真人西游记》记载丘处机一行觐见成吉思汗途中，辛巳年五月朔日（1221.05.23）在陆局河午时见到日食，"五月朔亭午，日有食之。既，众星乃见，须臾复明"；西南行至金山，得知当地食至七分；至邪米思干，得知当地辰时食六分。文中记载了一次日食在不同地点看到食分不同、时刻不同，并且正确解释了这一现象。这样详细确凿的记载十分珍贵。

基于公元前 8 世纪到公元 15 世纪中国古代日食记录具有密集、简略而公式化的特点，笔者曾将它们整理成一个包括 938 条日食记录的计算机可读形式的"常规日食记录表"。该表给出每次记录的原日期、公历日期、当时都城、所属朝代以及一部分记录所载的进一步详情。该文介绍了这个表的构成，并对这些历史记录进行了初步的分析和归纳，这有助于对这些记录进一步的统计研究[①]。

3.2　明代朝廷的日月食救护仪式及廷议

作为最重要的天象，历代都要在日食、月食发生时举行"救护"仪式。明代对此也有完整的规定。

> 救日伐鼓。洪武六年二月，定救日食礼。其日，皇帝常服，不御正殿。中书省设香案，百官朝服行礼。鼓人伐鼓，复圆乃止。月食，大都督府设香案，百官常服行礼，不伐鼓，雨雪云翳则免。二十六年三月更定，礼部设香案于露台，向日，设金鼓于仪门内，设乐于露台下，各官拜位于露台上。至期，百官朝服入班，乐作，四拜兴，乐止，跪。执事者捧鼓，班首击鼓三声，众鼓齐鸣，候复圆，复行四拜礼。月食，则百官便服于都督府救护如仪。在外诸司，日食则于布政使司、府州县，月食则于都指挥使司、卫所，如仪。（《明史·礼十一》）

> 前期，结彩于礼部仪门及正堂，设香案于露台上向日，设金鼓于仪门内两旁，设乐人于露台下，设各官拜位于露台上下，俱向日立。至期，钦天监官报日初食，百官俱朝服，典仪唱班齐赞礼唱鞠躬。乐作，四拜，兴，

---

① 刘次沅. 中国古代常规日食记录的整理分析. 时间频率学报, 2006, 29（2）: 151-160.

平身。乐止，跪，执事捧鼓诣班首前。班首击鼓三声，众鼓齐鸣。候钦天监官报复圆，赞礼唱鞠躬。乐作，四拜，平身，乐止，礼毕。月食仪同前，但百官青衣角带，于中军都督救护。凡日月食，洪武六年奏定，若遇雨雪云翳，则免行礼。（《大明会典·礼部·祥异》）

钦天监事先做好预报，届时皇帝避开正殿，百官参加救护仪式。日食在礼部，月食在都督府。钦天监报告初亏，仪式开始，至复圆结束。如遇阴雨或预报的日月食没有发生，则仪式不举行。如遇日月食救护时间与上朝时间冲突，会暂罢朝政。元旦（正月初一）日食，会免去例行的贺年宴会。夜间举行了月食救护仪式，次日朝会免除。

日月食救护是朝廷的重要仪式，缺席、迟到、行礼或服装不合规矩，都有可能获罪。《明实录》记载：

（宣德元年四月己卯）鸿胪寺序班石安奏，月食，文武百官皆赴中军都督府救护。独建平伯高远、都督娄鬼里后至，怠慢不恭，请治其罪。

（成化二十年九月乙酉）钦天监掌监事太常寺少卿康永韶、监副李华护日不随班行礼，鸿胪寺寺丞翟勉既具朝服，不束华带。监察御史周蕃等劾其不谨。永韶、华、勉亦各自陈请罪，俱宥之。

按例，食分一分以下不需救护。没见到日月食更不可举行救护礼。

（嘉靖四十年二月辛卯）朔，日食。是日微阴，钦天监官言日食不见，即同不食，上悦，以为天眷。已而，礼部尚书吴山以救护礼毕报。忤旨。

此事的结果是，礼部尚书吴山认罪，皇帝责问礼部言官未能及时报告纠正，一并罚俸六月。后经大学士严嵩劝慰，改罚两月并记过。皇帝的意思是，天已眷我，你等故意为之。更加诡异的是，天文计算表明，当天（1561.02.14）日食不但发生了，而且北京恰恰就在环食带中心，食分高达 0.97，几近全食。按说即使"微阴"，这样大的食分也应该察觉。但该次日食发生在日落前（17:25 食甚，18:00 日落），大约"庆幸"之余，已无人去注意日食究竟是否发生，或者说，无人敢去"报忧"了。今人看来，这场"事故"恐怕源自预报的时间失误。从《明实录》记载的几次日月食预报—观测对比看，当时的时刻误差应当在两三刻之内。而嘉靖四十年二月的这次日食预报，显然差了几个时辰！

多数皇帝头脑比较清醒。《明实录》记载：

> 永乐四年六月乙（己）未朔，日有食之，时阴云不见。礼部尚书郑赐等言，此盛德所感召，请明日率百官表贺。上曰，正朕恐惧修省之际，何可贺？……于此一方，阴云不见，天下至大，他处见者多矣。且阴阳家言，日食而阴云不见者，水将将（为）灾，以此言之，可贺乎？乃止。

躲不过的日食，皇帝还是要认真面对。例如：

> 宣德七年春正月辛酉朔，日有食之。敕群臣曰：朕以菲德君临万姓，夙夜孜孜，钦承天道，用伸昭事。今兹正旦，日有食之。日，众阳之宗也。正旦，一岁之首也。上天示警，厥系匪轻。朕祗存惕厉，用谨天戒，君臣同体，所宜协恭，其免贺礼。尔文武群臣即诣礼部护日如仪。钦哉，勿忽。

又如：

> 隆庆四年正月初一日食，免朝贺。
>
> ……
>
> 以正旦日食，上避（正）殿减膳，修省三日。

日食发生后，往往有官员出来以此言事，对皇帝指指点点，皇帝往往不得不做出虚心接受的样子。例如，弘治元年六月癸巳（初一）日食，总管钦天监的童轩就给刚上任的弘治皇帝上了一课：

> 壬寅（初十）掌钦天监事太常寺卿童轩以日食上疏，言日食不于他时而见于宝历纪元之初，不于他月而临于盛夏火旺之候，虽曰天心仁爱，亦岂虚其应哉。以当今人事观之，意君子有未尽用，小人有未尽退者。伏愿皇上以正心修身为取人之本，以格物穷理为烛奸之要，慎察君子小人而黜陟之，使朝政无有缺失，贤否不至混淆，庶阳日盛、阴日微，而天变可回矣。上曰，上天示戒，吾君臣上下各宜洗心涤虑，交相儆省，务俾时政合宜，庶下足以慰人望，上足以消天变。所司其知之。

日月食对于天文学家而言，更是难过的一关。中国古代天文学一直重视对日月食的计算，但对于日月食是否会发生、日月食的时间、食分的预报总有一定的误差。尤其是发生在清晨和傍晚的日月食，预报时刻略有误差就会导致日

月食救护不能及时举行。明代历法（天文计算方法）沿袭元代授时历，时间久
了误差更大。预报的事件没有发生，会使赶来参加救护仪式的官员不满；没有
预报而发生的事件，由于没有事先安排而"致失救护"，是对上天失敬。尤其是
清晨早朝时间，人所共见，影响更大。明代钦天监官员为日月食预报不准而获
罪的事，层出不穷。

> （景泰元年正月辛卯）是日早，月食当在卯正三刻，钦天监官以为辰初
> 初刻，致失救护。六科十三道劾监正许惇等推测不明，下三法司，论罪当
> 徒，诏宥之。

计算显示，当天（1450.01.28）月全食，6:52（北京真时卯正一刻）初亏，
8:39 食甚，食分 1.22。北京 7:23（卯正三刻）月落时，食分已超过 0.5，十分
明显（兰州以西可见全食）。

"月食当在卯正三刻"，应是当时的观测结果。由于计时和观察的误差，这
个时刻并不准确。实际上初亏应在卯正一刻，钦天监预报在辰初初刻，差了大
约 45 分钟。按照钦天监的预报，初亏已在日出月落之后，不会见到月食，没
有安排救护，因此获罪。

> （弘治十三年五月甲寅）日食。（乙卯初二）钦天监春官正李宏等推算
> 日食，谓寅亏卯圆。及期验之，亏于卯而复圆于辰。礼部劾奏弘等，并掌
> 监事少卿吴昊等各宜治罪。上曰，李宏等职专历象，推验差错，令法司逮
> 问。吴昊等失于详审，姑宥之，仍各停俸两月。

五月初一甲寅（1500.05.27）日环食，我国各地均可见。环食带经过青海、
甘肃、内蒙古西部。玉门在环食带内，见食 0.94。北京初亏 5:26（真时卯初初
刻），食甚 6:28（卯正初刻），见食 0.85，复圆 7:36（辰初一刻）。南京见食 0.71，
西安 0.84，广州 0.60。

原文未列出钦天监预报和实测的详细数据。如果预报在寅末亏卯末圆，误
差也不过一两刻时间。通过其他日月食的实测数据可见，当时时间测量的误差
也有好几刻。

据《明实录》记载，类似这样钦天监官员因日月食预报误差而获罪的记录
有 16 起。通常由礼部或言官参劾，立刻下狱定罪当徒。钦天监官员通常辩称
御颁历法如此，责不在己。经皇帝宽恕，以罚俸一至三月或杖刑结案。受罚官

员有监正、监副（较轻）和春官正等具体预报人员（较重）。这样毫无道理的责罚，导致钦天监官员常如惊弓之鸟。

日月食预报误差常常引发改进历法的议论，《明实录》中往往用不少篇幅来记载改历倡导者的长篇大论。《明史·历志一·历法沿革》记述了这一过程，兼补《明实录》记载如下。

明初立钦天监，设天文、漏刻、大统历、回回历四科，因循元代授时历法，每年颁布各色历书。洪武十七年，元统以授时历为基础，稍加改动，上《大统历法通轨》，成为有明一代之制。

永乐迁都北京，仍用南京冬夏昼夜时刻。其后景泰帝否定了钦天监改用北京数据的建议。景泰元年正月，月食未报致失救护。

成化十年，因为钦天监官员不称职，特提升云南提学童轩为太常寺少卿，掌监事。十五年十一月，预报月食不足一分，免救护，却在早晨看到了食既（月全食）。十七年，真定教谕俞正己上改历议，被斥轻狂，下诏狱。十九年，天文生张陛倡言改历无果。

弘治元年十一月，预报月食而不应，下钦天监监副吴昊、张绅、高钟等于都察院狱。八年八月，月食不应，监正吴昊等官员被罚俸。十一年闰十一月，月食不应，吴昊等被劾获宥。十三年五月，日食时刻有误，一干官员被罚俸。

正德十二、十三年，连推日食起复，皆不合。漏刻博士朱裕上言改历，中官正周廉提出另一方案，结果是仍遵旧法。嘉靖皇帝即位，以南京户科给事中乐护、工部营缮司主事华湘为光禄寺少卿，管钦天监事，因其素精天文历数。结果华湘提出开展天文观测以改进历法时，却遭到乐护的反对。嘉靖七年闰十月，回回历当日食，大统历不食，结果北京不食。十九年三月推日食，结果不食。

万历十二年十一月，大统历推日食一分，回回历推不食，结果不食。二十年五月甲戌月食，推算差了一天。二十三年，郑王世子朱载堉进《圣寿万年历》《律历融通》，受到嘉奖。二十四年三月，月应食不食（实际上月食0.37，预报准确，不知为何没看到）。继而河南金事邢云路上书要求改历，并指二十四年闰八月日食预报误差，受到钦天监监正张应候的指责并被要求严惩，幸而得礼部尚书范谦的周旋得免厄运。三十八年十一月日食，钦天监所推算日食时刻食分，又被钦天监五官灵台郎刘臣等以及兵部职方司员外郎范守己分别通过观测否定。改历的事终于引起朝廷的重视。邢云路、李之藻被召至京，参与历事。邢持其改进的传统历法，李则介绍西方新法。四十四年，邢云路献上《七政真数》。

天启元年四月日食，邢云路与钦天监所推食分时刻互异，至期考验，皆与天不合。

崇祯二年五月日食，礼部侍郎徐光启依西法预推，大统历、回回历所推，皆与徐互异。观测结果徐光启法验，余皆疏，帝切责钦天监官。这时，历法已经不改不行了。当年九月，开办历局，由徐光启主持，推举李之藻，西洋人龙华民、邓玉函、汤若望、罗雅谷等，翻译引进西方天文学。四川御史推荐冷守中精通历学，徐光启力驳其谬，并以四年四月月食实测验证。满城布衣魏文魁献《历元》《历测》二书，七年，受命设东局，令西法、大统、回回、东局继续测验比较。

崇祯八年，徐光启、李之藻等的西洋新法书器俱完备，屡测交食凌犯俱密合，但仍遇到多方阻挠，皇帝仍不能下决心施用，此后，八年八月木星、火星、月亮合于张六度、九年正月月食、十年正月日食、十六年二月日食都是西法远胜其他。十六年八月，诏西法果密，令改称《大统历法》，通行天下。可惜新法未行，即遭国变。

3.3　明代日食的文献来源及校勘

载有明代日食记录的文献很多。《明实录》和《崇祯历书》可称为主要源头，其他文献大多抄自其中。地方志中显然有一些一手资料，如一些日全食的生动记载。但是地方志中明显也有大量记录转抄自朝廷记录，甚至抄自同一地区的其他地方志。由于一般日食记录文辞简略，地方记录中哪些出自本地所见，哪些抄自其他文献，大多难以辨别。

辗转传抄的过程中，笔误难以避免。因此各种文献中明代日食记录的错误非常多。用现代天文计算方法可以对明代日食记录进行检验。检验的结果可以分为以下 6 类：①记录日期都城发生可见日食；②有日食发生，都城（1421 年以前南京，此后北京）不可见，但中国境内（以现代中国国界为准）某处可见（本书表 3-5 中记为 A）；③有日食发生，但中国境内不可见（记为 B）；④该日朔，但没有日食发生（记为 C）；⑤该日非朔（当然没有日食，记为 D）；

⑥该月没有该干支日（简称干支错误，记为 E）。

无论从文献形成时间还是制度背景来看，《明实录》都是明代日食记录最主要的源头。明朝末期战乱造成的信息损失，使《崇祯实录》《崇祯长编》中明末的日食记录缺失较多，《崇祯历书》则很好地补充了这一部分。

按照文献性质可以分为五类：①《明实录》；②《崇祯历书》；③明代史书，《明史》《国榷》《罪惟录》；④志书，《续文献通考》《古今图书集成》《二申野录》；⑤地方著作，地方志和文人笔记小说。以下分类分析，其中日食的详情可参见 3.5 节中"明代日食记录总表"（表 3-5）和附录"《明实录》日月食选注"。本章诸文献的日食记录统计，包括吴元年（1367）的 2 条。

3.3.1 《明实录》

《明实录》共载明代日食记录 107 条。天文计算检验显示，其中 91 条都城可见（永乐四年六月己未日食，实录误为乙未）。12 条都城不可见但中国部分地区可见，2 条有日食但中国各地均不可见。1 条朔不食：万历十二年十一月癸酉午刻，日应食不食。《明史·历志》称："大统历推日食九十二秒，回回历推不食，已而回回历验。"1 条非朔：崇祯七年七月丙戌。丙戌初二，当月朔亦无日食。当年三月丁亥日食，实录未记，不知是否有关。

和其他文献不同，《明实录》有较多的"当食不见""阴云不见"的记录，有较强的实录感觉。但是与计算结果比对，仍有相当多的记录实际上是看不到的。也就是说，还是有一些应当注有的"不见"被遗漏。107 条记录中，包括原文记载"当食不食"8 条（检验证明 3 条都城可见，4 条都城不可见，1 条中国不可见）、"阴云不见"5 条（4 条都城可见，1 条不可见）。

经天文计算可知，明代都城可见的日食 106 次，《明实录》有记载的 91 条（包括未见）。有 10 条记载于《明史·本纪》《明史·历志》与《崇祯历书》等源自朝廷文献的著作，主要在明后期。遗漏的 10 条可能是未预报出（同时未见到）或文献记载丢失，其中 3 条见于《皇明大政纪》，并被《二申野录》《古今图书集成》《罪惟录》等著作引用。

《明实录》日食记录的一个明显特征是对日食现象的描述特别简单。历代日食记录屡有"既""不尽如勾""日食昼晦"的描述，《明实录》中则没有这样的记录。据天文计算，明代都城发生食分 0.90 以上的日食 10 次，0.80—0.90 的10 次。如此严重的"天谴"，《明实录》中只是记载"日食"，显得特别淡定。

然而同时期的地方记录，对于日全食和接近全食有大量且比较详细的记录。例如，正德九年八月、嘉靖二十一年七月日食，全食带经过我国人口稠密的地区，各地好几十种地方志记载了日全食的情景。

明后期也有少数记录比较详细，其目的在于讨论计算精度及要求改历。例如，《神宗实录》记万历三十八年十一月丙寅议该月月朔日食，春官正戈谦亨等预报："日食七分五十七秒，未时正一刻初亏，申时初三刻食甚，酉时初刻复圆。"但据五官灵台郎刘臣观测："未正三刻，观见初亏西南；申初三刻食甚正南；复圆酉初初刻东南，约至有七分余食甚。"兵部职方司员外郎范守己测得："至申初二刻始见西南略有亏形，正二刻方食甚，又以分数不至七分五十余秒。"这样详细的记录，对于研究当时计算和观测的方法和精度，大有裨益。

3.3.2　《崇祯历书》

《崇祯历书》记载了明末日食 19 条（包括《西洋新法历书》中 1 条）。与传统的朝廷日食记录的简单、公式化不同，这些记录作为西法新历检验的一部分，内容极为详细。记录通常包括事先的计算，时间精确到时、刻、分，位置精确到度、分、秒。此外往往还有各地食分时刻。实时的观测包括参加人员、观测地点、观测使用的仪器，天象发生的时间、食分或位置的测量结果，以及点评。下面以《崇祯历书·治历缘起》崇祯二年五月乙酉朔日食为例进行介绍。

崇祯二年四月二十九日礼部揭帖（摘要）：

大统历推算，食分三分二十四秒，初亏巳正三刻西南，食甚午初三刻正南，复圆午正三刻东南，共食八刻。

回回历推算，食分五分五十二秒，初亏午初三刻西南，食甚午正三刻正南，复圆未初三刻东南，共食八刻。

西法新历推算，食分二分有奇，初亏巳正三刻二分西南，食甚午初二刻六分正南，复圆四刻六分东南，共食五刻四分。应天府六分有奇，杭州府六分三十秒，广州府九分有奇，琼州府食既，大宁、开平等处不食。

崇祯二年五月初十礼部题本（摘要）：

礼部主事黄鸣俊、钦天监五官灵台郎孔文进等至期实测，午初一刻初亏西南，午正一刻食甚正南，约食三分余，午正三刻复圆东南（《崇祯历书·历学小辩》第 155 页称实测食止二分，初亏巳正四刻）。

据现代天文计算，五月初一乙酉（1629.06.21）日全食，我国除新疆和东北外均可见偏食。北京初亏 11:14（北京真时巳正四刻），食甚 11:58（午初三刻），复圆 12:42（午正一刻），见食 0.17。南京见食 0.44，杭州 0.50，广州 0.69，海口 0.76，宁城（大宁）0.12，赤城（开平）0.13。全食带经过西贡—马尼拉一线。图 3-3 为这次日食的日食图。图中给出日食边界（0.00）以及 0.25、0.50、0.75 三条等食分线。

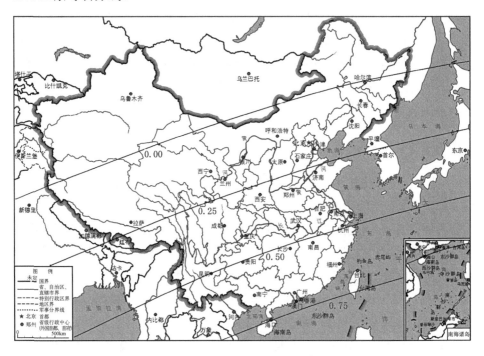

图 3-3　崇祯二年五月朔日食

《崇祯历书》的日食记录分别载于《法原·古今交食考》隆庆至崇祯年间 11 条、《治历缘起》崇祯年间 8 条、《历学小辩》崇祯年间 2 条，剔除重复，合计 18 条。此外，《西洋新法历书·汤若望奏疏》中还有崇祯十七年八月 1 条。吕凌峰等将《崇祯历书》的日月食预报、观测数据与现代天文计算结果进行了对比，发现西法预报日月食误差大约在 13 分钟，大统历预报日食误差 24 分钟、月食 35 分钟。西法确实好于大统历，但也并非《崇祯历书·治历缘起》奏本中吹嘘的那样"密合"[①]。褚龙飞等发现，《崇祯历书》的多次版本，实际上处在不断修订改进中，因而导致预报精度的改进。此外，它所用的计时计数

---

① 吕凌峰，石云里. 明末历争中交食测验精度之研究. 中国科技史料，2001，22（2）：128-138.

术语含义也先后不一，给后世的研究带来了困难[①]。

表 3-2 列出这些日食记录的具体来源和记载内容。"日期"一栏将年、月用阿拉伯数字简化（r 表示闰月），如万历 24-r8 表示万历二十四年闰八月；"来源"一栏"考"表示《崇祯历书·法原·古今交食考》，"缘"表示《崇祯历书·治历缘起》，"辩"表示《崇祯历书·历学小辩》，"汤"表示《西洋新法历书·汤若望奏疏》；其后数字为《〈崇祯历书〉合校》中的页码[②]。《崇祯历书·治历缘起》的预报和观测通常记载于先（预报）后（实测）两个奏折，所以页码也有两个（有的信息更分散）。表 3-2 中分别给出大统历和西法给出的推算预报以及观测结果。其中"分"表示食分，"亏""甚""圆"分别表示初亏、食甚、复圆的时刻。例如，表 3-2 中第 1 条表示：隆庆六年六月朔日食，《崇祯历书·法原·古今交食考》分别给出大统历和西法推算的食分、初亏—食甚—复圆时刻，以及观测得到的食分和初亏—复圆时刻。部分记录有回回历和魏文魁东局的预报，记在"注"一栏。西法预报通常还包括其他各省的食甚时刻和食分。

表 3-2　《崇祯历书》的日食记录

日期	来源	大统历	西法	观测	注
隆庆 6-6	考 636	分亏甚圆	分亏甚圆	分亏　圆	
万历 3-4	考 636	分亏甚圆	分亏甚圆	分亏　圆	
万历 11-11	考 637	分亏甚圆	分亏甚圆	分亏甚圆	
万历 22-4	考 637	分亏甚圆	分亏甚	分亏甚圆	
万历 24-r8	考 637	分亏甚圆	分亏甚圆	分亏甚圆	
万历 31-4	考 638	分亏甚圆	分亏甚圆	分亏甚圆	
万历 35-2	考 638	亏	亏甚	（未见食）	带食落
万历 38-11	考 638	亏甚圆	亏甚圆	亏甚	带食落
万历 45-7	考 638	亏	亏	（未见食）	带食落
天启 1-4	考 638	分亏甚圆	分亏甚圆	亏	
崇祯 2-5	缘 5、6，辩 155	分亏甚圆	分亏甚圆	分亏甚圆	回回分亏甚圆，东局分圆
崇祯 4-10	缘 33，辩 155、161	分亏	分亏甚圆	分亏甚圆	东局分亏甚
崇祯 7-3	缘 49，考 639	*	分亏甚圆	分	
崇祯 9-7	缘 90、97		分亏甚圆	分亏甚圆	

① 褚龙飞，石云里. 再论崇祯改历期间西法交食预报的时制与精度. 中国科技史杂志，2014，35（2）：121-137.
② 石云里，褚龙飞.《崇祯历书》合校. 合肥：中国科学技术大学出版社，2017.

日期	来源	大统历	西法	观测	注
崇祯 10-1	缘 100、103	分	分亏甚圆		回回分
崇祯 10-12	缘 109、115		分亏甚圆	分亏甚圆	
崇祯 14-10	缘 140、145		分亏甚圆	分亏甚圆	
崇祯 16-2	缘 148		分亏甚圆	分亏甚圆	
崇祯 17-8	汤	分亏甚圆	分亏甚圆	分亏 圆	回回分亏甚圆

注：*《崇祯历书·法原·古今交食考》有大统历、东局推算与实测之差值。

3.3.3 明代史书

这些书类似历代史书中的本纪，按时间顺序编排，记载全国大事，天象记录穿插其中。

《明史》日食记录存于本纪，不见于天文志，这在诸史中是比较特别的。《明史·本纪》共记载日食 103 条中，90 条都城可见日食，10 条有日食都城不见，3 条中国不见。其中 5 条是《明实录》没有的：建文二年三月，万历四十四年三月，崇祯七年三月、十四年十月、十六年二月。本纪中的日食记载都非常简单。《明史·历志》在叙述明代历法沿革时记载日食 11 条，其中嘉靖七年闰月一条，《明实录》和《明史·本纪》都没有记载。《明史·历志》的日食记载往往比较详细，但大抵不出《明实录》。《明史·本纪》《明史·历志》的日食，没有发现错误。

《明史》的两个前身版本，万斯同《明史》和王鸿绪《明史稿》都在其《天文志》中专门列出日食记录。万斯同版有日食记录 115 条，并有"云阴不见""当食不食"的简单加注（内容与《明实录》相同）。万斯同版中有 5 条记录是其他各种文献中没有的：2 条有食不可见，3 条无日食。王鸿绪版与万斯同版相比，少了吴元年 2 条和天启 2 条，其他内容完全相同。

《国榷》是明代编年体史书，基本上照抄《明实录》的天象记录，穿插在编年纪事中。记日食 113 条，其中 3 条记录属明显笔误，可以修正为都城可见、中国可见或中国不可见的日食：洪武九年七月癸丑，误为癸酉；二十二年九月丙寅，误为丙辰；崇祯十四年十月癸卯，误为丙午。《国榷》113 条日食记录中，94 条都城可见日食，10 条有日食都城不见，4 条中国不见，4 条朔无日食，1 条非朔。朔无食的记录中，有 2 条是《国榷》独有的（万历二十八年九月辛丑，三十二年四月癸卯），源头待考。其他正确、不见和错误记录，皆与《明实录》

雷同。比《明实录》多出的 4 条正确记录在崇祯时期。

《罪惟录》是明代纪传体史书。日食 120 条，载于《天文志》中。其中 8 条记录可以修正：吴元年十二月癸卯，误为十一月；洪武六年三月癸卯，误为二月；成化十一年九月丁未，误为乙未；弘治十一年闰十一月壬戌，误为戊戌；嘉靖八年十月癸亥，误为癸巳，二十二年正月丙午，误为丙子，三十四年十一月壬辰，误为二月，四十年七月己丑日食，误为乙丑月食。《罪惟录》120 条日食记录中，73 条都城可见日食，13 条有日食都城不见，12 条中国不见，8 条朔无日食，8 条非朔，6 条干支错误。可见，《罪惟录》日食记录远不及《国榷》准确。

3.3.4　志书

这些书中天象记录是分类集中的，和历代天文志类似。

《续文献通考》天象记录载于《象纬考》卷 210—215。日食是专门的一类，载于卷 212，共计 104 条。其中 5 条记录可以修正：正德十二年六月乙巳，误为十三年；嘉靖四年闰十二月乙卯，误为乙丑；隆庆四年正月己巳，误为乙巳；万历十年六月丁亥，误为十六年，四十五年七月癸亥，误为五月癸酉。《续文献通考》104 条日食记录中，90 条都城可见日食，9 条有日食都城不见，4 条中国不见，1 条朔无日食。

《古今图书集成》的明代日食记录载于《庶征典·日异部》（第 38 册 23 卷），与黑子、晕珥、云气等混编，按时间顺序排列。该书的天象记录注有文献来源，日食记录多引自《皇明大政纪》《昭代典则》《续文献通考》和地方志。共记载日食 116 条，其中 3 条可以修正：永乐十二年六月壬寅，误为丙寅；正统十年四月甲辰，误为壬子；成化二十一年八月己卯，误为乙卯。《古今图书集成》116 条日食记录中，69 条都城可见日食，12 条有日食都城不见，13 条中国不见，9 条朔无日食，6 条非朔，7 条干支错误。

《二申野录》共计 8 卷，按照时间顺序记载明代奇闻异事，日食记录穿插其中。该书共记载日食 109 条，其中 4 条可以修正：正统十年四月甲辰，误为前一日癸卯；十二年八月庚申，误为前二日戊午；成化九年四月辛酉，误为辛卯；崇祯十七年八月丙辰，误为六月朔。《二申野录》109 条日食记录中，68 条都城可见日食，11 条都城不见，13 条中国不见，17 条错误。这 17 条错误记录中，有些可以考出来源，如永乐元年正月，应是月食；另外 9 条记录，是由书中已有的正确记录衍生的错误。

3.3.5　地方性著作

地方志专记当地发生的事件和当地人物，笔记、杂记等书专记作者本人的所见所闻，这样的记录有鲜明的地方性，因而我们称之为地方性记录，以与源自钦天监的朝廷记录（如《明实录》《明史》《崇祯历书》《续文献通考》等）形成对比。

《总表》所载，以地方志为主，它和其后据此整理出版的《总集》中，日食是数量最多的类型之一。

《总表》中收集了源于百余种地方志的明代日食记录，今按省份归类如下：河北（包括北京）68 条，河南 11 条，山东 6 条，山西 40 条，甘肃 7 条，江苏（包括上海）44 条，安徽 98 条，浙江 47 条，湖北 24 条，湖南 37 条，福建 20 条，四川 5 条，江西 66 条，云南 2 条，广东 38 条，广西 103 条，陕西 7 条。

地方志的日食记录与朝廷记录不同，它显然并不遵循一定的制度，数量也远少于实际发生数和朝廷记录数。从明代地方志日食记录来看，记载日食有全食壮观现象、分野观念和特殊爱好等几种原因。

（1）对于一定地点而言，日全食或近全食是百年一遇的天象，它的壮丽情景给人印象至深，甚至引起惊恐骚乱，因而被作为重大的社会事件记载下来。这样的记载较大可能是实时实地的观察记录，很有价值。例如，正德九年八月初一（1514.08.20）日全食，全食带经过福建江西北部、湖北湖南之间，这一地区的许多县志都有生动的记载。嘉靖江西《靖安县志》记载：“日食，昼晦星见，咫尺不见人，禽鸟投林，逾时乃明。”嘉靖福建《福宁州志》记载：“午刻日食，天地昏黑，百鸟辟易，鸡豚投林，酉时乃复。”62 处地方志记载了这次日食。类似的还有嘉靖二十一年七月、万历三年四月、崇祯十四年十月等日食。

（2）受分野学说的影响，古人认为天象发生的星宿与所预兆的世间事变的地点是相对应的。因而在编修地方志时，往往在朝廷天象记录中摘取与本地“有关”的天象加以记载。明代日食中河北《怀来县志》专记“日食在尾”，河南《杞乘》专记“日食在氐”，就是这种情况。在地方志所载的早期（如宋以前）日食记录中，这种情况占大多数。尤其是汉唐日食，朝廷天文志中本来就记有宿度，明清编纂地方志时顺手拈来。同时，只要知道日食所在的节气，估计日所在宿也十分简单。更简单的仅从阴历月份就做判断，如河北怀来等县县志明代共记 6 次"日食在尾"，每次都是十月 [《礼记·月令》孟冬之月（十月）日在尾。按照分野，燕地属尾，所以有此记载]。明代日在尾宿之时在儒略历为 11 月 18 日至 12 月 5 日，即格里历 11 月 28 日至 12 月 15 日。用阴历月份判断，误差太大。实际上这些记录全部错误。从科学的角度来看，这种记录价值不大。

（3）有的地方志中天象记录较多，可能完全是编纂者的个人兴趣。例如，明代日食，广西《来宾县志》记载了 99 条，除了少数几条明显笔误外，几乎与《明史·天文志》一一对应。清乾隆安徽《铜陵县志》收录 46 条，估计也有相当一部分直接抄自其他书籍。某些地方志中这样集中大量的日食记录，显然是编史者的特殊爱好。这类记录，可能抄自朝廷记录或其他地方志，也可能有当地实时的记载，难以判明（《来宾县志》则很容易看出是抄自《明史·天文志》）。那些偶有日食记录，尤其是全食或近全食记录的，则实地观察的可能性反而高些，即使日期错误，也值得加以考证。

地方志记录的互相抄录，尤其是相邻地区的互相抄录，有时是十分明显的。例如，上文提到的河北的康熙《怀来县志》《龙门县志》《宣化县志》《西宁县志》，乾隆《万全县志》，民国《龙关县志》，同记永乐五年十月辛巳、永乐六年十月乙亥、永乐十五年十月癸未、洪熙元年十月丙寅"日食在尾"。实际上四次都是有日食而中国不可见，同时日也不在尾。这样雷同的错误记录，显然是互相抄录造成的。全食记录的内容较详细，更容易看出互相抄录的痕迹。例如，江西《江西通志》《九江府志》《德安县志》《湖口县志》《都昌县志》同记万历元年四月朔"日食既，昼晦"。这显然是万历三年四月之误。同一省的几种方志，以同样的语句、同样的错误日期记载同一次事件，显然是互相抄录所致。

为研究地方性日食记录的错误率，我们对《总表》中的全部记录进行了计算和查证。在总共 662 条（这里每个文献的记录各算一条，不同于本书多数情况下将同一日同一时间的多处记录归为一条）地方性记录中，有 225 条与朝廷记录完全相同（日期相同且只记"日有食之"）。其中正确的 206 条，错误的 19 条。这里，我们按载地点的实际见食状况来判断正误。例如，隆庆四年正月己巳，北京见食 0.19，朝廷记录记日食不误；广东、广西不见食，当地地方志记日食误。又如，嘉靖四十年七月己丑，北京不见食，朝廷记录记日食误；广西来宾见食，《来宾县志》记日食不误。

地方性记录中共有独立记录437条，即这些记录是朝廷记录所没有的。它们或者记载了朝廷记录所未记的日期，或同一日期有更多的详情，如全食或近全食描述、宿度、时刻等。经计算查证，这些独立记录中，正确的竟只有129条，仅占独立信息的30%。其中大多数是几次中心食带经过我国中部的日食，各地的全食或近全食记录。在我们的正误判断中，对于记载"食既"的记录是否真正达到食既，并未做严格的要求，因为它们毕竟是值得深入研究的宝贵信息。实际上，这129条正确的独立信息也并不都是真正独立的，其中相当数量恐怕也是互相抄录的。尽管地方性日食记录贯穿明代始终，但正确的独立信息几乎全部集中在1500年以后。因此我们可以认为，我国古代大量的地方性实测天象记录，始自明代后期。此前的记载，绝大多数抄录于朝廷记录①

无论如何，方志笔记中日食记录的错误率如此之高，足以令人惊愕。近世（如明代）日食是一种可以精确计算的天象，我们可以用以验证历史记载的可靠性。但也有许多天象是难以计算的，如流星、彗星、极光、陨石等，这些天象又恰恰是我们需要从地方志获取信息的。由明代日食记录的研究可见，应用地方志天象记录时需要特别慎重。

3.4 地方志中几次日全食的多地记录

传统的日食记录形式简略，少有详情。明代的地方志普遍，为某些日全食保留了多地点的详情记载。将这些信息拼合，会显示更加丰富多彩的场景。以下地方志引自《总表》，校勘和统计引自《明代大食分日食记录考证》②。

我们可以看到，地方志记录最大的价值在于，它们在不同地点记录了一次日全食的多个见全食点。这为研究日月历表、地球自转变化及太阳直径变化等问题无疑提供了有用的信息。

许多地方志记载了生动的全食或近全食景象，虽经验证不实，但似乎不像

---

① 刘次沅，庄威凤. 明代日食记录研究. 自然科学史研究，1998，17（1）：38-46.
② 刘次沅，窦忠，庄威凤. 明代大食分日食记录考证. 陕西天文台台刊，1988，21（1）：84-98.

是无中生有，很可能是流传中搞错了日期。从字里行间，我们可以找到不少线索，通过对每条记录和每次实际天象的计算，可以恢复不少错误记载的原貌，使其中宝贵的信息得以利用。

《总表》所载明代地方志等书籍中的日全食或几近全食的记录共 270 条（其中只有 3 条出自朝廷记录），而基本正确的（即所记当天、当地有日食）只有 123 条。这是因为地方志中的天象记录，其来源、流传都不像朝廷记录那样严格规范。从地方志的产生过程来看，错误记录日期的产生通常有传闻和转抄两个方面的原因。地方志与朝廷记录不同，天象并无专人专项逐日记载。进入方志的天象记录往往在当时引起较大的社会影响，事后在形成文字时（编写志书或编写志书引为来源的某种书籍文件）靠回忆和传闻记载下来。这样一来，年、月会有相邻一两年、一两月的差距，而季节往往不错。例如，嘉靖二十一年误为十九、二十、二十二年。另一种情况是文字传抄错误，这样会有漏字、衍字和字形相近的误传。例如，嘉靖二十一年误为十一年，正德九年误为正德元年、正统九年。

为便于考证和校勘那些错误的全食、近全食记录，我们将明代实际发生事件的计算结果列于表 3-3。表 3-3 的范围包括日全食或日环食的中心食带经过我国北京以南、成都以东的地区。食甚时间各地不同。我们在表中"食甚"一栏列出南京的食甚时刻（北京时间），其他地区的食甚时间（地方时）会有不同，西边会早一些（这一方面是日食过程自西向东，西边早于东边；另一方面是西边地方时早于东边）。例如，万历三年四月朔日食，南京食甚的北京时间 14:32，地方平时 14:27；成都食甚的北京时间 14:02，地方平时 12:58。本书提到时刻时，通常采用北京时间（东八区标准时间），以求划一；但古人记载天象时，用的显然是当地地方时。"型"给出日食的类型：全食、混合食（全环食）、环食。"中心食带"表示全食或环食带的大致走向，用省（自治区、直辖市）全称表示中心食带从中穿过，用两或三省简称（如豫鄂、陕甘川）表示中心食带从省交界处经过，用城市表示时，并不表示该城市恰好位于食带中。"记载"一栏给出全食、近全食的记录情况。

时代早晚（明中期以后才有大量地方志）、全食带宽度（环食没那么震撼，混合食的全食带极窄）显然是文献中关注程度的主要因素，表 3-3 显示了这种趋势。此外，天气状况显然是影响关注程度的另一个重要因素。

表 3-3　明代我国东部经历的日全食和日环食

中历	西历	型	食甚	中心食带	记载
洪武 30-5 壬子	1397.05.27	全	06:22	重庆—豫鄂—安徽—苏鲁	
永乐 18-8 丁酉	1420.09.08	环	11:24	新疆—甘肃—河南—上海	
宣德 5-8 己巳	1430.08.19	环	11:34	乌鲁木齐—郑州—杭州	
正统 9-10 丙午	1444.11.10	混	09:53	新疆南部—四川—贵州—广州	
正统 10-4 甲辰	1445.05.07	环	11:12	南宁—衡阳—南昌—南京	
正德 2-1 乙亥	1507.01.13	环	17:04	昆明—贵阳—武汉—南京	铜陵日食既*
正德 9-8 辛卯	1514.08.20	全	12:11	新疆—陕甘川—江西—福建	大量地方志食既*
嘉靖 21-7 己酉	1542.08.11	全	12:45	新疆北部—陕晋—安徽—浙江	大量地方志食既*
嘉靖 28-3 辛未	1549.03.29	混	11:25	广西—湖南—皖赣—上海	望江、临川日食*
嘉靖 32-1 戊寅	1553.01.14	全	16:57	广西—湖南—江西—浙江	望江、上海昼晦*
嘉靖 40-2 辛卯	1561.02.14	环	17:26	西藏—陕晋—北京—辽宁	
万历 3-4 己巳	1575.05.10	全	14:32	云南—湖南—江西—浙江	大量地方志食既*
万历 10-6 丁亥	1582.06.20	全	14:14	新藏—陕甘川—江西—福建	甘赣闽多处食既*
万历 43-3 丁未	1615.03.29	环	16:46	川藏—陕晋—山东	
崇祯 14-10 癸卯	1641.11.03	全	14:15	新疆—川鄂—安徽—浙江	大量地方志食既*

*表示该次日食将在下文详细讨论。

下面我们对几次影响巨大的明代日全食加以具体讨论。以下给出的是北京的食甚时间，可与表 3-3 的南京食甚时间相比较。

（1）正德二年正月乙亥（1507.01.13）日环食，环食带经过昆明—贵阳—武汉—南京一线。北京食甚 17:01，见食 0.75，西安 0.81，南京 0.94，广州 0.79。

安徽《铜陵县志》记"日食既"，湖北《随志》、广东《顺德县志》、广西《来宾县志》等地方志记载"日食"。正德元年正月朔，安徽《望江县志》、江西《东乡县志》记"日食甚"，江西《兴国县志》（今湖北阳新）记"酉时"，很可能也是正德二年之误。

计算显示，安徽望江、铜陵在环食带中，食分 0.94；湖北阳新、随州接近环食带，食分 0.93；其他各地食分都在 0.78—0.87。望江、东乡记"日食甚"，虽非专业术语，但显然表示日食的程度很强。随州、顺德、阳新等地虽未记食分，但记下这次日食，显然也是由于日食强度大，给人印象深。

（2）正德九年八月辛卯朔（1514.08.20）日全食。全食带经新疆、青海、陕甘川、湖北、江西、福建，横贯我国东西，南昌在全食带中心，见食 1.03。北京食甚 11:59，见食 0.70，西安 0.94，南京 0.90，广州 0.84。

《武宗实录》《明史·武宗本纪》记"日有食之"。《明史·历志一》载正德十五年礼部员外郎郑善夫论日食各地不同："如正德九年八月辛卯日食，历官报食八分六十七秒，而闽广之地，遂至食既。"这次日全食影响极大，许多地方志记载了"日食既""昼晦星见""鸡犬悉惊"的日全食场景。

嘉靖福建《福宁州志》："正德九年八月辛卯朔，午刻日食，天地昏黑，百鸟辟易，鸡豚投林，酉时乃复。"

嘉靖《江西通志》："正德九年八月辛卯朔日食既，昏黑移时，鸡宿星见。"

嘉靖江西《靖安县志》："正德九年八月辛卯朔日食，昼晦星见，咫尺不见人，禽鸟投林，逾时乃明。"

嘉靖江西《东乡县志》："正德九年八月辛卯朔，午时忽日食既，星见晦暝，咫尺不辨，鸡犬惊宿，人民骇惧，历一时复明。"

有不少记录年份相差一两年，但所记月份、详情等诸多细节不误，因此不难判断其来源于此。例如，嘉靖浙江《衢州府志》载："正德八年八月朔，日有食之既，昼晦如夜，繁星皆见，鸡犬尽惊。"

这次日食，记录全食情况的地方志共计 62 处，其中日期准确的有湖南 1 处、江西 17 处、浙江 2 处、福建 2 处、广西 5 处；日期有误但明显属于此次日食的有湖南 7 处、湖北 1 处、安徽 6 处、四川 1 处、江西 10 处、浙江 3 处、山东 1 处、福建 6 处。

图 3-4 给出这些地方志记载日全食的地点，双线中间是现代天文计算得到的全食带，"十"字符号处是记录地点。可以看到广西和湖南南部的一组记录显然与这次日食无关。嘉靖二十八年三月和三十二年正月的两次日食，该地区都能达到全食或几近全食，或为这组错误的来源。

（3）嘉靖二十一年七月己酉朔（1542.08.11）日全食，全食带从新疆北部到浙江横贯我国，经过新疆北部、陕西、山西、河南、安徽、浙江等省（自治区），郑州、合肥、南京、杭州均可见全食。北京食甚 12:28，见食 0.86，西安 0.93，南京 1.00，广州 0.74。

《世宗实录》《明史·世宗本纪》："嘉靖二十一年七月己酉朔，日有食之。"

万历河南《仪封县志》："嘉靖二十一年七月己酉朔，日有食之既，昼晦，惟仰见星斗，飞鸟乱投林木。"

天启河南《中牟县志》："嘉靖二十一年七月己酉朔，日食既，星见，飞鸟归林。"

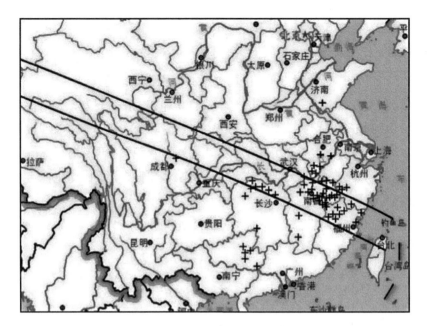

图 3-4　正德九年八月朔日食

万历浙江《秀水县志》:"嘉靖二十一年七月朔,日有食之既,昼晦星见。"

万历山西《汾州府志》:"嘉靖二十一年七月朔,日食暗如黑夜,仰见星辰。"

《二申野录》:"嘉靖壬寅七月己酉朔,日有食之……午初西约有九分,曙影恍惚,旁见二星。"

嘉靖安徽《石埭县志》记载:"嘉靖十九年七月朔,日食,午后特甚,初然天色昏黄,六畜惊悲,渐加晦暗如黑夜,虽道路人不相见,少顷始复光。"这里七月、午后、全食,都符合嘉靖二十一年的日食。

这次日食,记录全食情况的地方志共计 46 处。其中日期准确的地方志有河南 3 处、江苏 1 处、浙江 2 处、安徽 2 处、江西 2 处、山西 14 处;日期有误但明显属于此次日食的有山西 10 处、安徽 4 处、湖北 1 处、陕西 1 处、河南 1 处、江苏 5 处。

图 3-5 给出这些地方志记载日全食的地点,双线之间是天文计算得到的全食带,"＋"字符号处是记录地点。

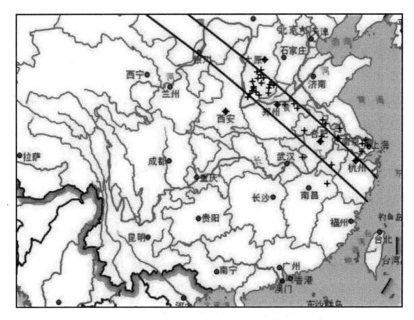

图 3-5　嘉靖二十一年七月朔日食

（4）嘉靖二十八年三月辛未（1549.03.29）日全环食，中心食带经过广西—湖南—皖赣—上海一线。北京食甚 11:31，食分 0.75，西安 0.79，南京 0.97，广州 0.90。

安徽《望江县志》、江西《临川县志》记载"日食既"；安徽《铜陵县志》；江苏《仪真县志》；广东香山、顺德、吴川等地的县志，广西《来宾县志》，河北《大名府志》记"日食"。

计算显示，望江、临川见食 0.98，几乎全食；铜陵、来宾 0.98，仪征 0.96，香山、顺德、吴川食分都在 0.90，河北大名 0.82。这些记录，显然也是当地所见。

（5）嘉靖三十二年正月戊寅（1553.01.14）日全食，全食带经过广西—湖南—江西—浙江。北京食甚 16:51，见食 0.69，西安 0.76，南京 0.93，广州 0.90。

上海《云间据目抄》《松江府志》《青浦县志》《奉贤县志》，河北《鸡泽县志》《平乡县志》，安徽《望江县志》记载"昼晦如夜"；广西《来宾县志》，安徽《铜陵县志》，江西《临川县志》，上海《嘉定县志》，江苏《仪征县志》，广东《吴川县志》《顺德县志》《南海县志》，河北《东光县志》，山东《德县志》记载"日食"。

计算显示，上海诸县食分 0.98，安徽望江 0.96，确实能看到"昼晦如夜"的接近全食景象。广西来宾、江西临川、上海嘉定食分 0.98，安徽铜陵 0.94，江苏仪征 0.92，广东诸县 0.90，都能看到大食分日食，给人以深刻的印象。至于河北鸡泽、东光，山东德州、宁津，食分只有 0.75，不会造成"昼晦"的景象，而且这几个地点邻近，有互相抄录的可能。

（6）万历三年四月己巳朔（1575.05.10）日全食，全食带经过云南、贵州、湖南、湖北、江西、浙江等省，杭州、上海恰在全食区内，见食 1.03。北京食甚 14:28，见食 0.70，西安 0.85，南京 0.98，广州 0.82。

《神宗实录》和《明史·神宗本纪一》都有记载，后者还记了唯一的"既"字，显然是得到了地方政府的报告。

《崇祯历书·法原·古今交食考》记载："台官候得初亏未初二刻，复圆申初三刻，约食六分余。大统报初亏未初一刻，食甚未正一刻，复圆申初二刻，见食六分六十秒。"西法计算得初亏未初一刻十分十九秒，复圆申初一刻零分二十五秒。

万历《云间据目抄》："万历三年四月己巳朔，日食，是日天色晴朗无纤翳，亭午食圆，白昼如晦，仰视星斗灿烂，逾时始吐微光。"

天启浙江《海盐县图经》："万历三年四月己巳朔，日有食之既，自午尽未，昏黑不辨咫尺，群星明朗，有光如夜。"

万历湖南《辰州府志》："万历三年四月朔，日食，昼晦星见。"

崇祯上海《松江府志》："万历三年四月朔，日食，亭午食既，白昼如晦。"

万历江苏《皇明常熟文献志》："万历三年八月朔，日食既，白昼晦冥，群星俱现。"应为四月。

康熙《云南通志》："万历三年四月朔，大理昼晦，自巳至未乃霁。"或"日食"二字脱，或阴云未见日。

这次日食，记录全食情况的地方志共计 26 处。其中日期准确的有江苏 4 处、江西 3 处、安徽 1 处、浙江 4 处、云南 1 处、湖南 3 处、湖北 3 处；日期有误但明显属于此次日食的有江苏 2 处、江西 5 处。

图 3-6 给出这些地方志记载日全食的地点，双线之间是天文计算得到的全食带，"＋"字符号处是记录地点。

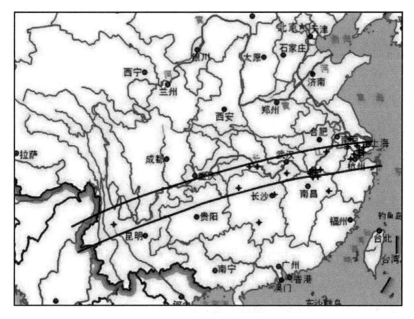

图 3-6 万历三年四月朔日食

（7）万历十年六月丁亥（1582.06.20）日全食，全食带经过新藏—陕甘川—湖北—江西—闽浙。北京食甚 13:54，食分 0.72，西安 0.96，南京 0.90，广州 0.80。

这次日食，地方志没有正确的记录，但两组全食描述应是源自这次日全食：康熙江西《贵溪县志》记载万历十年七月朔"日食，昼星见，鸡犬皆宿"，类似记录有江西《建昌府志》（南城）、《广信府志》（贵溪），福建《福建通志》（邵武）、《重纂福建通志》（宁德）、《建宁县志》则记在八月朔。另一组记万历十四年，乾隆甘肃《直隶阶州志》（武都）"日食既，白昼晦，人睹面不相见"，同样记载还有《甘肃全省新志》《新纂康县志》。

计算显示，江西贵溪、甘肃武都与康县都在全食带内，邵武、宁德、南城食分 0.99，建宁 0.96。这些记录，显然始自实际所见，误于转抄，终于互抄。

（8）崇祯十四年十月癸卯朔（1641.11.03）日全食，全食带经过新疆、川陕、湖北、安徽、江西、浙江。北京食甚 14:01，见食 0.83，西安 0.95，南京 0.97，广州 0.85。

《崇祯实录》《崇祯长编》不载。

《明史·庄烈帝本纪二》："崇祯十四年十月癸卯朔，日有食之。"

康熙浙江《鄞县志》："崇祯十四年十月朔，日有食之既，乃昼晦见星，鸟雀归林，移时渐复。"

康熙安徽《婺源县志》："崇祯十四年辛巳十月朔，日食，昼晦如夜。"

乾隆四川《营山县志》："崇祯辛巳十月初一日，昼晦如夜，人物对面不见，饭时方明，一时称异。"

《二申野录》："崇祯十四年十月辛卯朔，日有食之既，白昼如夜，星斗尽见，百鸟飞鸣，牛羊鸡犬皆惊逐。"十月癸卯朔，无辛卯。类似这样将癸卯误为辛卯的全食记录有 7 条。

这次日食，记录全食情况的地方志共计 32 处。其中日期准确的有安徽 2 处、浙江 6 处、湖北 2 处、四川 1 处；日期有误但明显属于此次日食的有江苏 2 处、江西 9 处、安徽 2 处、浙江 6 处、广东 1 处、湖北 1 处。

《崇祯历书·治历缘起》预报了北京的食分，初亏、食甚、复圆时刻以及 10 个城市的食甚时刻和食分，以及北京实时观测结果。我们将各地食分和食甚时刻与现代计算的结果对比于表 3-4，当时的预报精度可见一斑。表列食甚时刻是北京时间，用时及其小数表达。《崇祯历书》所载时刻是以传统时制表达的当地真太阳时，需要转换为北京时间。例如，预报北京食甚在未正一刻半，根据百刻制，相当于地方平太阳时 14.36 时。加上经度改正 0.24，时差改正 −0.27，相当于北京时间 14.33 时。与现代天文计算得到的 14.01 相比，差 0.32 小时，合 1.3 刻。由表中的差值可得，食分预报的标准误差为 ±0.04，时刻预报的标准误差为 ±0.18 小时。

尽管我们难以判断那些仅仅记载"日有食之"的地方记录是否为当地所见，但偶尔也有些更多的线索。例如，嘉靖七年五月辛未朔（1528.05.18）日食，北京见食 0.03，官方没有记载（显然漏报），如表 3-5 所示，此次日食仅见于《二申野录》《古今图书集成》《罪惟录》。但嘉靖湖北《随志》、乾隆安徽《铜陵县志》、乾隆江西《临川县志》有载。计算显示，随州见食 0.25，杭州（《二申野录》）0.22，铜陵 0.22，临川 0.32，都明显可见。所以这条记录很可能是地方所见。

表 3-4　崇祯十四年日食《崇祯历书》预报和现代计算的比较

		北京	南京	开封	福州	济南	太原	武昌	西安	广州	桂林	杭州
食分	《崇祯历书》	0.86	0.98	0.92	0.89	0.93	0.82	0.95	0.89	0.87	0.93	0.98
	现代计算	0.83	0.97	0.92	0.93	0.88	0.87	1.01	0.95	0.85	0.89	1.00
	差	0.03	0.01	0.00	-.04	0.05	-.05	-.06	-.06	0.02	0.04	-.02
时甚	《崇祯历书》	14.33	14.47	14.29	14.44	14.29	14.01	14.29	14.05	14.29	14.14	14.12
	现代计算	14.01	14.25	14.05	14.39	14.10	13.93	14.13	13.87	14.24	14.08	14.33
	差	0.32	0.22	0.24	0.05	0.19	0.08	0.16	0.18	0.05	0.06	−0.21

万历三十五年二月（1607.02.26）日食，全食带经过新疆。我国西部普遍可见，北京日落时见食 0.24。据《崇祯历书》记载，钦天监推算日食在日落时，观测未能看到。《明实录》《明史》未记。《二申野录》《罪惟录》和康熙浙江《江山县志》记"日有食之"。计算显示杭州、江山都不可能看到日食，这些记录应是源自《崇祯历书》。表 3-5 备注一栏列出某些不可见（A、B 类型）日食的地方志记录，如永乐 6-10、洪熙 1-10、正统 8-11，显然是抄自朝廷记录。

有时问题会更加复杂。例如，嘉靖四十年七月己丑朔（1561.08.11）日食，北京不可见。民国广西《来宾县志》有载，计算显示，来宾见食 0.42。考虑到《来宾县志》与《明史·本纪》的所有日食记录完全相同，这一次恐怕也不是当地所见。不过，从上述几次日食的计算结果看，广西来宾在明后期确实经历过较多的大食分日食，或许这就是《来宾县志》对日食特别感兴趣的原因吧。

从《中国历史日食典》可以看到，明朝后半期（1500 年以后），我国东部发达地区确实经历了比较多的大规模日食。这些日食在地方志中有大量生动的记载。这些记载出现在苏南、浙江、安徽、江西、山西的最多，这或许也反映了其地系当时我国经济文化发达的地区[①]。

3.5　明代日食记录统计

本节中我们用表格形式,对明代日食记录及其文献分布给出一个全面的显示。

表 3-5 是明代日食记录总表，表中给出"实"《明实录》、"纪"张廷玉《明史·本纪》、"万"万斯同《明史·天文志》、"续"《续文献通考》、"申"《二申野录》、"国"《国榷》、"集"《古今图书集成》、"罪"《罪惟录》、"崇"《崇祯历

---

① 刘次沅，马莉萍. 中国历史日食典. 北京：世界图书出版公司，2006.

书》、"历"张廷玉《明史·历志》这 10 种文献中的日食记录。表 3-5 中包括了明代都城发生且有记录的全部日食。此外还包括了这 10 种文献中的两类"大致正确"的记录：A 为有日食，都城不可见，但中国某处可见；B 为有日食，中国各处均不可见。尽管记载明代日食的文献非常多，但都城可见的日食，表 3-5 中已经全部包括。在对地方记录的整理中，也没有发现虽都城不见但当地可见的更多记录。也就是说，表 3-5 囊括了所有明代日食的正确（包括都城和地方）记录，以及 10 种文献中"大致正确"的记录。

表 3-5　明代日食记录总表

	中历	西历	文献	详情	检验	备注
吴	1–06 丙午	1367.06.28	实　万　　集罪		B	南极
	1–12 癸卯	1367.12.22	实　万　　国集罪		0.55	—
洪武	2–05 甲午	1369.06.05	实纪万续申国集罪		0.91	—
	4–09 庚戌	1371.10.09	实纪万续申国集罪		A	北京—海南以西见
	6–03 癸卯	1373.03.25	实纪万续　国　罪		0.40	罪误二月
	7–02 丁酉	1374.03.14	实纪万续申国集罪		0.25	—
	8–07 己未	1375.07.29	实纪万续申国　罪		A	东北见
	9–07 癸丑	1376.07.17	实纪万续申国集罪		A	国误癸酉，新疆—福建以南见
	10–12 乙巳	1377.12.31	实纪万续申国集罪		0.44	—
	14–10 壬子	1381.10.18	实纪万续申国集罪		0.28	—
	16–08 壬申	1383.08.29	实纪万续申国集罪		0.13	—
	19–12 癸未	1386.12.22	实纪万续　国集罪		0.40	—
	21–05 甲戌	1388.06.05	实纪万续申国集罪		0.63	—
	22–09 丙寅	1389.09.20	实纪万续申国集罪		B	国误丙辰，北美—北大西洋
	23–09 庚寅	1390.10.09	实纪万续申国集罪		0.75	—
	24–03 戊子	1391.04.05	实纪万续申国集罪		0.24	—
	26–07 甲辰	1393.08.08	实纪万续申国集罪		#.01	—
	30–05 壬子	1397.05.27	实纪万续申国集罪		0.91	—
建文	2–03 丙寅	1400.03.26	纪　续申国集罪		0.23	—
	4–06 己未	1406.06.16	实纪万续申国集罪	云	0.19	实误乙未
永乐	5–10 辛巳	1407.10.31	申　集罪		A	东北北部见
	6–04 己卯	1408.04.26	申　集罪		0.20	—
	6–10 乙亥	1408.10.19	申　集罪		A	万历河南杞乘，西藏见
	7–09 庚午	1409.10.09	实纪万续　国　罪		0.17	—
	11–01 辛巳	1413.02.01	实纪万续申国集罪		0.85	—
	12–01 丙子	1414.01.22	申　集罪		B	北美洲

续表

	中历	西历	文献	详情	检验	备注
永乐	12–06 壬寅	1414.06.17	申　集罪		B	集误丙寅，北冰洋
	13–05 丁酉	1415.06.07	实纪万续　国		0.67	—
	14–05 壬辰	1416.05.27	申　集罪		A	东南沿海见
	15–10 癸未	1417.11.09	集罪		B	北美洲
	18–08 丁酉	1420.09.08	实纪万续申国集罪		0.99	—
	19–08 辛卯	1421.08.28	实纪万续申国集罪		0.29	—
	20–01 己未	1422.01.23	实纪万续申国集罪		0.89	—
	21–06 庚戌	1423.07.08	实纪万续申国集罪		A	山东—云南以南见
洪熙	1–10 丙寅	1425.11.10	申　集罪		A	万历河南杞乘，兰州以西见
宣德	5–08 己巳	1430.08.19	实纪万续申国集罪	云	0.83	—
	7–01 辛酉	1432.02.02	实纪万续申国集罪		0.17	—
	10–11 戊辰	1435.11.20	实纪万续　国		0.77	—
正统	4–08 丙子	1439.09.08	申　集罪		B	北大西洋
	6–01 己亥	1441.01.23	实纪万续申国集罪	不*	A	苏南—陇南以南见
	7–06 庚寅	1442.07.08	万　申　集罪		*0.52	—
	8–06 甲申	1443.06.27	万　申国集罪		B	北冰洋
	8–11 壬子	1443.11.22	申国集罪		B	万历江西铅书，北美洲
	9–10 丙午	1444.11.10	实纪万续申国集罪		0.58	—
	10–04 甲辰	1445.05.07	实纪万续申国集罪		0.76	申癸卯先 1 日，集误壬子
	12–08 庚申	1447.09.10	实纪万续申国集罪		0.74	申误戊午先 2 日
	13–02 朔	1448.03.05	申　集罪		A	东南见
景泰	2–06 戊辰	1451.06.29	实纪万续申国集罪	不	*0.60	—
	3–11 己未	1452.12.11	实纪万续申国集罪		0.31	—
	5–04 壬午	1454.04.28	实纪万续申国集罪		0.20	—
	6–04 丙子	1455.04.17	实纪万续申国集罪		0.43	—
天顺	2–02 庚寅	1458.02.14	申　集罪		B	白令海峡
	4–07 乙亥	1460.07.18	实纪万续申国集罪		0.85	—
	5–11 丁酉	1461.12.02	实纪万续　国		0.16	—
	7–05 己丑	1463.05.18	实纪万续申国集罪		#0.44	—
	8–04 癸未	1464.05.06	实纪万续　国	不*	A	新疆北部见
成化	3–02 丁酉	1467.03.06	实纪万续申国集罪		0.91	—
	4–02 壬辰	1468.02.24	申　集罪		B	北太平洋
	5–06 癸丑	1469.07.09	实纪万续申国集罪		0.31	—
	6–06 戊申	1470.06.29	实纪万续申国集罪		0.21	—
	9–04 辛酉	1473.04.27	实纪万续申国集罪		0.66	申误辛卯

	中历	西历	文献	详情	检验	备注
成化	10-09 癸丑	1474.10.11	实纪万续申国集罪		0.46	—
	11-09 丁未	1475.09.30	实纪万续申国集罪		0.53	罪误乙未
	12-02 乙亥	1476.02.25	实纪万续申国集罪		0.22	—
	18-05 己巳	1482.05.18	申 集罪		B	北美西欧
	20-09 乙酉	1484.09.20	实纪万续申国集罪		0.56	—
	21-08 己卯	1485.09.09	实纪万续申国集罪		0.14	集误乙卯
弘治	1-06 癸巳	1488.07.09	实纪万续申国集罪		0.35	—
	2-12 甲申	1489.12.22	实纪万续申国集罪		0.32	—
	8-02 乙卯	1495.02.25	实纪万续 国 罪		0.28	—
	11r11 壬戌	1498.12.13	实纪万续 国 罪		0.14	罪误戊戌
	13-05 甲寅	1500.05.28	实纪万续申国集罪	*	0.85	—
	14-09 丙子	1501.10.12	实纪万续申国集罪		0.53	—
	15-09 庚午	1502.10.01	实纪万续申国集罪		0.22	—
正德	2-01 乙亥	1507.01.13	实纪万续申国集罪		0.75	各地全食报告
	9-08 辛卯	1514.08.20	实纪万续申国集罪 历	*	0.70	各地全食报告
	10-12 癸丑	1516.01.04	实纪万续申国集罪		0.47	—
	12-06 乙巳	1517.06.19	实纪万续申国集罪		0.32	续误十三年,申误己巳
	13-05 己亥	1518.06.08	实纪万续申国集罪		0.29	—
	16-03 癸丑	1521.04.07	实纪万续申国 罪		0.97	—
嘉靖	4r12 乙卯	1526.01.13	实纪万续申国集罪		*0.81	续误乙丑,集误十二月
	6-05 丁丑	1527.05.30	实纪万续申国集罪		0.29	—
	7-05 辛未	1528.05.18	申 集罪		0.03	嘉靖湖北随志等
	7r10 朔	1528.11.12	实 历	不*	0.04	我国南方食分可达 0.5
	8-10 癸亥	1529.11.01	实纪万续申国集罪		0.74	罪误癸巳
	12-08 辛未	1533.08.20	实 万 国 罪		0.19	
	18-09 乙未	1539.10.12	实 万 国 罪	不	*0.19	
	19-03 癸巳	1540.04.07	实 万 国集罪 历	不	A	新疆、西藏见
	21-07 己酉	1542.08.11	实纪万续申国集罪		0.86	各地全食报告
	22-01 丙午	1543.02.04	实纪万续申国集罪		A	罪误丙子,台湾见
	24-05 壬戌	1545.06.09	实纪万续申国 罪		0.63	
	27-03 朔	1548.04.08	申 集罪		B	
	28-03 辛未	1549.03.29	实纪万续申国集罪		0.75	各地全食报告
	32-01 戊寅	1553.01.14	实纪万续申国集罪	云	0.69	各地全食报告
	34-11 壬辰	1555.11.14	实纪万续 国 罪		0.37	罪误二月
	35-10 丙戌	1556.11.02	实纪万续 国 罪		0.39	

续表

中历		西历	文献	详情	检验	备注
嘉靖	40-02 辛卯	1561.02.14	实纪万续申国集罪	不*	0.95	—
	40-07 己丑	1561.08.11	实纪万续　国　罪	*	A	山东—甘南以南见，罪误乙丑月食
	43-05 壬寅	1564.06.09	实纪万续　国　罪		0.09	—
	45-04 壬戌	1566.04.20	实纪万续　国　罪		*0.18	—
隆庆	4-01 己巳	1570.02.05	实纪万续申国集罪		0.19	续误乙巳
	6-06 乙卯	1572.07.10	实纪　续　国集崇	*	0.92	—
万历	3-04 己巳	1575.05.10	实纪万续申国集　崇	既	0.70	各地全食报告
	5-r8 乙酉	1577.09.12	实纪万续　国	云*	A	东北北部见
	8-02 辛未	1580.02.15	实纪万续申国集		0.95	—
	10-06 丁亥	1582.06.20	实纪万续　国　罪		0.72	续误十六年
	11-11 己卯	1583.12.14	实纪万续　国集　崇		0.82	—
	12-11 癸酉	1584.12.02	实　万	不*	B	南极
	15-09 丁亥	1587.10.02	实纪万续　国	云	0.74	—
	17-01 己酉	1589.02.15	实纪万续　国		0.30	—
	18-07 庚子	1590.07.31	实纪万续　　国集	*	0.43	—
	21-11 辛亥	1593.11.23	实　万　　国集	不	A	东南沿海见
	22-04 己酉	1594.05.20	实纪万续　国集　崇		0.32	—
	23-04 癸卯	1595.05.09	万		B	南美洲南部、南极
	24-r8 乙丑	1596.09.22	实纪万续　国集　崇历	*	0.95	—
	30 孟夏朔	1602.05.21	申		B	北冰洋
	31-04 丁亥	1603.05.11	实纪万续　国集崇	*	0.90	万误三十四年
	32-04 辛巳	1604.04.29	实纪万续　国		0.08	—
	35-02 朔	1607.02.26	申　罪崇		#0.24	浙江江山县志
	38-11 壬寅	1610.12.15	实纪万续　国　崇历	*	0.61	—
	40-05 甲午	1612.05.30	实纪万续　国		#0.31	—
	43-03 丁未	1615.03.29	实纪万续		0.89	—
	44-03 辛未	1616.04.16	纪续　国		B	北美洲
	45-07 癸亥	1617.08.01	实纪万续　　　崇		A	大庆—成都以西见，续误五月癸酉
天启	1-04 壬申	1621.05.21	实纪万续　国　崇历		0.71	—
	4-01 晦	1624.03.18	申	*	A	康熙常州府志，新疆西北见
	6-07 辛未	1626.08.22	纪万续	云	B	太平洋北美
崇祯	2-05 乙酉	1629.06.21	实纪万续申国集　崇历	*	0.17	—
	4-10 辛丑	1631.10.25	实纪万续　　　崇历	*	0.11	—
	7-03 丁亥	1634.03.29	纪万续　集崇		0.82	—
	9-07 癸卯	1636.08.01	实　万　国　崇		0.63	—

续表

	中历	西历	文献			详情	检验	备注
崇祯	10–01 辛丑	1637.01.26	实纪万续申国		崇历	*	0.20	—
	10–12 乙未	1638.01.15	实 万	国	崇		0.66	—
	14–10 癸卯	1641.11.03	纪万续申国		崇		0.83	申误辛卯，国误丙午，各地全食报告
	16–02 乙丑	1643.03.20	纪万续	国	崇历		0.53	—
	17–08 丙辰	1644.09.01	申国		崇		0.30	申误六月，西洋历书

注：崇祯 17-8 日食记载于《西洋新法历书·汤若望奏折》，表中归于《崇祯历书》。

表 3-5 共载明代日食 136 条，其中都城可见 101 条，都城不可见（A）18 条，中国不可见（B）17 条。

表中"中历"一栏给出年号和年月日，年–月简化为阿拉伯数字，r 表示闰月。"西历"，1582.10.5 以前为儒略历，之后为格里历，这也是国内外普遍使用的方法。"文献"一栏给出 10 个文献的记载情况，各自对齐，以便查看。

"详情"一栏，给出《明实录》《明史》记载的日食详情："云"表示原记录"阴云不见"，即因为阴云、雨雪等原因，预报的日食未能看见；"不"表示预报日食但未能看见；"*"表示原记录有更多详情（参见附录"《明实录》日月食选注"）；万历 3-4《明史·神宗本纪一》记"日有食之既"是《明史·本纪》中唯一的食既记录。至于《崇祯历书》的记载，通常都非常详细，表中不再一一指出。

"检验"一栏，给出现代天文计算的结果：都城可见的，给出都城的食分，"*"表示该次日食的食甚发生在日出前，这里给出的是日出时食分；"#"表示食甚在日落以后，这里给出的是日落时食分。A 表示该次日食都城（1421 年以前南京，此后北京）不可见，国内（以现代中国国界为准）其他地方可见；B 表示有日食，但中国各地皆不可见。

"备注"一栏给出以下信息：①对 10 种文献的校勘，如洪武 9-7 癸丑日食，《国榷》误为癸酉；正德 12-6 乙巳日食，《续文献通考》误为十三年，《二申野录》误为己巳。在下文的统计中，这些记录视为已经校正的。②《明实录》《明史》没有，但较早的地方志有载，如嘉靖 7-5 日食，北京食分 0.03，《明实录》、《明史·本纪》漏记，嘉靖湖北《随志》有载，或许是《二申野录》《古今图书集成》《罪惟录》的源头。③A、B 类型的可见情况。例如，洪武 4-9 日食，南京不可见，北京—海南以西可见。④某些日食的全食带经过我国人口密集地区，因而有许多地方志记载了全食的景象。

从表 3-5 的"检验"栏可以看到明代都城可见且留有记录的日食，共 101次。除此之外，还有 5 次都城可见，但在所有文献中都没有记载的日食，如表3-6。表中食甚/食分指都城的情况，备注可见全国的大致情况。表 3-6 中可见，第 1、2 两次日食，都城的可见情况很好，应该不会漏报、漏测和漏记。这两次日食都发生在建文帝在位时，故意漏记显然是一种政治态度（建文二年日食，《明实录》未记，《明史》有记）。第 3、5 两次在都城日出日落时，第 4 次都城食分较小，无论预报还是观测，都容易遗漏。这样，明代日食记录的覆盖率为101/106≈95%，超过此前历代。

表 3-6　明代都城可见但没有记载的日食

中历	西历	食甚/食分	备注
洪武 31–10 癸卯	1398.11.9	14:56/0.24	各地可见，北京 0.10，广州 0.40
建文 3–3 庚申	1401.03.15	10:12/0.40	各地可见，北京 0.24，广州 0.52
宣德 3–4 癸丑	1428.04.15	日出 0.14	东北可见，哈尔滨 0.72
隆庆 2–9 丁未	1568.09.21	11:48/0.11	东北不见，南京 0.27，广州 0.57
万历 37–12 戊申	1609.12.26	日落 0.04	北京—兰州一线以西，乌鲁木齐 0.32

将"正确记录"（即都城可见）摘出，表 3-7 给出 10 种文献中日食记录的时代分布（表中"合计"一行剔除了重复记录）。可以看到《崇祯历书》和《明史·历志》的记录集中在明末，其他文献都是全明朝分布，其中《二申野录》《古今图书集成》《罪惟录》明末的记录明显减少。表中还可以看到，《太宗实录》故意回避的建文二年日食和《崇祯实录》缺少的资料，其他文献都做了补充。因此，记载正确日食最多者为《国榷》、万斯同《明史》，比《明实录》还多。尽管明代天象记录在正德以前非常密集，嘉靖以后稀少，但日食记录却始终比较完备（表 4-5）。

表 3-7　正确日食记录分布

文献	吴	洪武	建文	永乐	宣德	正统	景泰	天顺	成化	弘治	正德	嘉靖	隆庆	万历	天启	崇祯	总计
《明实录》	1	12	0	7	3	3	4	3	9	7	6	14	2	14	1	5	91
《明史·本纪》	0	12	1	7	3	3	4	3	9	7	6	12	2	14	1	6	90
万斯同《明史·天文志》	1	12	0	7	3	4	4	3	9	7	6	14	1	14	1	9	94
《续文献通考》	0	12	1	7	3	3	4	3	9	7	6	12	2	14	1	6	90

文献	吴	洪武	建文	永乐	宣德	正统	景泰	天顺	成化	弘治	正德	嘉靖	隆庆	万历	天启	崇祯	总计
《二申野录》	0	10	1	6	2	4	4	2	9	5	6	9	1	4	0	5	68
《国榷》	1	12	1	7	3	3	4	3	9	7	6	14	2	13	1	8	94
《古今图书集成》	1	11	1	6	2	4	4	2	9	5	5	8	2	7	0	2	69
《罪惟录》	1	12	1	7	2	4	4	2	9	7	6	15	1	2	0	0	73
《崇祯历书》	0	0	0	0	0	0	0	0	0	0	0	0	0	8	1	9	19
《明史·历志》	0	0	0	0	0	0	0	0	0	0	1	2	0	3	1	4	11
合计	1	12	1	8	3	4	4	3	9	7	6	16	2	15	1	9	101

表 3-8 给出 10 种文献日食记录的错误统计。表中分别对 10 种文献给出"都城见"（正确记录），即记录当天都城有可见日食；"都城不见"，即当天有日食，都城不可见，国内某处可见；"中国不见"，有日食但中国各地均不可见；"朔不食"，朔日但没有日食；"非朔"，当天非朔，当然没有日食；"干支错"，该月无该干支日。"总计"则是该文献日食记录的总数，左列各项之和。"朔不食""非朔""干支错"三项之和除以"总计"，得到"错误率"。以上数字，都根据勘误之后的结果。"勘误"一栏则给出我们所做的校勘数，不计入错误率。

表 3-8　十种文献的日食记录错误统计

文献	都城见 /条	都城不见 /条	中国不见 /条	朔不食 /条	非朔 /条	干支错 /条	总计/条	错误率 /%	勘误/条
《明实录》	91	12	2	1	1	0	107	2	1
《明史·本纪》	90	10	3	0	0	0	102	0	0
万斯同《明史·天文志》	94	12	6	3	0	0	115	3	1
《续文献通考》	90	10	3	1	0	0	104	1	5
《二申野录》	68	11	13	5	4	8	109	16	4
《国榷》	94	10	4	4	1	0	113	4	3
《古今图书集成》	69	12	13	9	6	7	116	19	3
《罪惟录》	73	13	12	8	8	6	120	18	8
《崇祯历书》	19	0	0	0	0	0	19	0	0
《明史·历志》	11	0	0	0	0	0	11	0	0

注：那些在《总表》和前文中已经校勘更正的错误记录，以校勘结果计。

表 3-8 中可见，《明实录》《明史·本纪》《崇祯历书》《明史·历志》中的错误极少。《续文献通考》虽有些错误，但很容易勘误。《罪惟录》错误率最高，校勘了 8 条之后，仍有 18%的错误待考。

《明实录》中的"都城不见"和"中国不见",显然是钦天监的不准确预报所致。考虑到数量不少的 3 种错误记录,其他文献(如《古今图书集成》和《罪惟录》)更多的此类"大致正确"记录,恐怕并非不准确的计算,而是传抄错误所致。

由表 3-5 可见,《明史·本纪》与《续文献通考》(经过勘误)几乎完全相同。由成书的先后看,应是后者抄录前者。唯一的不同是,后者比前者多出洪武元年五月 1 条。该日朔,无日食(《二申野录》《古今图书集成》《罪惟录》也有这条错误记录)。

《二申野录》《古今图书集成》《罪惟录》三种文献有明显的一致性。除了正确记录与其他文献有必然的一致性以外,表 3-5 可见,有 18 条"不可见"记录仅仅来自这三种文献。不仅如此,还有 9 条表 3-5 以外的错误记录也"一致地"来自它们:洪武 1-5、永乐 1-1、永乐 15-4、正统 5-1、天顺 5-9、成化 4-12、22-2、弘治 8-3、正德 15-3。这样多相同的错误记录显示,这三种文献应该有共同的来源。

本书第 2 章已经论及,《国榷》几乎全部抄录《明实录》的天象记录,因此是仅次于《明实录》的明代天象记录最多的文献。日食记录也显示了这一点:除了传抄错误导致更多的错误外,这两者相当相似。不过,明末之《明实录》日食记录的缺失,《国榷》有所补充。

由此我们可以归纳,这 10 种主要的日食记录文献可以归为 4 类:《明实录》《国榷》类似,《明史·本纪》、万斯同《明史·天文志》及《续文献通考》类似,《二申野录》《古今图书集成》《罪惟录》类似。至于《崇祯历书》和《明史·历志》,二者所载仅明末日食,详略情况完全不同。

3.6　小　结

(1)日食是中国古代最受重视的天象,自春秋起就有系统的记录。自西汉以后,都城发生的日食大多数被记录下来,这得益于不断完善的预报方法和持之以恒的"救护"仪式。表 3-1 给出历代日食记录的覆盖率,大多在 55% 以上,东汉、两宋都在 90% 以上,明代更是达到 95%。由于预报和实测混淆,自东汉以后,记录中出现虽有日食发生,但都城或中国不见的情形。

（2）《明实录》无疑是明代日食记录的主要源头。107 条记录中，91 条正确（经计算检验，都城可见），14 条大致正确（有日食但都城不可见、中国不可见），仅 2 条错误，但《明实录》明末的记录严重缺失。此外，《明史·本纪》、万斯同《明史·天文志》、王鸿绪《明史稿·天文志》《续文献通考》《二申野录》《国榷》《古今图书集成》《罪惟录》对明代日食也有较完整的记载。《明史·历志》和《崇祯历书》记载了明末日食。这些文献中对日食记录的正确、错误数及其分布见表 3-7 和表 3-8。

（3）《崇祯历书》记录了明末崇祯年间引进西法改革传统历法的过程，以日月食和行星位置计算为重点，全面介绍了西方天文学。书中包括了明末的 19 次日食记录。与传统的朝廷日食记录的简单、公式化不同，这些记录极为详细。通常包括事先的计算预报：食分和初亏、食甚、复圆的时间，各省日食时刻；实时的观测报告，包括参加人员、观测地点、观测使用的仪器，天象发生的时间、食分或位置的测量结果（表 3-2）。

（4）明朝中期大量兴起的地方志和各种文人笔记小说中也有大量日食记录。《总表》搜集有明代日食 662 条，许多应是抄录自朝廷记录，但错误很多。地方志日食记录最有价值的是对于日全食的生动描述。明代我国东部共发生 15 次日全食或环食，其中 8 次地方志有全食的记载（表 3-3）。正德九年八月、嘉靖二十一年七月、万历三年四月、崇祯十四年十月日食，每次都有几十处不同地点看到日全食的生动记载。

（5）表 3-5 为明代日食记录总表，它包括《明实录》等 10 种文献中的正确和大致正确记录，总共 136 条。其中正确 101 条、大致正确 35 条（都城不见 18、中国不见 17）。另有 5 次都城可见的日食没有记录，由此可得覆盖率 95%。10 种文献中，25 处错误被校勘改正，另有 70 条存误。《二申野录》《古今图书集成》《罪惟录》的"不可见"和错误记录往往相同，这显示他们有某种同源关系。

第4章　明代月食记录

4.1　月食原理及前代记录

月食比日食更加常见。

月食发生，是因为地球的影子（简称地影）挡住了月亮。由于地影远大于月面，只能有月全食和月偏食，不会有月环食。地影分为本影和半影（影子边缘发虚的部分）。造成本影月食和半影月食。一般认为半影月食肉眼不可见，故以下讨论不再论及。月食发生时，背向太阳的半个地球都可以看到，再加上月食过程中地球的自转，能看到的地区更广。据1600—2100年500年统计，平均每100年发生月食153次，其中月全食占46%，月偏食占54%。对于一定地点而言，看到月食的机会占月食总数的60%；看到月全食的机会也超过月全食总数的一半。

图4-1表现的是一个月全食的过程。月食从月面的东侧开始。当地影与月面外切，即月食开始时，称为初亏。全食开始时，称为食既。月面中心和地影中心最接近，即月食最甚时，称为食甚。全食结束时，称为生光。月食结束时，称为

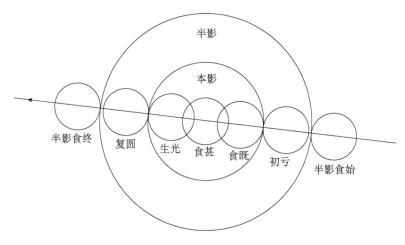

图4-1　月食的各个阶段

复圆。当然，月偏食没有食既和生光两个步骤。月面直径被遮挡部分与月面直径之比，称作食分。一个完整的月全食过程（从初亏到复圆）为 3.5～4 小时，全食过程（从食既到生光）最长接近 2 小时。和日全食不同，月全食时月亮往往不会完全消失，而是呈暗红色，这是地球大气层折射的光线；月面亏蚀的边缘（地影）是模糊的，各个阶段（初亏、食既等）不像日食那么明晰，如图 4-2 所示。

图 4-2　月食的情景

各次月全食时，地影、月面视直径之比不同，月面深入地影的情况不同，月全食延续时间也因此而不同。为显示这一差异，食分的概念在月全食时被延伸，可以大于 1（最多可达 1.80）。日全食也一样（最多可达 1.08）。

月食也是一种神奇而醒目的天象，殷商甲骨卜辞中就有记载。时间相差不远的 5 次宾组月食记录记有日干支及零星的月份线索，历来被用于研究武丁在位的年代①。此外，还有"月又戠"的疑似月食记录。此后直到秦朝的一千余年里，只偶尔有几次不确切的月食记录，如《逸周书·小开》《诗经·十月之交》《史记·六国年表》的秦躁公八年月食。

《史记·孝文本纪》有文帝二年"十一月晦，日有食之。十二月望，日又食"。后者显然是月食之误，并为天文计算证实。这是能够证实的最早一例日期确切的月食。《后汉书·五行志》所记日食中，有 4 例乃月食之误，另外还有 2 条"月食非其月"②。《后汉书·律历志》有 4 条月食记录，并多次提到计

---

① 张培瑜. 日月食卜辞的证认与殷商年代. 中国社会科学, 1999（5）：172-197, 208.
② 刘次沅. 诸史天象记录考证. 北京：中华书局, 2015：43.

算和观测月食。可见当时有完整的月食观测记录,只是由于某种观念(如《诗经·十月之交》"彼月而食,则维其常",认为月食不是凶险的特殊天象),才没有纳入史书。

月食的系列记录始自南北朝,晚于其他各种天象(如月五星掩犯、彗星流星等,自汉代就有大量记录了),自唐以后方才比较齐全。据渡边敏夫统计,中国古代月食记录(明末以前)共计 590 次,其中部分记载有交叉重复[1]。陈遵妫据《总表》统计,从公元前 1309 年起至 1943 年止,共达 2000 次以上,其中记"食既"的 125 次,"食尽"的 11 次,"全晦"的 4 次[2]。笔者对《总集》的月食记录做了统计,1500 年以前的月食记录,剔除两国同时记录、重复记录以及明显的错误记录,共计 545 条,其中记载全食的 78 条[3]。

与其他种类一样,中国古代月食记录也十分简单,通常记为某年、某月、某干支日,月有食之。月全食的见食比例相当高,月全食记录(记作"月有食之,既")也相当多。少数月食留下详细的记录。例如《隋书·律历中》记载:

> (文帝)开皇四年十二月十五日癸卯(585.01.21),依历月行在鬼三度,时加酉,月在卯上,食十五分之九,亏起西北。今伺候,一更一筹起食东北角,十五分之十,至四筹还生,至二更一筹复满。

这条记录记载了对一次月食的预报:月亮位置、月食时间、食分、方位(亏起西北恐系笔误,因为月食不可能从西边亏起),然后是实测结果:初亏时刻、亏起方向、食分、生光时刻、复圆时刻。有条有理,清楚明白。南北朝的月食记录多记有月在某宿,有时还有观测地点。例如,《魏书·天象志二》有:"月蚀在七星,京师不见,统万镇以闻。"有的记录记载了全食时的景象:"月蚀尽,色皆赤。"有的月食记载了带食出入,这就相当于计时记录。这些都提供了研究所需的进一步信息。

张培瑜对中国古代计时和记食分的月食记录进行了全面的研究。他收集到明末以前月食计时记录 56 条,共有各种食相的时刻 133 个。计算结果表明,时刻记录与天象相合或基本相合的占 92.5%。该文还对月食食分记录的精度进

---

① 渡边敏夫. 日本·朝鲜·中国——日食月食宝典. 东京:雄山阁,1979.
② 陈遵妫. 中国天文学史. 第三册. 上海:上海人民出版社:1984.
③ 刘次沅. 中国古代日月食及月五星位置记录的研究和应用//庄威凤. 中国古代天象记录的研究与应用. 北京:中国科学技术出版社,2009.

行了研究。在他收集到的明末以前 41 条月偏食食分记录中，与现代历表计算的食分相比较，误差在 0.05 以下的 17 次，0.05 到 0.1 的 12 次，加上带食出没的 2 次，共 31 次记录与计算相合，占 75.6％。误差 1 分到 1.5 分的 5 次，大于 1.5 分的 5 次，共占 24.4％。考虑到目视估计的观测方法，应该说食分记录是相当精确的。此外，张培瑜还对收集到的 48 条月全食记录进行了分析，发现其中一条并非全食。另有 4 次可疑，全部出自宋代：月食虽系全食，但在我国不可能看到食既[①]。

明代以前月食记录统计如表 4-1。其中"正确"包括经考证验算修正的，"不可见"包括半影月食和有月食但都城不可见的，"覆盖率"为正确数除以都城实际发生数。参考文献见本书 3.1 节表 3-1 所引。

表 4-1　历代月食记录统计

朝代	西汉	东汉	魏	西晋	东晋	北朝	南朝	隋	唐	五代	宋	金	元	明
总记录/条	1	6	2	1	1	60	25	8	93	15	241	49	17	—
正确/条	1	6	2	1	1	56	23	8	81	14	223	45	17	212
不可见/条	0	0	0	0	0	2	1	0	7	1	11	2	0	37
覆盖率/%	—	—	—	—	—	29	14	23	29	29	76	42	16	82

注：①西汉至东晋月食记录极少，覆盖率无统计意义；②宋金元三代分别按各自享国 316、116、112 年计，月食实际发生数按 0.93 次/年的统计平均计。

作为对比，我们将下文统计得到的明代数据也纳入表 4-1 中。明代文献来源太多太杂，导致大量错误，因而记录总数没有意义。由表 4-1 可见，系统的月食记录从南北朝开始，直至明末。宋朝与明朝的覆盖率最高，南朝与元朝较低。

明代月食救护仪式及廷议已经在前文日食一节论及。

4.2　明代月食的文献来源及校勘

4.2.1　《明实录》

《明实录》中有大量的天象记录。比较《明实录》和《明史·天文志》的编纂过程和实际记录，可以看出后者的天象记录基本上摘抄自前者。

《明实录》中月食记录共计 231 条，是明代月食记录的主要来源。天启三

---

① 张培瑜. 中国古代月食记录的证认和精度研究. 天文学报，1993（1）：63.

年之前，《明实录》未载而其他文献有大致正确（包括半影月食）记载的，总共只有 3 条：洪武三年四月甲戌月食，出自《国榷》《续文献通考》；弘治十五年三月戊子月食，出自《国榷》《二申野录》；嘉靖三年正月辛巳月食，出自顺治湖北《蕲州志》等地方志。前二者很可能是我们所用《明实录》版本的疏漏，后者则可能是当地所见。天启四年至崇祯末的 21 年中，各种文献所记中总共 24 条大致正确（包括都城可见、有月食但都城不可见和半影月食）的月食记录，《明实录》仅 6 条有载。这一时期，《明实录》（《熹宗实录》《崇祯实录》《崇祯长编》）的各种天象记录都极少。

这些记录中，有 13 条记"当食不应""阴云不见"。显然，钦天监预报了月食，实际并未见到。

现代天文计算证实，231 条记录中，有 28 条属于半影月食，通常认为半影月食肉眼不可见。2 条记录虽有月食发生，但中国不可见；5 条记录都城不可见。这些都是当时不精确的预报，显然并未看到。原始的记录应有"当食不应""阴云不见"之类的说明，流传过程中遗失。半影月食的记录始见于唐代，"阴云不见"的月食记录始见于宋代，说明自那时起，司天机构有制度性的月食预报[1]。类似的情况在日食中出现得更早：东汉日食记录即有若干例有日食而中国不可见者，"当食不应""阴云不见"则初见于南北朝[2]。

7 条记录提前了一天（洪武十一年五月、十四年三月、二十五年二月，永乐二十年正月，景泰四年四月，嘉靖十六年四月，天启六年闰六月）。这是天象记录流传过程中发生的一种常见错误。《明实录》中的天象记录，很可能是从另一种编年体文献中摘出的。当发现并摘引一条天象记录时，需要向前查索它的日期。这时可能误取前一天，甚至前几天的日期。例如，《明实录中之天文资料》摘自红格抄本，其永乐三年十一月"丁巳（二十五日）夜月犯西咸南第一星"，查原文则是"戊午"（二十六日），摘抄者未注意到该记录所属的日期（戊午），误取了前面的日期（丁巳）[3]。可见这样的错误容易发生。

6 条记录错误。其中 5 条（宣德四年正月、正统四年四月、正德七年七月、崇祯元年正月、崇祯元年十一月）都是望日，但没有月食且不属临界（望时月

---

① 刘次沅. 《宋史·天文志》天象记录统计分析. 自然科学史研究，2012，31（1）：14-25.
② 刘次沅. 中国古代常规日食记录的整理分析. 时间频率学报，2006，29（2）：151-160.
③ 何丙郁，赵令扬. 明实录中之天文资料. 香港：香港大学，1986.

亮黄纬很大，不会是不精确的计算结果）。难以估计其错误原因。1 条万历十年六月庚子（十四）非望，《国榷》记载六月壬寅（十六），是一次半影月食。《明实录》中，上文有庚子（十四）日，下文有癸卯（十七）日，显然是《明实录》脱漏了月食记录所在的日期"壬寅"。

如前文所述，《明实录》前期（洪武至正德）的天象记录很多，后期（嘉靖至崇祯）天象记录很少，年平均只有前期的 1/6。形成强烈对比的是，有明一代，月食记录频度却没有明显变化。实际上月食记录的覆盖率始终都相当高。明代日食记录也是如此。月食从特别不受重视到特别受重视，似乎说明观念的重大变化。考诸史料，这是因为历法研究和已成定规的月食救护仪式的需要。

此外，月食记录从《明实录》中的高度重视，到《明史》的完全抛弃，又形成一个巨大的反差。这说明清代编纂《明史》时，月食的星占意义已经不受重视。

4.2.2 《国榷》《续文献通考》《明史》

除《明实录》外，大量记载明代月食（还有日食和其他种类的天象）的文献主要有《国榷》《续文献通考》和万斯同《明史·天文志四》。谈迁所著《国榷》是明代编年史，成书于明末清初。清乾隆时官修的《续文献通考》上起宋末，下讫明末，记历代典章制度。《国榷》记明代月食 220 条，《续文献通考》188 条，万斯同《明史·天文志四》231 条。天启四年以后《明实录》月食记录严重脱漏时，《国榷》《续文献通考》与万斯同《明史·天文志四》填补了空缺，其间大致正确（包括半影）的 24 条记录，《国榷》记载了 16 条，《续文献通考》记载了 9 条，万斯同《明史·天文志四》记载了 15 条。万斯同《明史·天文志四》独有崇祯十二年四月壬寅、十六年五月丁未（均为望日）两条月食记录，但实际上没有月食。

《国榷》《续文献通考》《明史》的编纂较晚，《明实录》显然是它们的主要来源。但明代晚期的月食记录，应来自更加原始的官方文献，如《崇祯历书》。

有的月食记录，《明实录》《国榷》《续文献通考》和万斯同《明史·天文志四》有同样错误，如正德四年四月、正德七年七月的记录。前文提到的差一天的记录，四者也大多错得一样。中国不可见、半影月食的记录，四者也多一样。

一般而言，《明实录》比起另外三种，详情稍多一点。例如，"晚""晓"等时间用语，"阴云不见"的说明，偶尔出现的时刻、食分等信息。此外，另外三种文献的错误也比《明实录》多。例如，洪武二十九年九月月食，《明实录》在斗不误，《国榷》误为在奎；天顺元年八月丙午月食，《明实录》《国榷》不误，《续文献通考》误为乙巳（早一天）；嘉靖五年五月丁酉月食，《明实录》《续文献通考》不误，《国榷》误为丙申（早一天）；嘉靖四十一、四十二年的月食，万斯同《明史·天文志四》误在四十二、四十三年。

万历十年六月壬寅（1582.07.05）半影月食，《国榷》与万斯同《明史·天文志四》有载。但《明实录》却误为两天前的六月庚子。很可能《国榷》、万斯同《明史·天文志四》所据《明实录》与我们今天看到的版本不同。

虽然很难确证《国榷》《续文献通考》与万斯同《明史·天文志四》的月食记录直接抄自《明实录》，但四者显然是同源的，来自钦天监的预报和实测，我们称为"朝廷记录"。"阴云不见"、"当食不应"、半影月食、有月食而中国不可见都是预测，系统的预测来自钦天监。经计算证实的其他记录，大多应是钦天监的实测结果，但也难以排除一部分属于预测而未实见。

作为正史的张廷玉《明史·天文志》分类记载天象记录，但是其中没有月食这一类。《明史》月食记录仅见于《历志一》，在总结明末改历历程时，提到6次月食。

4.2.3　明清地方志和笔记小说

明清各地方志和笔记小说中，月食记录比较少。独立条目（即《明实录》《国榷》《续文献通考》万斯同《明史·天文志四》都没有）有两条。

嘉靖三年正月辛巳（1524.02.19）月食，载于湖北《蕲州志》（月食翼）、河南《滑县志》、江西《万安县志》。其中《万安县志》还记载"月食于翼一分"。计算表明，当天月食，食分 0.10，在翼二度。月食所在宿度，肉眼观察不难判断，因此这条记录有可能是地方实际所见。

崇祯十七年正月上元（1644.02.22）月食，载于顺治福建《永安县志》。计算表明半影月食，不可见。可能源自钦天监。

地方志和笔记小说中还有一些独立信息，举例如下。

弘治四年四月辛酉（1491.05.23）月食，万历《滦志》记"在尾四度"。计算表明，该次月食食甚时，月在尾五度，相当准确。

嘉靖四十年十二月辛未（1562.01.20）月食，康熙《密云县志》记"在柳宿"，其他来源无此信息。计算表明，该次月食食甚时，月在柳十度。

弘治十五年三月戊子（1502.04.22）月食，《二申野录》小字注"起交戌初刻终亥"。计算表明是一次半影月食（不可见），食甚在北京地方平时 20:04，大致正确。

万历四十五年正月辛巳（1617.02.20）月食，《寒夜录》记"戌初二刻食既，戌正三刻食甚，共食十一分有奇"。计算表明食甚在北京地方平时 20:43，大致正确。

明清地方志和笔记小说中的月食记录，难以判断是摘抄自官史还是实际所见。上述独立记录和独立信息可能是地方实际所见，但有的半影月食、精确到"秒"的食分记录，仍当是源自官史。

地方记录主要汇集于《总集》和它的前身《总表》，这是 20 世纪 70 年代大量专家遍查各图书馆古代文献编成，为天象记录的研究提供了非常可贵的线索。《总表》记载明代月食 264 条，《总集》记载 260 条。地方性记录中月食不多，《总表》《总集》的记录主要还是来自《明实录》《国榷》《续文献通考》《二申野录》等官私史书，而且遗漏较多。这对于读者阅读、学习、参考有一定的隐患。

4.2.4 《崇祯历书》

《崇祯历书》记载了明末月食 35 条，见于《治历缘起》《历学小辩》《法原·交食历指》《法原·古今交食考》等篇。与传统的朝廷月食记录的简单、公式化不同，这些记录作为西法新历检验的一部分，内容极为详细，其中尤以《治历缘起》中的记载为最详细。

记录从事先的计算开始，包括食分和初亏、食既、食甚、生光、复圆的时间（精确到时、刻、分）、月亮地平高度（位置精确到度、分）、粗略的亏蚀方位。除京师外，往往还列出各省的初亏时刻（月食食分各地相同，时刻的北京时间各地也相同，但由于地理经纬度不同，各地地方时时刻不同，月亮和恒星的高度也不同）以及月食示意图。实时的观测报告包括参加人员、观测地点、观测使用的仪器，天象发生的时间、食分或位置的测量结果，以及点评。偶尔还有外地的观测记录。下面以《治历缘起》崇祯九年正月十五日辛酉月食为例进行介绍。

崇祯八年八月二十日李天经题本（摘要、书影见图 4-3）所记如下。

西历新法推算，食分三分八秒。初亏卯初一刻内五十六分，月在地平上十七度三十三分，亏在东北；食甚卯正二刻内一十三分，月在地平上四度二十分，亏在正北；复圆辰初二刻内六十六分，在昼（月已落入地平），亏在西北。

各省初亏时刻：京师顺天府，卯初一刻内五十六分；南京应天府、福建福州府，卯初一刻内八十三分三十二秒；山东济南府，卯初一刻内八十九分九十九秒；山西太原府，寅正三刻内九十六分；湖广武昌府、河南开封府，寅正四刻内五十六分；陕西西安府、广西桂林府，寅正三刻内三十六分；浙江杭州府，卯初二刻内三十六分六十五秒；江西南昌府，寅正四刻内九十分；广东广州府，寅正四刻内二十三分三十三秒；四川成都府，寅正二刻内一十分；云南云南府，寅正一刻内三分三十三秒。

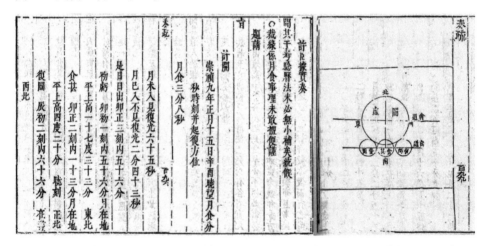

图 4-3　崇祯九年正月月食书影（《崇祯历书·治历缘起》崇祯八年八月二十日李天经题本）

崇祯九年正月十六日礼部题本（摘要）所记如下。

礼部官员郭之奇、钦天监官张守登、参政李天经、布衣魏文魁等，同到观象台，会同钦天监工作人员进行实测。卯时初一刻零四十三分有奇初亏，月亮去北极七十九度七十分；卯正一刻，食甚，约有四分；至卯正二刻，雾气澹霭，月轮隐现。

崇祯九年三月二十二日礼部题本（摘要）所记如下。

巡按河南监察金御史率部观测，寅正四刻内五十六分初亏，时角宿南星西高三十七度二十七分（用于计算时间）；卯正一刻内一十三分食甚，时河鼓中星东高四十度弱，见食三分有奇。

据现代天文计算，正月十五辛酉（1636.02.20）月偏食，北京（北京时间）5:39 初亏，月亮地平高度 14.6°；6:33 食甚，高度 4.5°；6:36 月落；7:27 复圆，此时月亮在地平以下 5.6°（不可见）。

《崇祯历书》月食分别载于《法原·古今交食考》万历至天启年间 11 条（包括天顺 1 条）、《法原·交食历指》万历至崇祯初年 10 条、《历学小辩》崇祯初年 2 条、《治历缘起》崇祯年间 16 条。剔除重复，合计 35 条。

表 4-2 列出这些月食记录的具体来源和记载内容。"日期"一栏将年、月用阿拉伯数字简化，如万历 5-r8 表示万历五年闰八月；"来源"一栏"考"表示《法原·古今交食考》，"缘"表示《治历缘起》，"指"表示《法原·交食历指》，"辩"表示《历学小辩》；其后数字为《〈崇祯历书〉合校》中的页码。《治历缘起》的预报和观测记载于先后两个奏折，所以页码有两个。表中分别指出大统历、西法和观测给出了哪些信息（推算预报以及观测结果）。其中"分"表示食分，"初""既""甚""生""圆"分别表示初亏、食既、食甚、生光、复圆的时刻。例如，表中第 1 条表示：天顺四年闰十一月月食，《法原·古今交食考》分别给出大统历和西法推算的食分、初亏、食甚时刻，以及观测得到的食分和食甚时刻。部分记录有回回历和魏文魁东局的预报，记在"注"一栏。西法预报通常还包括其他各省的初亏时刻。月食延续时间往往较长，月出（日落）时月食，初亏等阶段可能看不见，月落（日出）时月食，复圆等阶段可能看不见，这种情况，也在"注"中表达。

表 4-2 《崇祯历书》的月食记录

日期	来源	大统历	西法	观测	注
天顺 4-r11	考 640	分 初　甚	分 初　甚	分　甚	月落
万历 1-11	指 562	初　甚			
万历 5-3	指 562	甚			
万历 5-r8	考 640	分 初	分 初　甚	不食	月落
万历 17-12	考 640	甚	不食	不食	
万历 20-11	指 562	甚			
万历 26-7	考 641	分	分	分	
万历 29-5	考 641		分 初　甚　圆	分 初　甚　圆	
万历 29-11	考 641	分	分	分	
万历 30-4	考 641	初 既 甚　圆	初 既 甚	初 既 甚	

续表

日期	来源	大统历	西法	观测	注
万历 30–10	考 641	既　生圆	甚生圆	分　　生圆	月出
万历 34–2	考 642	甚	甚生圆	分　　生圆	月出
万历 40–4	指 562	初		初	
万历 44–1	指 562			分　　圆	
万历 45–1	指 562	圆		圆	
天启 3–9	指 563			圆	月出
天启 4–8	指 563	分初		分初	
天启 6–12	考 642	初	初 甚	初	月出
天启 7–12	考 642 指 563	初　　圆	分初既甚生圆	初　　圆	
崇祯 3–10	缘 17、20	分初 甚 圆	分初 甚 圆	分初 甚	回，月落
崇祯 4–4	缘 23、28，辩 162 指 563	分初既甚生圆	分初既甚生圆	初既甚生圆	魏
崇祯 4–10	缘 29、34， 辩 161		分初既甚生圆	初既	月落
崇祯 5–3	缘 36		分初 甚 圆	云阴不见	
崇祯 5–9	缘 38、40	初	分初 甚 圆	云阴不见	月落
崇祯 7–2	缘 44		分初 甚 圆		月落
崇祯 7–8	缘 53		分初 甚 圆	云阴不见	月出
崇祯 8–1	缘 59、72、74		分初既甚生圆	初既甚生圆	
崇祯 9–1	缘 81、84、93	分	分初 甚 圆	分初 甚	回魏，月落
崇祯 9–7	缘 89、97		分初 甚 圆	云阴不见	
崇祯 10–11	缘 109、113		分初 甚 圆	分初 甚	
崇祯 12–5	缘 125、126		分初 甚 圆	分初 甚 圆	
崇祯 12–11	缘 128、129		分初 甚 圆	分初 甚 圆	
崇祯 14–3	缘 138、139		分初 甚 圆	分 甚 圆	月出
崇祯 14–9	缘 140、145		分初 甚 圆	分初 甚 圆	
崇祯 16–8	缘 148、149		分初 甚 圆	初　　圆	

4.3 明代月食记录总表

古代天象记录，由于辗转传抄、不具来源的引用，形成杂乱的局面。一条记录在引用时转抄错误，就形成了"另一条"记录。经过计算检验，可以发现许多记录的日期并无月食发生，这可能是转抄错误导致。其中一些虽在望日，但月亮黄纬甚大，不会是不精确的计算结果。综合各种文献来源，我们得到明代月食记录总表——表4-3。表的内容包括《明实录》（包括《崇祯实录》和《崇祯长编》）的全部月食记录（包括其中5条错误），以及其他文献中大致正确的月食。"大致正确"包括都城可见、有月食但都城不可见和半影月食。其他文献的错误太多，就不纳入表4-3了。

表4-3包括明代各种文献记载的月食254条。

表中"中历"是原记录的日期，为节省篇幅，年、月用阿拉伯数字表示，月前r表示闰月。例如，"永乐18-r1乙酉"表示永乐十八年闰正月乙酉。方括号表示该日期已经过校正，原文在"备注"一栏。例如"洪武11-5［丁亥］"表示原文为洪武十一年五月丙戌，现改为次日［丁亥］。"西历"由中历转换得到。1582.10.05以前为儒略历，之后为格里历。

"文献"一栏给出5种文献的记载情况，各自对齐，以便查看。它们是"实"《明实录》、"国"《国榷》、"续"《续文献通考》、"万"万斯同《明史》和"崇"《崇祯实录》。"长"《崇祯长编》列在"实"的位置上。此外，《明史·历志一》在崇祯年间记载的3次月食，也以"历"字列在"实"的位置上。其他文献若有更多正确信息，补注"他"字在"备注"栏中，并在表后具体说明。某种文献有可以改正的错误，标在"备注"一栏。例如，洪武四年九月乙丑月食，《明实录》《续文献通考》与万斯同《明史》记载不误，《国榷》误为两天前的癸亥。又如隆庆六年五月庚子月食，《明实录》《国榷》不误，《续文献通考》误为六年六月庚子。

"详情"一栏为少数记录有关于月食状态的详情。其中"既"表示月食既，即全食；"斗""井""毕"等表示月所在星官；"云"表示云阴不见，因为天气原因未能见到月食；"不"表示预报的月食没能看到；此外偶有食分和时刻；"*"表示有更多的详情，参见附录"《明实录》日月食选注"。至于《崇祯实录》的记载，通常很详细，参见表4-2，这里不再加注。

"检验"一栏，给出现代天文计算的结果：都城可见的，给出食分，"*"表示该次月食的食甚发生在月落（日出）后，这里给出的是月落时食分；"#"表示食甚在月出（日落）前，这里给出的是月出时食分。"半"表示半影月食；"望无"表示该日期月望，但是没有月食发生；"京不"表示有月食，但都城不可见；"不见"表示有月食，但中国不可见。

"备注"一栏的内容包括校勘、其他文献等内容，上文已述。

由于中国古代后半夜的天象记录往往采用前一天的日期，因此在日期上有少许的不确定性。表 4-3 和本书的检验中，两者都按正确处理。例如，十六日凌晨 5 点月食，记作十五日、十六日都算正确，不再校勘。

表 4-3　明代月食记录总表

	中历	西历	文献	详情	检验	备注
	3-04 甲戌	1370.05.11	实国万续		1.08	
	4-09 乙丑	1371.10.24	实国万续		1.16	国癸亥
	5-03 壬戌	1372.04.18	实　万续		半	国庚申
	6-02 丁亥	1373.03.09	实国万		0.26	
	6-08 甲申	1373.09.02	实国万续		半	
	8-01 丙子	1375.02.16	实国万		*0.88	
	9-11 乙未	1376.12.26	实国万续		半	
	10-11 己丑	1377.12.15	实国万续		1.26	
	11-05 [丁亥]	1378.06.11	实国万续		1.57	原文丙戌
	11-11 癸未	1378.12.04	实国万续		1.13	
	12-10 戊寅	1379.11.24	实国万续		半	
洪武	13-09 癸卯	1380.10.14	实国万续		0.08	
	14-03 [庚子]	1381.04.09	实国万续		1.23	原文己亥
	17-01 甲寅	1384.02.07	实国万续		0.27	国 16-1
	18-06 丙午	1385.07.23	实国万续		1.69	
	20-10 辛酉	1387.11.25	实国万续		0.04	
	21-04 己未	1388.05.21	实国万续		0.93	
	21-10 丙辰	1388.11.14	实国万续		1.32	
	25-02 [丁卯]	1392.03.09	实国万续		1.49	原文丙寅，续 25-3
	28-11 乙亥	1395.12.27	实国万续		*0.94	
	29-05 壬申	1396.06.21	实国万续	斗	*1.65	
	29-11 己巳	1396.12.15	实国万续	井	#0.38	国 29-12 己亥
	30-11 癸亥	1397.12.04	实国万		半	
	1-01 甲午	1403.02.07	实国万续	云	1.47	
	1-07 辛卯	1403.08.03	实国万续	云	*0.59	
	1-12 戊子	1404.01.27	实国万		0.89	
永乐	2-06 乙酉	1404.07.22	实国万续		0.87	
	4-10 辛丑	1406.11.25	实国万续		1.31	
	5-10 丙申	1407.11.15	实国万续		1.19	
	9-02 丁未	1411.03.10	实国万续		1.00	
	9-08 癸卯	1411.09.02	实国万续		1.17	

续表

	中历	西历	文献	详情	检验	备注
	11–06 癸亥	1413.07.13	实国万续		0.51	
	12–11 甲寅	1414.12.26	实国万续		1.15	
	13–05 壬子	1415.06.22	实国万		#0.07	
	14–10 甲戌	1416.11.05	实 万续		0.01	
	15–09 戊辰	1417.10.25	实国万续	既	1.22	
永乐	16–03 乙丑	1418.04.20	实国万续	既	1.33	
	16–09 壬戌	1418.10.14	实国万续	既	1.13	
	18–r1 乙酉	1420.02.29	实国万续		0.17	续己酉
	18–07 辛巳	1420.08.23	实国万		0.05	
	19–01 己卯	1421.02.17	实 万续	既	1.42	万戊寅
	20–01 [癸酉]	1422.02.06	实国万续		0.93	原文壬申
	21–11 壬辰	1423.12.17	实国万续		0.04	
洪熙	1–10 辛巳	1425.11.25	实国万	毕	1.20	
	1–04 戊寅	1426.05.21	实国		0.29	
	2–03 癸卯	1427.04.11	实国万续		0.02	
	3–08 甲午	1428.09.23	实国万		1.05	
	4–01 癸亥	1429.02.19	实 万		望无	万壬戌
宣德	4–02 壬辰	1429.03.20	实国万		*0.59	万五年
	5–08 癸未	1430.09.02	实国万续		0.01	
	6–12 乙巳	1432.01.17	实国万续		1.24	续己巳
	8–06 丁酉	1433.07.02	实国万续		0.52	万乙酉
	10–04 丙辰	1435.05.12	实国万续		#0.13	
	2–03 乙巳	1437.04.20	实国万续		0.15	
	3–02 庚午	1438.03.11	实国万续		0.10	
	4–04 壬辰	1439.05.27	实国万续		无	
	4–07 辛酉	1439.08.24	实国万续		1.35	
	7–05 乙亥	1442.06.23	实国万续		0.45	
正统	7–11 壬申	1442.12.17	实国万续	井	1.30	
	8–05 己巳	1443.06.12	实国万		1.81	
	9–05 癸亥	1444.05.31	实国万续		0.44	
	9–10 辛酉	1444.11.25	实国万续	不	半	
	11–03 癸未	1446.04.11	实国万续		1.24	
	14–01 丙申	1449.02.07	实国万续	不	半	

续表

	中历	西历	文献	详情	检验	备注
景泰	1-01 辛卯	1450.01.28	实国万续	*	*0.44	
	1-06 戊子	1450.07.24	实国万续		1.58	
	1-12 乙酉	1451.01.17	实国万续		1.18	万十一月
	4-04〔辛丑〕	1453.05.22	实国万续		0.75	原文庚子
	4-10 己亥	1453.11.16	实国万续	诸王	1.16	
	5-10 癸巳	1454.11.05	实国万续		1.21	
	6-09 丁亥	1455.10.25	实　万		半	
天顺	1-2 庚戌	1457.03.11	实国万续		1.29	
	1-08 丙午	1457.09.03	实国万续		1.26	续乙巳
	2-02 甲辰	1458.02.28	实国万续	翼*	1.04	
	2-07 辛丑	1458.08.24	实　万续	室	1.20	
	3-12 癸亥	1460.01.08	实　万续	鬼西南	京不	
	4-06 庚申	1460.07.03	实国万续		0.29	万辛未
	4r11 戊午	1460.12.28	实国万　崇	四分	*1.02	
	5-05 甲寅	1461.06.22	实国万		1.69	
	5-11 壬子	1461.12.17	实国万续		1.21	
成化	1-03 癸亥	1465.04.11	实国万续		1.26	
	3-07 己卯	1467.08.15	实国万续		0.14	
	4-01 丙子	1468.02.08	实国万续	云	#0.55	
	5-01 庚午	1469.01.27	实国万续	既	1.20	
	7-10 甲申	1471.11.27	实国万续		1.14	
	8-04 辛巳	1472.05.22	实国万续		1.71	
	8-10 戊寅	1472.11.15	实国万		1.23	
	9-10 癸酉	1473.11.05	实国万续		0.01	
	11-02 乙未	1475.03.22	实国万续		1.20	
	12-02 己丑	1476.03.10	实国万续		1.12	
	12-08 丁亥	1476.09.04	实国万续		*0.99	
	13-02 癸未	1477.02.27	实国万续		半	
	13-07 辛巳	1477.08.24	实国万		半	
	13-12 戊申	1478.01.18	实国万续		0.03	
	14-12 癸卯	1479.01.08	实国万续		#1.17	
	15-11 戊戌	1479.12.29	实国万续	既*	1.21	万十二月
	16-11 壬辰	1480.12.17	实国万		半	
	17-10 丙辰	1481.11.06	实国万续		半	

续表

	中历	西历	文献	详情	检验	备注
成化	18-09 庚戌	1482.10.26	实国万续		0.89	
	19-03 己酉	1483.04.23	实国万续	既	*1.09	
	19-09 乙巳	1483.10.16	实国万		京不	
	20-09 己亥	1484.10.04	实国万续		0.22	
	21-02 丁卯	1485.03.01	实国万续	不	半	
	22-01 辛酉	1486.02.18	实国万续		1.15	
	23-07 癸丑	1487.08.04	实国万		0.95	
弘治	1-01 庚戌	1488.01.28	实 万	*	0.03	
	1-06 丁未	1488.07.23	实 万		半	
	1-11 乙亥	1488.12.18	实国	不*	半	
	3-05 丁卯	1490.06.03	实国万		*0.82	
	4-04 辛酉	1491.05.23	实国万	尾	0.50	
	6-08 丁丑	1493.09.25	实国万		1.10	
	8-08 丙寅	1495.09.04	实国	不*	半	
	9-12 戊子	1497.01.18	实国万	既	1.27	
	10-06 乙酉	1497.07.14	实国万续		#0.09	万癸未
	10-12 癸未	1498.01.08	实国万续	鬼	#0.71	
	11-06 己卯	1498.07.03	实国万续		0.89	
	11r11 丁丑	1498.12.28	实 万	不*	半	
	13-04 己亥	1500.05.13	实国万		0.89	
	13-10 丙申	1500.11.06	实国万续	*	京不	
	14-09 庚寅	1501.10.26	实国万续		#1.32	
	15-03 戊子	1502.04.22	实国万	氐东南	半	
	16-02 壬子	1503.03.12	实 万	不*	半	
	17-07 甲辰	1504.08.25	实国万续		1.20	万甲申
	18-01 辛丑	1505.02.18	实国万续		1.28	
	18-07 戊戌	1505.08.14	实国万		1.08	
正德	2-05 丁巳	1507.06.24	实国万续		0.34	
	2-11 乙卯	1507.12.19	实国万续		1.11	万己卯
	3-11 己酉	1508.12.07	实 万续		1.27	
	4-10 癸卯	1509.11.26	实国万续		0.06	
	6-09 癸亥	1511.10.07	实国万续		*1.02	
	7-07 丁亥	1512.08.26	实国万续		望无	
	10-06 庚午	1515.07.25	实国万续	既	1.24	

续表

	中历	西历	文献	详情	检验	备注
	10-12 戊辰	1516.01.19	实国万		1.23	
	13-10 辛巳	1518.11.17	实国万续		0.84	
正德	14-04 己卯	1519.05.14	实国万续		1.61	
	14-10 乙亥	1519.11.06	实国万续	既	1.52	
	15-04 癸酉	1520.05.02	实国万续		0.12	
	1-02 壬辰	1522.03.12	实国万续	*	不见	
	2-02 丙戌	1523.03.01	实国万续	*	1.33	
	3-01 辛巳	1524.02.19		翼	0.10	他
	5-05 丁酉	1526.06.24	实国万续		1.66	国丙申
	5-11 甲午	1526.12.18	实国万续		1.28	
	8-03 辛亥	1529.04.23	实国万续		0.86	
	13-12 戊申	1535.01.19	实　万续		半	
	14-06 甲辰	1535.07.14	实国万续		0.85	
	14-11 壬申	1535.12.09	实国万续		半	
	16-04 [甲子]	1537.05.24	实国万续		1.75	原文癸亥
	17-10 乙卯	1538.11.06	实国万		0.34	
	19-02 丁丑	1540.03.22	实国万续		0.96	史
	20-08 己巳	1541.09.05	实　万		#1.10	
	21-02 丙寅	1542.03.01	实　万续		0.15	
嘉靖	23-06 壬午	1544.07.04	实国万续		1.53	续壬子
	24-05 丁丑	1545.06.24	实国万续		0.90	
	27-03 庚寅	1548.04.22	实国万续		1.56	
	27-09 戊子	1548.10.17	实　　续	当昼刻	不见	
	28-09 壬午	1549.10.06	实国万		0.12	
	30-01 甲辰	1551.02.20	实国万续		1.18	
	31-01 己亥	1552.02.10	实国万续		1.28	
	31-07 乙未	1552.08.04	实国万续		1.30	实己未
	32-01 癸巳	1553.01.29	实国万续		半	
	33-05 乙卯	1554.06.15	实国万续		0.48	国壬子
	34-11 丙午	1555.11.28	实国万续		1.56	
	37-08 庚申	1558.09.27	实国万续		0.92	
	38-02 丁巳	1559.03.23	实国万续	云	1.48	
	38-08 甲寅	1559.09.16	实国万续	云	1.41	
	39-08 戊申	1560.09.04	实国万续		0.10	

续表

	中历	西历	文献	详情	检验	备注
嘉靖	40-06 癸酉	1561.07.26	实国万续		半	
	40-12 辛未	1562.01.20	实 万续	柳，既	1.06	
	41-12 乙丑	1563.01.09	实国万续	云	1.31	续己丑，万42年
	42-06 壬戌	1563.07.05	实 万续		1.03	万43年
	42-12 己未	1563.12.29	实 万		0.10	万43年
	45-10 癸酉	1566.10.28	实国 续		1.56	国壬申
隆庆	3-07 丙戌	1569.08.26	实国万续	不	0.86	
	4-01 甲申	1570.02.20	实国万		1.31	
	4-07 庚辰	1570.08.15	实 续		1.42	
	5-07 乙亥	1571.08.05	实国万续		#0.07	
	6-05 庚子	1572.06.25	实国 续		0.34	续6-6
	6-11 戊戌	1572.12.20	实国万	云*	0.82	
万历	1-11 辛卯	1573.12.08	实国万续崇	既*	1.56	
	2-05 己丑	1574.06.04	实国万续		0.55	
	2-11 丙戌	1574.11.28	实国万续		0.37	
	4-09 乙巳	1576.10.07	实国万续		0.84	
	5-03 壬寅	1577.04.02	实国万续崇	既*	1.56	
	5-r8 庚子	1577.09.27	实国万续崇	不*	京不	
	6-02 丁丑	1578.03.23	实国万续	*	0.28	万丁酉
	7-07 戊午	1579.08.06	实国万续	不	半	
	8-01 丙辰	1580.01.31	实国万续		1.03	
	8-06 癸丑	1580.07.26	实国万续		#1.15	国辛丑
	8-12 庚戌	1581.01.19	实国万续		1.34	
	10-06 壬寅	1582.07.05	实国万		半	实庚子
	11-04 丁卯	1583.06.05	实国万续		#0.24	
	11-10 甲子	1583.11.29	实国万续		0.93	国万11-12
	12-04 辛酉	1584.05.24	实国万续	*	1.82	
	13-04 乙卯	1585.05.13	实国万续	五分余	0.48	
	13-r9 癸丑	1585.11.07	实国万续	五分余	0.19	
	15-02 乙亥	1587.03.24	实国万	*	1.06	
	15-08 辛未	1587.09.16	实国万续		0.76	国己巳
	17-01 甲子	1589.03.02	实国万续		半	
	17-07 庚申	1589.08.25	实国万续		0.24	
	17-12 戊子	1590.01.20	实国 续崇	不	半	

续表

	中历	西历	文献	详情	检验	备注
万历	18–12 壬午	1591.01.09	实国万续		0.82	
	19–05 庚辰	1591.07.06	实国万续	*	1.53	
	20–05 甲戌	1592.06.24	实国万续		0.71	
	20–11 望	1592.12.15	崇		0.38	
	22–03 癸巳	1594.05.04	实国 续		0.68	
	24–03 壬午	1596.04.12	实 万续	不	0.37	
	26–07 戊戌	1598.08.16	崇		1.15	
	29–05 壬子	1601.06.15	实国万续崇		0.27	续 29-3
	29–11 己酉	1601.12.09	实国万续崇		0.92	
	30–04 丙午	1602.06.04	实国万续崇	*	1.67	
	30–10 甲辰	1602.11.29	崇		1.59	
	33–02 庚申	1605.04.03	实国万	轸	0.99	他
	34–02 乙卯	1606.03.24	实国万续崇	既*	#1.36	续丙辰
	34–08 辛亥	1606.09.16	实国万续	既	1.63	
	36–06 辛未	1608.07.27	实国万续		0.06	
	37–06 丙寅	1609.07.17	实国万	云*	京不	
	37–12 壬戌	1610.01.09	实国万续	既*	1.58	
	40–04 己卯	1612.05.15	实国万续崇	*	*0.26	
	40–10 丙子	1612.11.08	实国万续		0.74	
	41–03 癸酉	1613.05.04	实国 续		1.78	
	41–09 庚午	1613.10.28	实国万续	娄.既	1.62	国己巳，他
	42–09 甲子	1614.10.17	实国万续		0.35	
	44–01 丁亥	1616.03.03	实国万续崇	翼	0.94	
	45–01 辛巳	1617.02.20	实国万 崇		1.41	他
	45–07 戊寅	1617.08.16	实国万		1.40	他
	46–01 乙亥	1618.02.09	实国万续	*	0.18	
泰昌	1–11 己丑	1620.12.09	实国万续	既	1.60	
天启	3–09 壬寅	1623.10.08	实国万续崇	*	0.60	
	4–02 庚子	1624.04.03	国万		1.50	他
	4–08 丙申	1624.09.26	国 崇		1.71	
	6–r6 [丙辰]	1626.08.06	实 万续	云	半	原文乙卯
	6–12 癸丑	1627.01.31	实 万续崇	*	0.80	
	7–12 戊申	1628.01.21	国万续崇		1.59	国万 11 戊寅
崇祯	1–01 丙子	1628.02.18	长国万		望无	

	中历	西历	文献	详情	检验	备注
	1-06 乙巳	1628.07.16	长国万续		#0.41	
	1-11 癸酉	1628.12.11	长　万续	寅时	望无	
	2-09 丙申	1629.10.30	万	云	半	
	3-10 辛酉	1630.11.19	长国万　崇		0.71	
	4-04 戊午	1631.05.15	历国万续崇		1.88	国万丁巳
	4-10 乙卯	1631.11.08	崇		1.66	
	5-03 癸丑	1632.05.04	崇		0.57	
	5-09 己酉	1632.10.27	历　　崇	云	*0.31	
	7-02 壬申	1634.03.15	实国万续崇	云	0.87	
	7-08 己巳	1634.09.07	国万续崇		#0.76	
崇祯	8-01 丙寅	1635.03.03	续崇		1.47	
	9-01 辛酉	1636.02.21	历　　崇		0.22	
	9-07 戊午	1636.08.16	国万　崇	云	0.05	国万己未
	10-11 庚辰	1637.12.31	国万　崇		0.90	
	12-05 辛未	1639.06.15	国万　崇		0.91	
	12-11 己巳	1639.12.10	国万　崇		0.24	
	14-03 辛卯	1641.04.25	国万　崇		0.81	
	14-09 丁亥	1641.10.18	国万续崇		0.54	
	16-08 丙子	1643.09.27	国　崇		0.51	
	17-01 上元	1644.02.22			半	他
	17-08 庚午	1644.09.15	国		半	

注："他"有嘉靖 3-1 辛巳：《皇明大政纪》、顺治《蕲州志》、顺治《滑县志》、康熙《万安县志》。万历 33-2 十七：顺治《蕲州志》丑时月食轸。万历 41-9 庚午：康熙《淮安府志》月食在娄月红赤色。万历 45-1 辛巳：《寒夜录》月食戌初二刻食既，戌正三刻食甚，共食十一分有奇。万历 45-7 戊寅：《寒夜录》又食至十二分二秒。天启 4-2 庚子：崇祯《松江府志》子刻；康熙《桐乡县志》戌时月食既；嘉庆《嘉兴府志》月食十分二秒凡三四刻方吐光；《嘉兴县启祯两朝实录》戌时月食十分三秒。崇祯 17-1 上元：顺治《永安县志》。

4.4　明代月食记录的统计分析

4.4.1　明代月食记录的类型与分布

表 4-4 给出各种类型月食记录在明代各朝的分布。总计各朝共 254 条。其中正确（都城可见）212 条，大致正确 37 条（其中半影 30 条、有月食都城不可见 5 条、中国不可见 2 条），《明实录》中错误 5 条。《总表》和本节所述"正

确"和"大致正确"的数字，包括那些经计算考证校勘过的结果。

表 4-4　明代月食记录的分布

年代	洪武	建文	永乐	洪熙	宣德	正统	景泰	天顺	成化	弘治	正德	嘉靖	隆庆	万历	泰昌	天启	崇祯	总计
总计	23	0	20	1	9	11	7	9	25	20	12	35	6	48	1	6	21	254
正确	18	0	20	1	8	8	6	8	19	13	11	29	6	42	1	5	17	212
大致正确	5	0	0	0	0	2	1	1	6	7	0	6	0	6	0	1	2	37
错误	0	0	0	0	1	1	0	0	0	0	1	0	0	0	0	0	2	5

　　明代天象记录几乎全部出自《明实录》。《明实录》分 13 部编纂（另有《崇祯实录》和《崇祯长编》），虽有大致相同的体例，但详略、偏重也有参差。尤其在天象记录上，详略差异是很大的。表 4-5 给出《明实录》全部天象记录与日月食记录分布密度的对比。表中第 2 行（年数）为使用该年号的年数，第 3 行（天象）为《明实录》中各种天象记录的总数，第 4 行（天象年均）为各种天象记录的年均。以下各行分别为日食和月食记录的数量和年均。表中可见，正德以前的 154 年中，天象记录非常密集，年均 37.3 条。嘉靖到万历的 98 年中，天象记录大幅减少，年均 7 条。明末 25 年中，更加稀少。但是对于日食、月食，情况完全不同：从明初到万历年间，一直保持稳定。表中可见《明实录》日月食记录在明末的缺漏严重，但考虑到《崇祯历书》的弥补，年均会更高。

表 4-5　《明实录》中天象记录和日月食记录的分布

年号	洪武 建文	永乐 洪熙 宣德	正统 景泰 天顺	成化	弘治 正德	嘉靖 隆庆	万历	泰昌 天启 崇祯
年数	35	33	29	23	34	51	47	25
天象	878	1637	1351	693	1191	353	337	93
天象年均	25.1	49.6	46.6	30.1	35.0	6.9	7.2	3.7
日食	12	10	10	9	15	16	14	6
日食年均	0.34	0.30	0.34	0.39	0.44	0.31	0.30	0.24
月食	18	29	22	19	24	34	39	7
月食年均	0.51	0.88	0.76	0.83	0.71	0.67	0.83	0.28

　　图 4-4 给出明代月食和月食记录的分布。横坐标为公元纪年的年代。天象记录主要出自《明实录》，其记录的频度各部实录各有不同，因而图的上方标出各部实录的时间范围。纵坐标给出每十年都城实际发生的月食事件和月食记录数量。

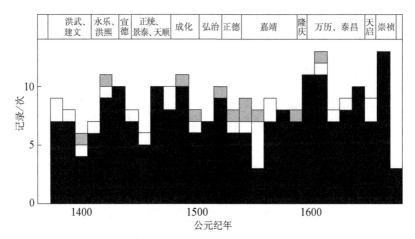

图4-4 明代月食事件和月食记录的时间分布

据 Espenak 计算（https://eclipse.gsfc.nasa.gov/solar/html），公元后的 3000 年，共发生月食 7311 次，其中半影月食 2676 次（36.6%），月偏食 2534 次（34.7%），月全食 2101 次（28.7%）。也就是说，每 10 年全球发生月全食和月偏食 15.45 次。据估计，就某一地点而言，平均每 10 年发生月食（月偏食和月全食）9.3 次。以上是平均而言，实际上，在十年频度上，月食的次数是参差不齐的。明代 277 年，都城发生 247 次，平均每 10 年 8.9 次。图4-4 中，我们也给出实际发生的月食状况。

图4-4 中黑色部分表示 212 条明代月食记录。白色和灰色部分是实际发生而没有记录的。其中灰色是"临界月食"，即食分小于 0.10 或月食发生时都城当地月亮高度不超过 10°，这样的月食不容易看到。白色部分就是实际发生而没有记录的"明显月食"。这样，图4-4 中总轮廓是明代实际发生的、都城可见的全部月食事件。图4-4 中显示，明代共发生都城可见的月食 247 次，被正确记录的 212 次（其中被正确预报而阴云未见的 6 次）。因为"临界"而未被预报和记录的 11 次，明显月食而未被预报和记录的 24 次。由此可见，明代都城发生的月食，86%（212/247）被预报和记录，这是一个相当高的覆盖率。

由图4-4 可见，明代有两个时期未被记录的月食较多：建文帝 4 年间 3 次都城可见的月食，全都没有记录；武宗后期至世宗前期脱漏达 12 次。崇祯时期对日月食的预报和观测格外重视，西法、大统历、回回历和魏文魁的东局同时预报，17 次月食，全都有记载。

4.4.2　明代月食记录的详情

《崇祯历书》记载的日月食预报和观测非常详细，前文已述，此处不论。除此之外的明代月食记录，总体上相当简单，但也有少数记录载有更多的信息。与日食不同，月食见到全食的机会很多，应当将近半数。由表 4-3 中"检验"一栏可见，212 次都城可见的月食中，有 106 次在都城可以见到全食，但在"详情"一栏中只有 16 次记录有"既"（地方志有更多的记载）。可见官方记录中对于是否全食并不在意。令人满意的是，这 16 次"既"的记录，全都符合计算结果。另外，《明实录》所记 16 次食既，集中在太宗、宪宗、孝宗、武宗、神宗的实录中，似乎也和各实录的编纂体例有关。

总共 15 条记录记有月所在星宿。其中包括半影月食、有月食而中国不可见的情况。月所在宿是计算月食的必需步骤，因此可能是钦天监预报的结果。不过，月食时目视也可看出月亮所在星宿，因此也可能是实际观察的结果，甚至也可能是事后编史时的估计。经计算检验，15 条月所在宿的记录全都正确。

此外，还有 11 条时刻记录和 10 条食分记录，大多在万历至天启之间。经计算验证大致不误。有的一条记录兼有多种信息，例如，《神宗实录》：

> 万历十五年二月乙亥夜，望，月食约九分余，其体赤黄色，测在轸宿度分，至亥正三刻复圆正西。

计算表明，当天（1587.03.24）北京地方平时 20:03 食甚，食分 1.06，月在轸 5 度。至 21:39 复圆，地影从西边退出月面。可见该记录基本准确。

古人计算预报不准确导致若干月食"当食不应"。但有时计算准确的月食也没看到。《神宗实录》记载：

> 万历二十四年三月壬午，月应食不食。先是春官正李钦等推算，望月食三分七十秒。候至寅正初刻，月体未亏，亦无占咎。

计算表明，当天（1596.04.12）月偏食，北京地方平时 19:16 初亏，20:19 食甚，21:20 复圆，食分 0.37。整个月食过程都在日落月出之后，计算的食分也准确，应该很容易看到。官员直等到天快亮了也没见到，不知是上班太晚，还是预报的时间误差太大。这条记录如今读来，甚觉生动可笑。

中国古代明确规定子时为一日之始。但天象记录中，通常把后半夜的天象记在前一天。江涛分析了历代月掩星记录,从中选出阴历十八以后的 139 条(后半月的月亮天象多发生在后半夜),计算出月掩星的具体日期、时刻,就可以判断原记录日期是当天还是前一天。结果得出,南北朝和明代,绝大多数后半夜天象记载前一天。其他时期,大约 3 时以前记前一天,此后记当天[①]。张培瑜分析了历代 140 条记有时刻的月食记录。在食甚发生在后半夜的 68 次记录中,64 次采用了前一天[②]。

表 4-3 的 254 条明代月食记录中,116 条的食甚发生在北京时间 0 点以后。其所用日期列于表 4-6。表中可见,食甚在 0—5 点之间的 77 条记录,全部采用前一天的日期;此后采用当天日期的渐多,7 点以后多数采用当天日期。

最有趣的是,其中有不少半影月食或都城不可见的月食,也就是说这种记录并非实际观测报告,而是纯属预报。预报后半夜月食,也用前一天的日期,这在历法中当然能够体现出来。同时也有部分不可见的早晨月食用当天日期记录(用当天日期的 17 条中,也有 5 条是不可见的)。

表 4-6 后半夜月食记录所用日期

日期 \ 时间	0—1	1—2	2—3	3—4	4—5	5—6	6—7	7—8	8—9
前一天	18	12	15	14	18	10	10	2	0
当天	0	0	0	0	0	4	6	4	3

4.5 小 结

(1)尽管月食的预报和观测一直受到重视,但系统的月食记录却晚到南北朝才出现。此后的月食记录覆盖率如表 4-1 所示,在宋朝和明朝最高(80%左右),南朝和元朝最低(15%左右),其他朝代大致在 30%。由于预报和实测混淆,记录中出现虽有月食,但实际不可能见到的情形。

(2)表 4-3 为明代月食记录总表,它包括《明实录》中的全部记录以及其他文献中的正确(经计算检验,都城可见)和大致正确(有月食但都城不可见、半影月食)的记录,总共 254 条。其中正确 212 条、大致正确 37 条(都城不

① 江涛. 论我国史籍中记录下半夜观测时所用的日期. 天文学报,1980,21(4):323-333.
② 张培瑜. 中国古代月食记录的证认和精度研究. 天文学报,1993,34(1):63-79.

见 5 条、中国不见 2 条、半影月食 30 条)、《明实录》错误 5 条。

（3）明代月食记录主要出自《明实录》。231 条记录中，只有 5 条错误而无考（另有几条错误则很容易考出其真相）。其中正确 192 条、大致正确 34 条。《明实录》包括了明代月食记录的大部分，天启三年之前，《明实录》未载而其他文献有大致正确记载的，总共只有 3 条。此后的 21 年里缺失严重，24 条大致正确的记录，《明实录》仅记录了 6 条。《明实录》月食记录偶尔带有食分、时刻、位置的简单描述，几次月食预报不准确还引发热闹的廷议。

（4）明代天象记录几乎全部来源于《明实录》，但其时代分布极不均匀。洪武至正德的 154 年里，年平均记录 37.3 条天象；嘉靖至崇祯的 123 年里，年均仅仅 6.4 条。与此形成鲜明对照的是，月食记录却始终相当均匀和完整，覆盖率高达 82%。这说明，因为历法研究，月食的预报和观测受到高度重视。《明史》中不收月食记录，则说明其星占作用并不重要。

（5）《崇祯历书》记录了明末的 35 次月食（表 4-2），与传统的朝廷月食记录的简单、公式化不同，这些记录极为详细。通常包括事先的计算预报，包括食分和初亏、食既、食甚、生光、复圆的时间，月亮地平高度，各省初亏时刻；实时的观测报告，包括参加人员、观测地点、观测使用的仪器，天象发生的时间、食分或位置的测量结果。

（6）除《明实录》外，系统全面记载明代月食的还有《国榷》220 条、万斯同《明史》231 条和《续文献通考》188 条，其源头很可能是《明实录》。但在明末，这三种文献填补了《明实录》的缺失。地方志和私人著作较少记载月食，仅有少量零星的独立信息。

（7）凌晨天象的记录，通常记前一日的日期。对明代月食记录的统计显示，食甚在 5 时以前的，用前一日；此后的，两者兼有，仍以前日为多。

第5章　明代月行星位置记录

5.1　月行星运动及前代记录

月行星位置记录，即表述月亮、行星与恒星之间位置关系与动态的记录，是中国古代天象记录中数量最多的类型。关于月亮、行星的天象记录还有日月食、行星昼见等类型，在别的章节讨论。

地球绕太阳公转，每年一周。从地球上来看，太阳每年在恒星背景上运行一周，其轨道称为"黄道"。月亮和金、木、水、火、土五大行星都大致沿着黄道运行，速度快慢不一。它们或经过恒星近旁，或互相接近、遮掩，或一时留守不动，或隐匿于阳光，形成各种月行星天象。

以恒星为背景观察，月亮运行一周为27.5天，称为恒星月。这是月亮围绕地球公转的周期。更令人瞩目的是月相的变化。从日月相合的"朔"开始，经历"上弦""望""下弦"，周而复始，称为朔望月，周期29.5天。朔望月和恒星月周期不同，是太阳在恒星背景上的运动（地球公转）所致。月亮运行轨道称为"白道"，它与黄道成5°夹角，因此月亮只会经过黄道内外5°的范围。

水星、金星、地球、火星、木星和土星围绕太阳公转，以日计算，其周期分别为87.97日、224.70日、365.25日（1年）、687.0日（1.88年）、4334.6日（11.87年）、10 825日（29.64年）。从地球上来看，五大行星可以分为两类：内行星和外行星，各有其视运动特征。

内行星包括水星和金星，它们看起来在太阳两侧摆动。下面以水星为例。从"上合日"（这时水星与太阳相合，在地-日连线的另一边，距离地球最远）开始，这时水星隐匿在阳光中。水星和太阳都在星空中向东"顺行"，但太阳慢，水星快。若干天后，水星傍晚出现在西边低空（是为昏星），位置越来越高，与太阳越来越远，最后达到"东大距"（在太阳的东边达到大距，此时最明显）。此后水星转而越来越接近太阳，终于隐匿在阳光中，以至"下合日"（此时水星在地球和太阳之间）。此后，水星又于凌晨出现在东边天空（是为晨星），与太阳越来越远，最后达到"西大距"。之后转而越来越接近太阳，终于隐匿在阳光中，又回到"上合日"。内行星的这样一个视运动周期被称为"会合周期"，水星 115.9 日、金星 583.9 日。它们与太阳的最远距离（大距），水星 18°—28°，金星 45°—48°。

外行星包括火星、木星、土星、天王星和海王星，它们沿着黄道，在更大的范围运动。下面以火星为例。从"合日"（这时火星与太阳相合，在地—日连线的另一边）开始，这时火星隐匿在阳光中。火星和太阳都在星空中向东"顺行"，但太阳快，火星慢。若干天后，火星凌晨出现在东边低空（是为晨星），位置越来越高，与太阳越来越远，被人看见的时间越来越早，渐至通夜可见。越过半个天空后，火星开始向西"逆行"，行至与太阳相背时，称为"冲日"，此时离地球最近、最亮。此后继续逆行一段时间，又转为顺行，逐渐成为傍晚可见的昏星。最终投入阳光中，达到合日。这样一个会合周期，火星为 778 日、木星为 399 日、土星为 378 日。

内行星只会是晨星或昏星，外行星则经历晨星、后半夜见、通夜见、前半夜见、昏星。它们与太阳相合时都有一段时间不能被看到，中国古代称为"伏"。它们都有顺行和逆行，顺逆交替时运动很慢，称为"留"。

古代月行星记录的主要内容，是月、行星运动过程中相互之间及与恒星之间接近甚至相掩。用到最多的词汇是"犯""凌""掩""守""合""聚""在""入"等。

"犯"的记录占绝大多数。《史记·天官书·集解》孟康曰："犯，七寸已内光芒相及也。"即两者接近到七寸以内称为犯。但是《南齐书·天文志上》"月犯列星"记录中则明确显示，一尺以内为犯，一尺一寸不为犯。据古代行星丈尺寸记录的回归分析，一尺即为一度[①]。对月掩犯记录的分析也指出，"犯"的范围为 1°[②]。

《崇祯历书·治历缘起》崇祯七年九月初二李天经题本中有"按法，诸天曜在天，一度为一尺，七寸以内曰犯，经过其宿而光耀侵之亦曰犯"的记载。《崇祯历书·五纬历指》第 9 卷第 10 章，崇祯七年十一月、八年四月测木星距积尸气分别为"百分度之五十四"和"百分度之三十八"，小字注"云五十四、

---

① 刘次沅. 中国古代天象记录中的尺寸丈单位含义初探. 天文学报，1987，28（4）：397-402.
② 刘次沅. 对中国古代月掩犯资料的统计分析. 自然科学史研究，1992，11（4）：299-306.

三十八者，即古书所谓五寸四分及三寸八分"。既肯定了一尺为一度，又将"七寸以内为犯"的范围扩大。

图 5-1 是 2004 年 5 月 21 日日落后在北京拍摄的照片，金星距离月亮圆面约 30 角分，即五寸。

图 5-1　2004 年 5 月 21 日日落后月犯金星

据元代以前月掩星记录的分析，"掩"的记录中，大部分月掩行星和亮星经计算验证确实能掩，暗星则大多不能掩[1]。至于行星掩星，更难以实现。因此，古代记录中的"掩星"，只能理解为光芒相掩。

"守"，指行星在"留"时移动极慢，守在某星旁或某宿中，如"荧惑守心"，对守的距离要求比较宽泛。"合""聚"通常指几个行星位置接近，或者都处于同一宿中。两行星之间的合，则多指其经度相同，但也有时指两者在同一宿中。

"在""入"则是比较含糊的说法。月行星进入像氐、鬼、井、斗魁这样封闭图形的星官，会有类似"月入氐"这样的记录。"在"某星宿的说法，含义更加模糊，但这样的记录不是很多。

以上表达月行星位置关系的种种术语，下文中往往简称"凌犯"或"掩犯"。

自《汉书》开始，各种天象记录系统地记载于史书的天文志中。于是有"汉元年十月，五星聚于东井""十二年春，荧惑守心""孝文后七年十一月戊戌，

---

① 刘次沅. 对中国古代月掩犯资料的统计分析. 自然科学史研究，1992，11（4）：299-306.

土、水合于危""本始四年七月甲辰，辰星在翼，月犯之"等各种月行星记录。东汉以后，各种天象记录数量大增，月行星则始终占很高的比例。表 5-1 给出历代月行星位置记录的统计数据。表中"月亮"一行表示月亮凌犯行星、恒星的记录数，"行星"一行表示行星互相凌犯合聚以及行星凌犯恒星。"占比"表示以上两项在全部天象记录中的占比。"年均"指月行星记录平均每年数量。大多数月行星记录的日期完整，可以通过现代天文计算方法验证其真伪，因此可以得到"错误率"。表中统计数字出自笔者的研究，以历代正史天文志为主①。"明"一栏，采用《明实录》的记录。

表 5-1　历代月行星位置记录统计

年代	西汉	东汉	曹魏	西晋	东晋	南朝	北朝	隋唐	五代	宋	金	元	明
月亮/条	5	40	41	4	194	367	442	227	64	2868	110	805	1570
行星/条	42	152	41	45	218	377	405	361	112	2410	118	671	1044
占比/%	23	42	53	30	68	68	63	48	63	66	39	76	40
年均/条	0.20	0.98	1.82	0.94	4.00	4.40	4.34	1.79	3.32	16.49	1.97	13.18	9.47
错误率/%	20	31	32	63	27	15	17	31	16	10	14	4.1	4.1

表 5-1 中"年均"可见，自西汉以后，月五星（即五大行星）记录数量逐渐增多，到宋代多至每年约 16.5 条。隋唐时期数量显著减少，应是唐末战乱文献丢失所致。在各种天象记录中，月五星记录占比一直都很高，大多数时期占一半以上。错误率在隋唐以前约占 30%，此后大有改善，这与文献传播的规律是一致的。

明代月五星记录基本上存于《明实录》。正德以前数量巨大，嘉靖以后突然变得极少。各时期统计见表 2-2，共计 2614 条。其中月掩犯恒星 1457 条、月掩犯行星 113 条、行星犯恒星 927 条、行星互犯合聚 117 条。除《崇祯历书》详细记载了崇祯年间几次行星位置预报与观测外，其他文献的相关记录几乎全部抄自《明实录》。《国榷》抄录了《明实录》全部的天象记录，只是少数时段脱漏，记录内容有所简化。

《明史》的三种版本各自不同。万斯同《明史·天文志》和王鸿绪《明史稿·天文志》分为以下类型，全面抄录了《明实录》的月五星记录：月犯五纬、

① 刘次沅. 两汉魏晋天象记录统计分析. 时间频率学报，2015，38（3）：177-187；刘次沅. 马莉萍. 南北朝天象记录统计分析. 西北大学学报（自然科学版），2013，43（5）：832-838；刘次沅. 隋唐五代天象记录统计分析. 时间频率学报，2013，36（3）：181-189；刘次沅.《宋史·天文志》天象记录统计分析. 自然科学史研究，2012，31（1）：14-25；刘次沅.《金史》《元史》天象记录的统计分析. 时间频率学报，2012，35（3）：184-192.

月犯列舍、五纬犯列舍、五纬犯太阴、五纬相犯、五纬相合、五纬俱见。张廷玉《明史·天文志》则删除了数量巨大的月犯列舍类型。各书在内容上都有所简化。

《续文献通考》有月五星记录 1042 条。其他文献如《古今图书集成》《二申野录》《罪惟录》也有少量相关记录。各地方志极少有独立的月五星记录。

5.2 明代皇帝的月行星星占

《明实录》有大量月行星位置记录，一些现象还引起了皇帝的特别注意。太祖朱元璋就是一位星占高手。元至正二十一年八月庚寅，朱元璋发兵攻打陈友谅，与星象大师刘伯温有一段对话：

> 刘基亦言于上曰，昨观天象，金星在前，火星在后，此师胜之兆。愿主公顺天应人，早行吊伐。上曰，吾亦夜观天象，正如尔言。至是，遂率徐达、常遇春等各将，舟师发龙湾。

天象计算表明，八月十二庚寅，金星、火星俱伏于日，不可见。六月十一庚寅前后几天，金星、火星夕见西方。金星在前（偏东），火星在后（偏西），向东顺行。图 5-2 显示六月庚寅（1361.07.13）日落时正西方向的天空，带箭头的短线表示金星、火星前 5 天的行度。原记录六月误传为八月。

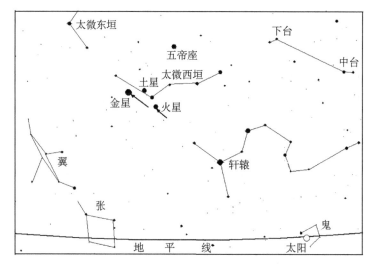

图 5-2 至正二十一年六月庚寅金星在前火星在后

洪武七年十一月壬午，太阴犯轩辕左角。上谕中书省臣曰，太阴犯轩辕，占云大臣黜免。尔中书宜告各省卫官知之，凡公务有乖政体者，宜速改之，以求自安。

计算显示，壬午（廿一，1374.12.24）凌晨子时，月掩轩辕左角星，并逐渐退出；至丑时，又犯木星。不知为何，朱元璋没有提到月犯木星。

洪武九年九月癸丑，上遣指挥佥事吴英往北平谕大将军徐达曰，七月，火星犯上将，八月，金星又犯之。占云，当有奸人刺客阴谋事。凡阅兵马，习骑射，进退之间，皆当谨备……

计算显示，七月初七（1376.07.23）日落后，火星犯太微西上将，距离 50′。八月廿九（1376.09.13）次日凌晨，金星犯太微西上将，距离 36′。这两次天象只是出现在皇帝的指示中，未见专门的记载。

朱元璋以天象指导军事、政事，《明太祖实录》中记载的，凡二十四事。廷议中因天象示变而发表意见的情况更多。

永乐帝朱棣也善天文：

永乐元年四月乙丑，敕宁夏总兵官左都督何福，甘肃总兵官左都督宋晟，今钦天监言，月犯氐宿东北星，其占主将有忧。又言金星出昴北，主北军胜，而我军在南。卿等守边，动静之间，常加警省，不可轻率。

计算显示，3 天前四月壬戌（1403.05.06）戌时，月掩氐宿东北星。42 天前，金星在昴西北留守。这两次天象，也未见专门记载。

永乐八年十月己未，上谕三法司官曰，昨夜太阴犯执法甚急。尔等典刑罚，宜加敬谨。无罪不可枉，有罪不可纵，须得中道，毋纤毫轻重。

计算显示，前一天戊午（廿五，1410.11.21）凌晨丑时，月掩太微右执法星，然后逐渐退出。

朱棣以天象指导军事、政事，《太宗实录》中记载的，凡十五事。

洪熙元年七月，仁宗朱高炽死后，《仁宗实录》记他："少侍太祖，晓识天象，长益探究。或钦天监所陈有避讳者，辄见穷诘。既即位，作台禁中，时自观察而预言休咎之应，多奇中，遇灾变必警饬。"在位一年，四次因天象谕边疆示警。

此后，景泰二年二月土星犯上相，逆行太微垣，曾引起朝廷紧张，皇帝"省悔"。嘉靖三十六年、四十二年、四十四年火星逆行二宿，都导致紧张，派大员祈禳，敕令百官素服修省。其他天象如日月食、彗星流星引起皇帝敕谕和大臣奏议的更多。

至于崇祯皇帝，则是被"逼"成了天文学家。登基以后，他采纳众家意见，开始改历工作。成立了以徐光启、李天经为首，以传教士为主要力量的"西局"；又成立了在传统历法的基础上谋求改进的魏文魁的"东局"。两局与钦天监三家对垒，在皇帝面前互相指责贬斥。从《崇祯历书·治历缘起》记载的各方奏章和相关圣旨来看，皇帝为此很是下了一番工夫，针对三方的说法做出不少批示。除了坚持以实测天象来检验优劣以外，对各方所述纠纷也详加辨析。例如，崇祯七年闰八月底的木星犯积尸观测，李天经称用望远镜看到积尸气众星和木星。皇帝批示：

> 测验例用仪器，李天经独用管窥。此管有无分度，作何窥测？着李天经奏明。仍据魏文魁奏，木星未犯积尸。着礼部遵旨互质，详确奏夺。钦此。

测量天象有传统的仪器，李天经为什么要用望远镜？这望远镜有刻度吗？如何判断角度？由此事可见皇帝对天象和天文仪器已有相当的了解。关于此次事件，下文还有详述。

5.3 月行星记录的校勘

利用现代天文计算方法，可以回溯推算几千年以来的日月行星位置。尤其对于明代天象，计算精度完全可以达到目视观测的极限。涉及的天象类型，包括日月食、月行星位置、恒星地平天象（出没中天）等。流星、彗星、太阳黑子是偶发性的天象，难以回溯，但根据天文学和中国天文学史常识，也可以矫正一些错误。例如，通过月五星只可能凌犯黄道带天区、古代星名和术语的确认等，都能发现古籍文本中的错误。由于《明实录》是明代天象记录的主体，也是其他文献天象记录的主要源头，本节举例时，尽量采用《明实录》，不再一一指出。

通常认为诸史天文志中的天象记录，经历观测记录簿—奏章—日记/起居注—实录—天文志这样的过程。不过，从《明实录》中明前期、中期高密度的记录来看，恐怕并非都来自奏章，而是另有钦天监天象记录的汇编本，这里姑称之为原始文献。因而，一些错误，恐怕在《明实录》成书之前就已形成。考虑到这样的过程，对错误的形成和勘误，就能有比较顺畅的解释。

5.3.1　日期错误

5.3.1.1　日干支笔误之一

与历代天文志不同，《明实录》的记载密度很高，每月总有十几个日期出现。这些日期互相关联，一旦干支出错，便很容易发现和改正。此类错误在《明实录》天象记录中发现十余处。例如：

> 永乐四年六月乙未朔，日有食之，时阴云不见。

六月己未朔，无乙未。查上下文，此处当是己未。计算显示，己未（1406.06.16）日食，我国北方可见。

> 景泰二年十一月乙亥昏刻，月犯牛宿下西星。

十一月乙未朔，无乙亥。据前后文，此处当是己亥日。十一月初五己亥（1451.11.27）昏刻，月犯牛宿下西星。"乙亥"当为"己亥"。

5.3.1.2　日干支笔误之二

这种干支日错误与上一种不同，其日期与上下文没有矛盾，但天象不合。这种干支笔误发生于原始文献或实录编纂过程中。例如：

> 景泰三年十二月己丑（初一）夜，月犯六诸王西第三星。

计算显示，天象不合，况且朔日也不当见月。十二月十一己亥（1453.01.20），月犯六诸王西第三星。"己亥"误为"己丑"，或"十一日"误为"一日"。

> 成化八年二月甲申（十七）晓刻，金星犯垒壁阵东第五星。

计算显示，天象不合。二月廿七甲午，金星犯垒壁阵东第五星。"甲午"误为"甲申"，或"廿七"误为"十七"。《明史·天文志》同误。

5.3.1.3 日期脱

《明实录》文本中干支日脱漏，就使得一条天象误归于前一天或前几天的日期，导致天象不合。由于月亮每天行 13°，很容易发现此类问题。此类错误在《明实录》天象记录中多达 30 余处。例如：

> 洪武二十三年六月辛未（初十）夜，太阴入斗宿。

计算显示，天象不合。十二日癸酉（1390.07.24），月入南斗魁。此处文本上承辛未日，其间还有多条各种纪事，下接 6 天后的丁丑日。当是中间的日期"癸酉"脱漏。

> 万历十年六月庚子（十四），是夜月食。

当天非望。计算显示，十六壬寅（1582.07.05）后半夜，半影月食。此处文本上承庚子日，下接 3 天后的癸卯日，月食的日期"壬寅"脱。《国榷》记六月壬寅月食，当是据《明实录》其他的"壬寅"未脱的版本。

5.3.1.4 日期差几天

如果日期脱漏发生在原始文献，我们在《明实录》中就不会看到前面的情形。例如：

> 天顺七年十一月戊辰（十四）夜，月犯轩辕星。

计算显示，天象不合。5 天后十九癸酉（1463.12.28）后半夜，月犯轩辕南第五星。其间十五己巳、十六庚午、十九癸酉都有日期和纪事。可见日期脱漏发生在原始文献中。

5.3.1.5 月份错

在原始文献的编纂或流传过程中，一个月份错误就会导致其后的一个或数个天象记录的月份错误。例如：

> 成化六年正月丁酉（十八）夜，月犯房宿南第二星。辛丑（廿二）夜，月犯狗星东南星。

这两条记录俱误。计算显示，二月十八丁卯（1470.03.20），月犯房宿南第二星。二月廿二辛未（1470.03.24），月犯狗东星。以上两条，在《明实录》文本中并不相邻，但同样错误。显然，它们在更原始的文献中是相邻的。一个月份错误导致两条记录同错。此外，原始文献使用序数纪日，干支的不同就好解释了。

> 弘治七年九月辛丑（十六）夜，月犯天高星。壬寅（十七），是日晓刻，金星犯亢宿。癸卯（十八）夜，月犯井宿东扇南第一星。甲寅（廿九），是日晓刻，火星犯木星。

计算显示，以上 4 条记录都不合天。十月十六辛未（1494.11.13）后半夜，月犯天高；十月十七壬申（1494.11.14）晓刻，金星犯亢宿南第一星。十月十八癸酉（1494.11.15）后半夜，月犯井宿东扇南第一星；十月廿九甲申（1494.11.26）晓刻，火星犯木星。以上 4 条记录，在《明实录》中并不相邻，都是一个月后合天。显然，这些记录曾经以序数式日期（十月十六、十七、十八、廿九）连续地记载于某文献。一个月份传抄错误，导致 4 条记录产生同样的月份错误（九月十六、十七、十八、廿九）。在编纂实录时，将序数式改为干支式，导致不但月份错误，而且每个干支都有一个字的错误。

5.3.1.6　年份错

在原始文献编纂流传过程中，或在将天象记录插入《明实录》的过程中，记录的年份有可能搞错。例如：

> 正统十四年七月癸卯（廿五）夜，金星犯亢宿南第一星。丙午（廿八）夜，火星犯土星。

计算显示，两条记录俱误。正统十二年七月廿五乙卯（1447.09.05）昏刻，金星犯亢宿南第一星。七月廿八戊午（1447.09.08），火星犯土星。这次天象，《英宗实录》正统十二年有正确的记录，又错误地衍入十四年。类似正统十二年记录衍入十四年春，还有九月的 5 例。

> 成化十六年六月甲子（十五）夜，月犯牛宿。

计算显示，天象不合。由于月亮每月经过牛宿时黄纬不合，本年不可能有月犯牛宿的天象。成化十四年六月十五乙巳（1478.07.14），月犯牛宿南星。这次成化十四年六月十五日的天象记录，被误置于十六年。

5.3.1.7　日期差一天

有的记录差一天。这样的情况有可能如前文日期脱漏，但更大的可能是钦天监官员在记录天象或上奏朝廷的过程中搞错的。差一天，在行星天象中多数不太明显，但月亮位置就差很多。在我们统计错误率的时候，差一天的记录算作正确。总共23条差一天的月亮记录，7条滞后一天，16条提前一天。

> 景泰二年七月丙午（初十）昏刻，月犯心宿中星。

计算显示，天象不合。七月初九乙巳（1451.08.05）昏刻，月犯心宿中星。记载日期滞后一天。

> 万历十二年七月乙酉（十一），月与建星相犯。

计算显示，天象不合。次日十二丙戌（1584.08.17）昏刻，月犯东建南星。记载日期提前一天。

5.3.2　星名错字

5.3.2.1　恒星星官名称错误

恒星星名是很专业的词汇，在流传过程中容易发生错误。例如，"天囷"误为"天困"、"昴"误为"昂"、"钩钤"误为"钩铃"、"彗星"误为"慧星"。这种错误，天文学家比较容易发现并改正。但有些错误，则需要天文计算才能确定，类似错误多达40余处。例如：

> 洪武二十二年正月丙戌夜，荧惑犯太阴。

计算显示，正月十六丙戌（1389.02.12），火星犯昴宿天阴星，而月亮相距遥远。"太阴"应是"天阴"。

> 洪武二十四年二月丙子夜，太阴犯星宿。

计算显示，二月十九丙子（1391.03.24），月犯心宿大星。"星宿"当为"心宿"。这样将心宿误为星宿的例子比较多。其实星宿离黄道较远，月亮不可得犯。

> 永乐六年五月辛酉夜，月犯天罡星。

计算显示，五月十三辛酉（1408.06.07），月犯天江。"天罡"当为"天江"。一些星宿的位置接近或星占意义相同，也导致相互混淆，如斗牛、井鬼、毕昴等。

> 景泰七年十月壬寅昏刻，月犯斗宿大星。

计算显示，十月初六壬寅（1456.11.03），月犯牛宿大星。斗宿素无大星之称，且"斗牛"常常连用。当是"牛宿"误为"斗宿"。

5.3.2.2　星官内星名错误

明末以前，中国天文学对于星官内部各星没有系统的命名。需要特指时，常用大星小星、第几星、左右上下、南北东西来形容。虽然形成了一定的传统，但也容易混乱。再加上字形发音相似导致的传抄笔误，这类星名错误多达 50 余处。

由于字形相近，一些官内星名被误传，常见的有左右、二三、东南西南、上下等。例如：

> 永乐元年正月丁未夜，木星犯建星西第三星。

计算显示，天象不合。正月廿九丁未（1403.02.20），木星犯建星西第二星。"第三"当为"第二"。

> 嘉靖二年闰四月丙寅夜昏刻，火星犯太微垣左执法。

计算显示，闰四月廿六丙寅（1523.06.09）昏刻，火星犯太微垣右执法。"左执法"当为"右执法"。《明史·天文志》"闰四月丙寅（荧惑）犯右执法"不误。

有的恒星星名历史上一直游移不定，也导致记录中屡屡出错。例如，今名轩辕十三（西名 η Leo），历代天文志天象记录中称轩辕"第二星""北星""夫人星"，《明实录》多称为"轩辕南第五星"。该星的错误较多，被误记为"轩辕大星"（洪武十二年十二月庚寅，荧惑犯轩辕大星）、"轩辕南第二星"（宣德二年八月壬午晓刻，月犯轩辕南第二星；成化二十年正月壬寅夜，月掩轩辕南第二星）、"轩辕南二星"（成化十九年三月壬寅夜，月犯轩辕南二星）。有的星官亮度暗弱，在明亮的月亮旁，容易认错星。例如：

> 天顺三年九月丁酉夜，月犯天高东星。

计算显示，九月十八丁酉（1459.10.14），月犯天高南星。天高四星都是暗星，且与周围的星相比也不突出，在阴历十八的明亮月光旁容易认错。

5.3.2.3 行星星名错误

五大行星在中国古代有两套名称，一是"水星、金星、火星、木星、土星"，姑称为简称；一是"辰星、太白、荧惑、岁星、填星（镇星）"，姑称为繁称。月亮的称谓也有"月"和"太阴"两种。在《明实录》之各部实录中用法不同。《太祖实录》中月亮、五星都用繁称，但在引文（谈话）中用简称。其他各实录的月亮都用简称，极少用"太阴"。五星用繁称的还有《宣宗实录》，以及《太宗实录》的永乐十三至十五年。其他实录五星名称都用简称，杂有极少量繁称。《明史·天文志》中，五星名称全部采用繁称。显然，在钦天监日常观测记录中，月五星名称通常采用简称，但在编纂史书时，为显示郑重，会改写为繁称。这与干支纪日的采用颇有相似之处。指出这一点，在文本校勘时有用。例如：

洪武二十四年七月戊子夜，太白、岁星、荧惑、填星聚于翼宿。

计算显示，七月初三戊子（1391.08.03），金星、水星、火星、土星聚于翼宿，夕见西方。"岁星"当为"辰星"。按"岁"与"辰"字形发音都不接近，传抄错误的可能性不大。但考虑到原始记录可能是水星，传抄误为木星，字形似。参见图 5-10。

太白、太阴相似，水、木、火相似，大星、火星相似，都有可能导致传抄错误。例如：

洪武十一年十月戊午夜，太阴犯南斗。

计算显示，十月十九戊午（1378.11.09），月在井宿，金星犯南斗杓第二星。"太阴"当为"太白"。

嘉靖元年正月己未夜，金星与木星相犯。

正月十一己未（1522.02.07），次日晓刻，金星与水星相犯。"木星"当为"水星"。《明史·天文志》同误。

编史时外行不正确地归纳也导致错误。例如，"犯"应在 1° 以内，却相距好几度，原文可能是"在""留""过"等；又如"月犯毕宿天街"，略去了天街（天街属毕宿，但距离尚远）。此外，某些原文缺字也可以用天象计算找回。

　　笔者已将《明实录》中的天象记录辑出，并用天象计算的方法进行了校勘，集于《〈明实录〉天象记录辑校》一书①。下文的统计与分析，按校勘的结果。

5.4　《明实录》月行星位置记录统计

5.4.1　总数及分布

　　月行星位置（包括犯、掩、入、在等）记录，是历代天象记录中数量最多的种类。在《明实录》中，仅次于流陨记录。这种记录通常包括主体（月行星）、术语（掩、犯、守、入、行、在等）、客体（行星或恒星），常简称凌犯。

　　表 5-2 给出《明实录》月行星位置记录的两种分类统计。月亮记录 1570条，其中月凌犯行星 113 条，恒星 1457 条；行星记录 1044 条，其中行星相互凌犯合聚 117 条，行星凌犯恒星 927 条。按凌犯术语来分类，月掩（包括食、入月）星 97 条、月犯星 1394 条、其他 79 条；行星掩星 1 条、行星犯星 821条、其他术语 222 条。

表 5-2　《明实录》月行星位置记录分类统计

主体	客体		术语			总计
	行星	恒星	掩	犯	其他	
月亮	113	1457	97	1394	79	1570
行星	117	927	1	821	222	1044

　　注：元至正行星犯恒星 2 条不计。文献中，明五星记录形式表示为"主体+术语+客体"，如"月+犯+荧惑"。

　　可以看到，行星除掩犯以外，别的运动术语用得较多，而月亮相对较少。因为月亮没有逆行、留守现象，而且月亮运动很快，每天都会进入新的一宿，因而极少有月入某宿这样的记录。

　　这些记录随时代的分布如图 5-3。图中给出每 10 年的记录总数，上半部是行星凌犯，白色部分是行星凌犯恒星，灰色部分是行星互犯和行星会聚；下半部是月凌犯，白色部分是月犯恒星，灰色部分是月犯行星。图中可见正德以前记录密度很高，嘉靖以后则急剧减少。

① 刘次沅. 《明实录》天象记录辑校. 西安：三秦出版社，2019.

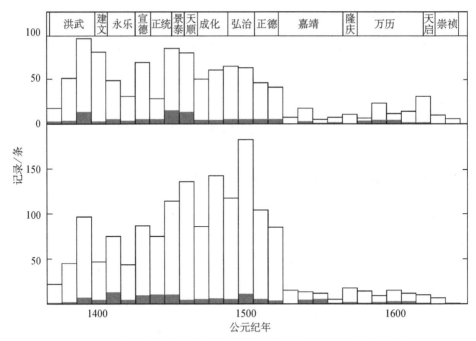

图 5-3 《明实录》行星位置（上）和月亮位置（下）记录的时代分布

5.4.2 月凌犯行星记录

在 113 条月凌犯行星记录中，包括月凌犯水星 2 条，金星 25 条，火星 21 条，木星 43 条，土星 22 条。这些记录中，记作"月掩"的 22 条、"月食（某星）"的 4 条、"入月"的 1 条，这些显然表示行星被月亮遮掩。记作"月犯"的 71 条。由于没有时刻记录，月亮位置不够确定，我们将在后文用行星记录来探讨"犯"的含义。5 条月与行星"相合""相会""同在"，大体还是"犯"的意思。5 条月与行星"同度"，其中 3 条犯，2 条在同一宿但距离较远。总之，除"犯""掩"的定义比较清楚并经常用到以外，其他术语都很少用到，含义模糊。

5.4.3 行星互犯合聚记录

在 1044 条行星位置记录中，包括水星 63 条、金星 392 条、火星 416 条、木星 201 条、土星 124 条，总数（1196 条）超过记录总数，因为一条记录会包含两个或更多的行星。

这些记录所用的术语，除 1 条掩、821 条犯外，还有 222 条"其他"。其中常见的有"逆行""行""在" 53 条，"留""守" 25 条，"聚""同在""合" 49

条。其含义将在下节讨论。

在 117 条行星互犯合聚记录中，五星合聚 4 条、四星合聚 3 条、三星合聚 15 条。两行星互犯（合）95 条，包括水星–金星 5 条、水星–火星 1 条、水星–木星 3 条、水星–土星 2 条、金星–火星 12 条、金星–木星 26 条、金星–土星 17 条、火星–木星 16 条、火星–土星 11 条、木星–土星 2 条。

5.4.4　月行星凌犯恒星的记录

月亮和五大行星沿着黄道运行，因此会经过和掩犯黄道附近（如 ±6° 以内）的恒星。中国恒星体系起源于星占，自三国吴太史陈卓总结石申、甘德和巫咸三家星经为 283 官、1464 星，并随后演化为三垣二十八宿体系以后，直到明末，这一数字没有变化。只是星官具体对应的恒星有少许演变。若干史书天文志（如《晋书》《宋史》）和天文专业书籍（如《开元占经》《灵台秘苑》）完整记载了这些恒星的星官名称、所含星数，以及月五星凌犯这些恒星的星占意义。

这一恒星体系的一大特征是不完备性，即恒星的选取不是基于亮度，而是星占意义。例如，凌犯记录中经常提到的鬼西南星 5.3 等，北斗魁中的天理四星暗于 6 等（甚至暗到无法确认究竟是哪四颗星），但许多明亮的 3 等星却不在其中。因此，凌犯记录也并非简单地关注月、行星、恒星互相靠近，而是与其星占意义大小密切相关。

各部实录中，只有《太祖实录》称月亮为"太阴"，涉及的恒星基本上只有星官名；其他各《明实录》称"月"，并且星名大多比较具体。由于只有掩、犯记录可以通过天文计算落实到具体恒星，我们以此来统计《明实录》中月行星位置记录中涉及的恒星及其出现的频次。例如，下文中"房 37/53"表示五星凌犯房星记录 37 条，月凌犯房星记录 53 条。统计结果如下。

东方七宿，角、亢、氐、房、心、尾、箕。这七宿中，除了尾宿偏南较远外，其他各宿都离黄道不远。此区间各星官被行星/月掩犯的记录条数分别为：角 0/19，平道 5/6，亢 27/31，氐 25/44，西咸 0/9，日星 0/3，罚 13/18，房 37/53，钩钤 13/3，键闭 12/7，心 4/58，东咸 15/20，天江 17/22，天籥 1/0，箕 0/8。

北方七宿，斗、牛、女、虚、危、室、壁。除斗、牛外，其他各宿都在黄道以北较远，月五星不可得犯。此区间各星官被行星/月掩犯的记录条数分别为：斗 32/67，建星 13/40，狗 5/4，牛 9/26，罗堰 10/16，十二国 3/24，垒壁阵 74/69，泣 0/4，云雨 0/1。

西方七宿，奎、娄、胃、昴、毕、觜、参。除昴、毕较近黄道外，奎、娄、胃在北，觜、参在南，都远离黄道，月五星不可得犯。唯一的例外是，成化三年二月丁未昏刻，金星犯娄西星。这时金星的黄纬达到 7.5°，也是少见的。此区间各星官被行星/月掩犯的记录条数分别为：外屏 14/42，娄 1/0，天囷 1/21，天廪 0/3，天阴 9/12，昴 6/62，月星 6/3，天街 8/22，毕 9/116，诸王 22/36，天高 3/22，五车 0/18，天关 3/13，司怪 3/17。

南方七宿，井、鬼、柳、星、张、翼、轸。除井、鬼外，其他各宿都在黄道以南甚远。其间轩辕诸星属星宿，太微在翼轸北，都有大量的凌犯记录。此区间各星官被行星/月掩犯的记录条数分别为：井 42/94，钺 4/11，天樽 16/20，五诸侯 7/44，积薪 8/2，鬼 44/48，积尸 21/10，酒旗 1/3，轩辕右角 2/35，轩辕大星 23/24，轩辕南第五星 3/25，轩辕御女 2/13，轩辕左角 10/31，灵台 26/21，明堂 0/3，进贤 23/7。太微垣诸星：西上将 39/17，右执法 36/15，左执法 38/21，东上相 12/13，谒者 0/3，内屏 1/19。

月行星掩犯恒星记录的星区分布如表 5-3。

表 5-3　月行星掩犯恒星记录的星区分布

星区	东方	北方	西方	南方	总计
月亮	301	251	387	479	1418
行星	169	146	85	358	758

5.4.5　月亮记录的日期分布

随着阴历日期（月相）的变化，月亮出现在天空的时间有规律地变化。上弦月总是在前半夜看到，下弦月总是出现在后半夜。因此可以通过统计月亮记录的阴历日期分布来显示观测时间的分布。图 5-4 显示《明实录》1579 条月亮记录的阴历日期分布。这些记录包括月掩犯恒星、行星以及月晕等。图中横坐标显示从阴历初一到三十日，纵坐标是记录条数。

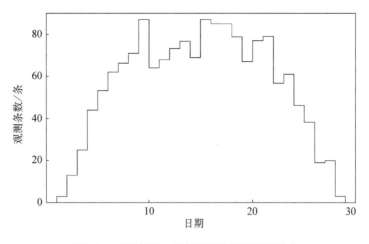

图 5-4　《明实录》月亮记录的阴历日期分布

从图 5-4 中可见，记录次数的分布与月亮出现的时长是一致的：初一、三十不见月，上弦以前逐渐增加，下弦以后逐渐减少。十五以前共计 776 条，十六以后 803 条。图 5-4 显示，钦天监的观测是通宵进行的，并不因后半夜辛苦而懈怠。

此外，对《明实录》全部天象记录时间用语进行了统计。"晓刻" 440 条、"昏刻" 498 条，也证实观测是通宵进行的。

5.4.6　错误率

经过长期流传，天象记录不可避免地会有错误。现代天文计算方法可以准确地复现几百甚至几千年前的日月行星恒星位置，因而我们可以检验某些天象记录是否正确。由于中国古代一直对日月食进行预报，现存的记录难以分辨是预报还是实际所见的报告，因此我们仅用月行星位置记录来检验估计各文献、各时期的错误率。本书"引言"部分已经阐明我们判断统计的准则，即月犯在 5° 以内、行星犯在 2° 以内、日期差 1 日以内均计为正确。本章前节介绍了《明实录》常见错误的形态和原因。《明实录》月行星位置记录共计 2614 条，经计算检验，其中 107 条错误，得到错误率 4.1%。《明史》的错误率为 11.8%，同时由各方面线索可知，《明史》天象记录基本上摘自《明实录》，可见《明史》编纂过程中产生错误不少。表 5-1 已给出历代错误率的比较。

5.5　月行星位置记录的术语

5.5.1　月犯和月掩

"犯"是所有天体运动术语中用得最多的一种。《史记·天官书》有月五星犯各个恒星、行星的大量占辞。最早的实时记录，则出自《汉书·天文志》：

> 宣帝本始四年七月甲辰，辰星在翼，月犯之。占曰：兵起，上卿死，将相也。

计算显示，七月初二甲辰（公元前70.08.04）日落后，水星在翼16度，水星从月面后露出，见于西方低空。

月五星以外，彗星、客星也可以犯。例如，《后汉书·天文志》：

> 光武建武十五年正月丁未，彗星见昴，稍西北行入营室，犯离宫，三月乙未，至东壁灭，见四十九日。

月亮一昼夜行13°，古代记录没有确切时刻，我们无法用计算方法得知月亮在星空中的确切位置，而只能算出月、星最接近时的距离。尽管用"时间窗"（又称"实际可见时间段"）方法可以有所限制，但对于探讨0.1°量级的问题，可用信息仍然太少[1]。

由表5-2可见，在《明实录》1570条月亮位置记录中，"犯"就占了89%。例如：

> 建文四年十月甲戌，月行太微垣端门中，晓刻，月犯左执法。

十月廿四甲戌（1402.11.19）后半夜，1时1分月出地平线，6时46分日出，这段时间即月亮的"时间窗"。图5-5给出月亮当天的运行轨迹。图中横线为黄道，所注数字即黄经度数。按照真实大小和月相，画出月亮在时间窗开始时（右侧，月亮亮边缘距左执法3.1°）和结束时（左侧，月距左执法0.6°）的位置。图中标出东上相、左执法、右执法三颗星，左右执法中间即太微端门。这条记录记载月亮在太微端门中运行，先不犯，后来到晓刻时，犯左执法。记录与计算结果完全相符。

---

[1] 刘次沅. 由南北朝以前月掩恒星观测得到的地球自转长期加速. 天文学报, 1986, 27（1）: 69-79.

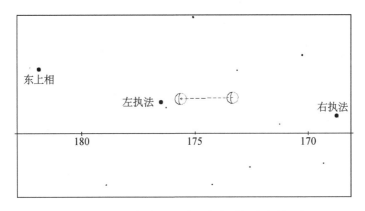

图 5-5　建文四年十月甲戌月亮在时间窗内的运行

《明实录》月行星掩犯记录中，有 26 条月掩行星记录，71 条月掩恒星记录。以上这些记录中，有 15 条记作"掩犯"（其中 8 条在万历以后），反映了观察判断掩犯的困难和犹豫。4 条记作"月食某星"（洪熙元年二月己未月食土星、正统四年正月乙酉月掩食土星、正统十四年五月癸未月食金星、天启三年八月初四金星为月所食），1 条记"入月"（弘治十二年七月甲戌南京见火星入月），都是月掩行星且计算验证正确无误。"食""入"似乎是比"掩"更加肯定的月掩星措辞。图 5-6 为洪熙元年二月己未（1425.03.08）月掩土星的情景：3 月 9 日 0 时 29 分掩食开始，1 时 36 分结束。木星恰在近旁，亦被月犯。时土星、木星俱在氐 10 度。

图 5-6　洪熙元年二月己未月掩土星
左图为掩始，右图为掩终

用天文计算方法可以算出都城当天时间窗内月亮和行星、恒星所能达到的最近距离。月掩行星的 26 条记录中，20 条可掩，5 条距离 0.1°，1 条 0.7°。月掩恒星的 71 条记录中，36 条可掩，11 条 0.1°，4 条 0.2°，6 条 0.3°，5 条 0.4°，2 条 0.5°，1 条 0.7°，2 条 0.9 度，4 条大于 1°。可以看到，由于行星比较亮，

"掩"的记录比较可靠；恒星比较暗，"掩"往往只是意味着暗星被月亮的光芒掩盖，这与前文引元代以前资料的分析结论是一致的。

至于距离在0.7°以上，应该是信息流传过程中误将"犯"记为"掩"。4条大于1°的记录，距离都在2°以上，连"犯"都算不上，而且其中3条集中在宣德六年十月到七年正月，应该另有原因。

此外，《明实录》还有唯一一条行星掩星：万历三十四年十一月庚辰（1606.12.14）夜"荧惑犯掩岁星，行危宿"。计算显示两者最近时相距1′，肉眼已无法分辨开来。

如表5-2所示，月亮的其他术语79条。"在""行在"常用来表示月亮在某一天区运行，如太微、井，范围较大；"入"常用来表示月亮进入一个封闭图形的星官，如鬼、斗魁、氐。这些表述都不像"犯"那样严格，发生的概率更大，也更少记载下来。

5.5.2 行星记录中的"犯""行""入"

行星视运动较慢，特定日期的位置不确定性较小。因此我们可以利用行星记录来研究古代天象术语的含义。例如，表5-2中《明实录》中行星"犯"的记录共计821条，这些记录都记有确切的日期，可以计算出行星与被犯星的距离。图5-7给出计算结果。图中横轴是计算出的距离，以角分（′）为单位，纵轴是记录数量，如距离15′~20′的记录有88条。

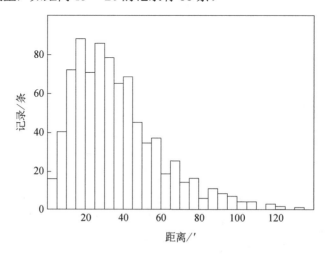

图5-7　《明实录》行星犯星的距离分布

除图 5-7 显示以外，另有 140′—180′ 9 条，7°一条。数据显示，84%（692/821）的记录落在 60′，即 1°之内。100 条 1°—1.5 应该视为不精确的观测，这种全靠经验估计的观测也难以精确。3.5%（29/821）超过 1.5°的记录，应该是史料编纂过程中措辞不当，将"在""过""入"等误写成"犯"，如"洪武十九年二月丁未夜，荧惑犯箕宿"。计算显示二月廿一丁未（1386.03.21），火星顺行刚好进入箕宿（在箕 1 度），距离最近的箕宿距星尚有 7°。这是一个典型的"荧惑入箕"天象，被误传为"犯"。

《明实录》记行星"行""行在"11 条，"逆行"记录 38 条。顺行或逆行都是行星运动的正常状态，通常并不构成特殊天象而被记录下来。计算显示，这些记录除极个别是"犯"以外，基本上不处于特殊状态。这样的记录可能在当时因为某事而引起，编入史书时将背景略去。这些记录中有 6 条"行"、31 条"逆行"出自万历末年，且往往带有详细的位置数据，例如：

> 万历三十八年十月甲午，火星顺行在奎宿十一度七十分。
>
> 万历四十七年二月丁巳夜五更，火星逆行入轸宿六度二十分。

对寻常的天象做如此详细的测量记载，并非钦天监的常规业务，应该是因改历的事引起争论而特别进行的操作，只是如今在《神宗实录》上已经看不到原因了。

《明实录》记行星"入"71 条，其中 62 条在明前期（成化以前），尤以洪武、建文时期集中。建文四年共计 19 条行星记录，9 条犯、9 条入、1 条出，对比表 5-2，这是很特殊的。计算显示，"入"的记录，大致可分为数量相当的 3 类。

（1）一些星官形成封闭图形，如井、氐、鬼、斗魁。行星进入这种封闭图形之中，称为"入"，例如：

> 建文四年九月癸未夜，金星入氐宿。

计算显示，九月初三癸未（1402.09.29），金星顺行进入氐四星形成的口中。

（2）一些记录"入"，实际上是编史时省略了关键词"犯"，例如：

> 洪武十九年七月己卯夜，太白入太微垣。

计算显示七月廿五己卯（1386.08.20）日落时，金星距离太微右执法 48′，为犯。原文当是"太白入太微垣犯右执法"。16 条行星入太微的记录，大多是这种情况。像房、角、垒壁阵等非封闭图形的"入"，大多也是如此。

（3）也有一些记录，确实只是行星进入该星官范围，并无特别之处。这种情形，通常并不属于钦天监记录特殊天象的范围。

5.5.3 行星记录的"留""守"

"留"的记录 6 条，全部在明前期，洪熙之前；"守"的记录 19 条，主要在明中期以后。其中金星 1 条、火星 8 条、木星 11 条、土星 5 条。尽管五星皆有顺逆留守，明代记录却集中在火、土、木三星。

"留""守"的意思是一样的，即行星在顺行和逆行切换时，视运动缓慢的时段。在中国古代天文学中一直沿用，直至现代天文学中规范为术语"留"。当然，由于行动缓慢，行星留守日期的判断不可能很准；由于重在判断运动状态，参照的恒星通常也仅以二十八宿的宿度范围为限，不像"犯"那样接近。计算显示，《明实录》这些记录都符合定义，并且所在星宿不误（仅 1 条不合）。

中国古代最受重视、星占意义最凶险的天象当属"荧惑守心"，即火星在心宿范围内留守。《史记·宋微子世家》等文献记宋景公因荧惑守心三善言而得寿，《汉书·翟方进传》和《汉书·天文志》记翟丞相因荧惑守心被逼自杀，这些都是著名的故事[①]。明代也有三次荧惑守心的记载。

（1）《明史》卷 128《刘基传》：

> 吴元年以基为太史令，上《戊申大统历》。荧惑守心，请下诏罪己。大旱，请决滞狱。即命基平反，雨随注。

据相关史料分析，荧惑守心应在吴元年至洪武三年（1367—1370 年）。计算显示，洪武二年春（1369.04.01）荧惑顺行守心，和文献记载正相符合。

（2）《明史·天文二》：

> 洪武三十年三月壬午，（荧惑）入太微垣。五月戊午，犯右执法。八月丁亥，入氐。丁未，入房。十月癸未，犯斗杓。三十一年（1398 年）十月，守心。

---

① 刘次沅，吴立旻. 古代"荧惑守心"记录再探. 自然科学史研究，2008，27（4）：507-520.

经验算，前几条都是正确的，唯独守心不曾发生。《太祖实录》前面几条都有，唯独没有三十一年守心。然而在《太宗实录》的开篇，对建文帝进行了一番谴责，其中就有"于是太阳无光，星辰紊度，彗扫军门，荧惑守心"。计算搜索又发现，建文帝三年五月（1401.06.24 前后），的确发生荧惑守心。

看来事情是这样的。洪武三十一年（1398 年）闰五月太祖死，建文登基，次年（建文帝元年）七月太宗造反，建文帝三年五月荧惑守心。荧惑守心对太宗是很有利的，说明建文帝无道，遭受天谴。但是造反在先，守心在后，总有点儿说不过去。因此在太宗死后编实录时，就含混其词地只说事件，不记时间。至于《明史·天文志》上怎么扯到洪武三十一年十月去，尚待考证。总之把它塞到建文帝登基之后，太宗造反之前，对太宗比较有利。

（3）《明史·天文二》：

> （崇祯）十一年，（荧惑）自春至夏守尾百余日。四月己酉，退行尾八度，掩于月。五月丁卯，退尾入心。十五年五月，守心。

计算显示，十一年四月己酉（1638.05.29）凌晨，月掩火星。守尾、入心、接着守心俱不误，唯"十五年"应是"十一年"。这一事件在《明史》卷 258《陈龙正传》有完全正确的记载：

> 陈龙正……崇祯七年成进士，授中书舍人。时政尚综核，中外争为深文以避罪，东厂缉事尤冤滥。
>
> 十一年五月，荧惑守心，下诏修省，有"哀恳上帝"语。龙正读之泣，上养和、好生二疏。

《崇祯实录》也有相关记载，虽未直言荧惑守心，却也呼之欲出：

> （崇祯十一年五月）丁丑，工科都给事中何楷上言："火星四月廿六夜逆行至尾八度，为月所掩；今五月望日已退至尾初度，渐次入心。古人皆言：月变修刑。"又言："理亏则罚见荧惑……"

计算表明，崇祯十一年（1638 年）初火星自西向东顺行至尾，留守，向西逆行（向心宿方向）。四月己酉凌晨，果然被月掩，继续向西，五月丁卯在尾 5 度（近乎入心），六月初三留（此前后共一个月可以算作留守），在心 6.9 度。图 5-8 显示了这个过程。图中标出火星的运动轨迹和每月初一的位置，氐、房、心、尾、箕各宿的范围。可见火星于崇祯十一年三月底四月初守尾，五月底六月初守心。

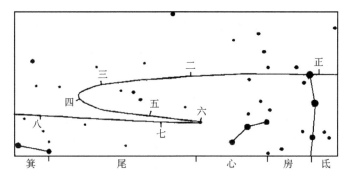

图 5-8　崇祯十一年火星守尾守心

5.5.4　行星合聚

三个以上的行星位置接近，称为合聚。行星合聚是引人瞩目的天象，自古以来受到重视。尤其是五星会聚，被认为是改朝换代的预示，更易震骇人心。

《宋书·符瑞志》记帝尧时"日月如合璧，五星如连珠"；周文王"孟春六旬，五纬聚房"。《宋书·天文志》载："今案遗文所存，五星聚者有三：周、汉以王，齐以霸。周将伐殷，五星聚房。齐桓将霸，五星聚箕。汉高入秦，五星聚东井。"《太平御览》记："禹时五星累累如贯珠，炳炳若连璧。"今本《竹书纪年》记："帝辛（商纣王）三十二年，五星聚于房。""孟春六月五纬聚房。"早期的记录，多是许多世纪后的追述，缺少确切时间，难以确认。联系到其星占意义，恐怕多是后世的附会。可以确证的最早记录，当属汉初的"五星聚井"。《史记·天官书》记："汉之兴，五星聚于东井。"《汉书·高帝纪》："元年冬十月，五星聚于东井，沛公至霸上。"天文计算显示，公元前 204 年 5 月底，五星聚于东井，夕见西方。但这是汉高祖三年五月初。《史记》的记载本没有错，《汉书》就按照先天后人的星占原理将它附会到元年十月了[①]。

《明实录》计有三星合聚 15 条，验证如下。

> 洪武十四年六月癸未夜，辰星荧惑太白三星，聚于东井。

计算显示，1381.07.21，水星（井 24 度）[②]、金星（井 28 度）、火星（井 6 度）聚于东井，晨见东方，相距 20°。

---

① 黄一农. 社会天文学史十讲. 上海：复旦大学出版社，2004.
② 在某宿某度，本是古文古度，与"°"略有差异，一度=0.9856°。但本书中使用较多，如"井二十四度"，就简化成"井 24 度"了。

洪武十七年六月丙戌晓，岁星填星太白聚于参宿。

计算显示，1384.07.08，金星（参 4 度）、木星（参 3 度）、土星（参 9 度）聚于参宿，晨见东方，相距 6°。

洪武十八年三月戊子，填星岁星太白聚于东井。

计算显示，1385.05.06，金星（井 5 度）、木星（井 5 度）、土星（井 5 度）聚于东井，夕见西方，相距 4°。

正统十四年九月壬寅夜，金土火三星集于翼宿。

计算显示，1449.10.11，金星（翼 6 度）、火星（翼 18 度）、土星（翼 13 度）聚于太微（属翼宿），晨见东方，相距 13°。其时，水星（轸 12 度）以及一弯残月（阴历廿六）就在旁边，很是壮观，见图 5-9。实际上，当时水星（星等 −0.8）远亮于土星（星等 1.1）和火星（星等 1.8）。

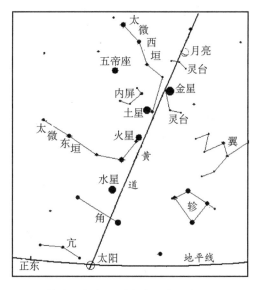

图 5-9 正统十四年九月壬寅金、火、土三星聚于翼宿

景泰二年九月庚申晓刻，金火土星聚会于轸宿。

计算显示，1451.10.19，金星（轸 15 度）、火星（轸 16 度）、土星（轸 16 度）聚于轸宿，晨见东方，相距 2°。三星如此接近，很是罕见。

天顺四年十月壬申夜晓刻，木水金星聚于氐宿。

计算显示，1460.11.12，水星（氐 3 度）、金星（氐 8 度）、木星（氐 7 度）聚于氐宿，晨见东方，相距 7°。

天顺八年二月丙午夜，木土金聚危宿，金木犯垒壁阵东方第六星。

计算显示，1464.03.30，金星（危 10 度）、木星（危 11 度）、土星（危 12 度）聚于危宿，晨见东方，相距 3°。

弘治十三年四月癸丑夜，火金水三星聚于东井。

计算显示，1500.05.27，水星（井 12 度）、金星（井 23 度）、火星（井 26 度）聚于东井，夕见西方，相距 13°。

弘治十六年八月庚申夜，火木土三星同躔井宿。

计算显示，1503.09.16 后半夜，火星（井 8 度）、木星（井 16 度）、土星（井 20 度）聚于井宿，相距 11°。

正德二年九月戊辰夜，水木金三星聚于亢宿。

计算显示，1507.11.02，水星（亢 3 度）、金星（亢 5 度）、木星（亢 4 度）聚于亢宿，晨见东方，相距 3°，残月（阴历廿九）在旁。

嘉靖十九年九月乙卯夜，金水土星聚于角宿。

计算显示，1540.10.26，水星（角 8 度）、金星（角 1 度）、土星（角 5 度）聚于角宿，晨见东方，相距 7°。

嘉靖二十三年正月癸卯夜，火木土三星聚于房宿。

计算显示，1544.01.27 后半夜，火星（房 3 度）、木星（房 4 度）、土星（心 1 度）聚于房宿，相距 3°。

嘉靖四十二年七月戊戌，金木土三星聚于井。

计算显示，1563.08.10，金星（井 28 度）、木星（井 29 度）、土星（井 30 度）聚于井宿，晨见东方，相距 2°。三星明亮（星等−4.0、星等−1.8、星等 0.3），位置高（日出时仰角近 30°），距离接近，非常壮观。

　　万历二十年六月壬子晓，金水土三星合聚井宿。

　　计算显示，1592.08.01，水星（井 23 度）、金星（井 25 度）、土星（井 22 度）聚于井宿，晨见东方，相距 4°。

　　万历三十二年九月辛酉夜，木星火星土星合聚尾宿，俱顺行。

　　计算显示，1604.10.06，火星（尾 10 度）、木星（尾 12 度）、土星（尾 3 度）聚于尾宿，夕见西南，相距 9°。

　　《明实录》共记四星合聚 3 条，验证如下。

　　洪武二十四年七月戊子夜，太白岁星荧惑填星聚于翼宿。

　　计算显示，1391.08.03，水星（翼 8 度）、金星（翼 9 度）、火星（翼 6 度）、土星（翼 15 度）聚于太微（属翼宿），夕见西方，相距 9°，一弯新月（阴历初三）挂在边上，非常壮观，如图 5-10。木星远在箕宿，原文将水星误为木星。

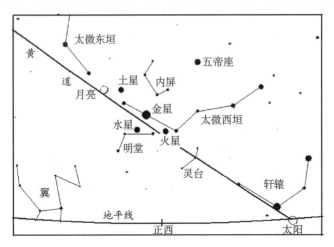

图 5-10　洪武二十四年水、金、火、土四星聚于翼宿

　　嘉靖十八年七月丙子，水火木金四星聚于东井。

　　计算显示，1539.07.25，水星（井 25 度）、金星（井 6 度）、火星（井 10 度）、木星（井 18 度）聚于井宿，晨见东方，相距 18°，如图 5-11 左。

　　嘉靖四十三年四月庚子夜，木火土金四星聚于柳。

　　计算显示，1564.06.07，金星（柳 6 度）、火星（柳 4 度）、木星（柳 6 度）、土星（柳 1 度）聚于柳宿，夕见西方，相距 6°，如图 5-11 右。其实此刻水星也在不远处的井宿，日落时高度 11.1°，星等−0.8，五星聚在 27°范围中，比汉高祖二年的那次著名的五星聚还要接近。

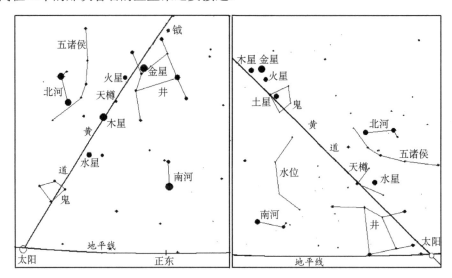

图 5-11　嘉靖十八年（左）和嘉靖四十三年（右）的四星聚

以上三星聚和四星聚共计 18 条，聚于井宿 7 条，翼宿 2 条，角、亢、氐、房、尾、危、参、柳、轸各 1 条（各星宿的宽度差距很大，再加上各自位置不同，因此发生星聚的概率相差很远）。计算显示，各次合聚所在星宿都严格相合（仅嘉靖二十三年三星聚房的土星偏了 1 度）。由此可见，古人对于行星合聚的兴趣并不在于它们距离接近而显示的奇观，而是严格按照星占理论限制于同一星宿。这里 3 个例子很能说明此问题。洪武十四年三星聚井，相距达 20°，并不接近，但它们在同一星宿。正统十四年三星聚翼，更加明显的水星就在旁边（日出时水星高度 16.5°）却没有被记入，因为它不在翼宿（图 5-9）。嘉靖四十三年发生极罕见的五星分布于 27°范围中的天象，但因水星在井，钦天监只记为四星聚柳（图 5-11 右图）。

五星合聚的发生概率更小，星占意义也更大。实际上《明实录》记载的 4 条相关记录，都不是严格意义的五星合聚。

> 洪武十八年二月乙巳初昏，五星俱见。

计算显示，1385.03.24 日落时，五大行星出现在西方，仰角从 18°到 68°，相距 54°。所在星宿不一：水星（娄 7 度）、金星（胃 6 度）、火星（胃 4 度）、木星（参 8 度）、土星（参 9 度）。

> 洪武二十年二月壬午，是夕，五星皆见。

计算显示，1387.02.19 日落时，五星同时可见，分布在从西到东的整个天空，相距 150°。所在星宿不一：水星（壁 1 度）、金星（娄 2 度）、火星（娄 7 度）、木星（轸 10 度）、土星（井 28 度）。

> 永乐元年五月甲辰夜晓刻，五星皆见，积于四方。

计算显示，1403.06.17，次日日出时，五星同时可见，分布在从东北到西南的整个天空，相距 154°。所在星宿不一：水星（壁 13 度）、金星（胃 15 度）、火星（虚 8 度）、木星（斗 6 度）、土星（女 10 度）。

> 嘉靖三年正月壬午，五星聚于营室。

计算显示，1524.02.20，五星与日俱在营室：日（室 2 度）、水星（室 5 度）、金星（室 14 度）、火星（室 12 度）、木星（室 6 度）、土星（室 4 度），五星相距 12°。五星俱伏于日光，不可见（仅最远、最亮的金星，日落时仰角 11°，有可能在西边低空看到）。这条记录当是推算的结果。

关于这次天象，《皇明大政纪》有更详细的记录：

> 嘉靖三年春正月丙子，五星聚营室。初，元日丙寅（初一），岁填次营室。丙子，五星咸至。辛巳，日躔室初度，月食于翼。五星皆伏，而太白独先过壁。

计算显示，元日（1524.02.04）日落时，火星（室 1 度）、木星（室 2 度）、土星（室 2 度）相距 1°余，见于西方。金星（危 10 度）在其下方，仰角 7°，或勉强可见。这时水星在太阳的另一边。正月丙子（1524.02.14），金火木土在室宿（金、火、木或勉强可见），水星仍在危。辛巳（1524.02.19）月食，食分 0.10。1524.02.23 金星出室入壁。

《皇明大政纪》比《明实录》的记录更详细，"合聚"的日期也不相同。计算显示，《皇明大政纪》记载基本正确，只是合聚日期不如《明实录》准确。实际上 1524.02.19 五星距离最近，达到 11°。看来，这是一次观测和推算相结合的事件，当时的记载应该比较多，但留存的记载就比较零散了。

《明史·天文二》有一条《明实录》没有的记录："天启四年七月丙寅，五星聚于张。"计算表明，当天（1624.08.27）五星聚于太阳两侧 16°范围内，伏于日光：日在张 13 度、水星在张 5 度、金星在张 7 度、火星在张 10 度、木星在翼 1 度、土星在张 3 度。

5.6 明代水星观测与伏见

5.6.1 水星的视运动规律和伏见特征

在五大行星中，水星距离太阳最近，看起来总是在太阳两边摆动，常常被太阳的光辉遮掩，因此水星不大容易被看到，中国古代的水星记录也最少。

中国古代很重视行星的"伏见"。历法中计算伏见，通常是以行星与太阳的距离和伏的日数为标准。例如，《明史·历志六》称，火星伏见十九度，合伏六十九日，夕伏六十九日。也就是说，火星与太阳距离小于 19 度时，处于伏的状态，前后共计 138 天不可见。这是一种非常粗疏的方法，误差极大。水星的会合周期短，伏见转换频繁，因此观测的机会多。或许因此，对水星的伏见规则做了修改，伏见距离晨夕不同：夕见 16.5 度，晨见 19 度，共计 35.5 天不可见。这一改进没有找到误差的真正原因，计算结果也不会改善。

从天文学角度来看（气象条件显然影响更大），最直接影响行星伏见的要素是日出、日落时行星的地平高度（当然，不同的行星亮度不同，这个高度也不同）。例如，水星 1980.02.19 和 09.19 两天与太阳的距离都是 18.1°，亮度都是-0.4 等，但北京日落时水星的地平高度，前者为 16.6°，后者为 7.0°。显然前者很容易看到，后者则很难看到。对于北半球中纬度地区而言，春分前后的昏星容易看到，晨星难以看到；秋分前后的晨星容易看到，昏星难以看到。这是因为不同季节日出没时黄道与地平线的夹角不同，而行星常在黄道附近。其实这个规律古人已经察觉。《宋史·律历志十三》即有水星"春不晨见，秋不夕见"之说。

古代天象记录中出现的行星"失行""当见不见"，乃是推算失误所致。

水星的会合周期为 116 天，以上下"合日"分成两半：一半在太阳东边，东大距前后夕见西方；另一半在太阳西边，西大距前后晨见东方。我们以上面提到的北京所见 1980 年上半年和下半年的两次东大距图示水星视运行和伏见的规律，如图 5-12。图中横轴是地平线，标出自北点起算的方位，如 270°是正西。纵坐标是地平高度（仰角）。图中每 5 天标出一个水星位置，显示日落时水星的高度和方位，并注明月日和星等。为避免混淆，上半年左边月日、右边星等，下半年上面月日、下面星等。现代天文学常用这样的"日出落时水星方位高度图"来表现水星（以及其他行星）的可见情况。

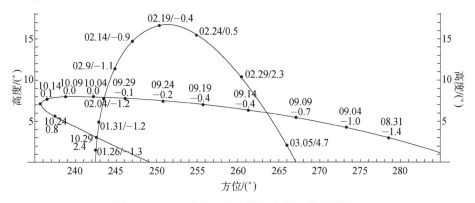

图 5-12　1980 年的两次水星东大距（北京所见）

图 5-12 上两条曲线各表示一段水星行度。位置较高的那条：1980.01.21 水星上合日（两者赤经相等），02.19 东大距（相距 18.2°），03.06 下合，共计 45 天。位置较低的那条：1980.08.26 水星再次上合日，10.11 东大距（相距 25.0°），11.03 下合，共计 69 天。由图 5-12 中可见，同样是大距，水星的可见情况大不相同，前一次水星日落时高度超过 10°的有 23 天，后一次始终没有超过 8°。

金星与水星相似，都是内行星，只在晨昏出现。但金星距日更远（水星 18°—28°，金星 45°—48°），亮度也更大，因此见多伏少，很容易看到。火星、木星、土星这些外行星可以距日远到 180°，更是见多伏少。但是它们伏见的天文条件是类似的，取决于日出落时的地平高度和星等。

5.6.2　明代水星观测记录

《明实录》涉及水星的记录共计 65 条：月犯水星 2 条、五星聚 4 条、四星聚 2 条、三星聚 6 条、水星和其他行星相犯 11 条、水星犯（在、入、见）恒星 38 条、水星不见 2 条。除去嘉靖三年五星伏聚及两条"不见"外，星等-1.2—1.1 等、水星与太阳的距离 12.1°—21.8°，都城日出落时水星与太阳的方位差为-23°—23°、地平高度 10.3°—21.4°。

在 65 条水星记录中,晨见 43 条、昏见 22 条。这似乎显示,由于人类白天的活动,傍晚时空气透明度较差,而清晨空气较好。水星记录的时代分布不很均匀。相对于全部行星记录,《明实录》水星记录较多地分布在洪武、永乐、宣德和弘治到嘉靖时期,而正统、天顺、成化时期较少。至于崇祯时期,《明实录》9 条行星记录没有水星,《崇祯历书》29 条行星记录中有 9 条水星伏见记录,与传统记录的旨趣不同。表 5-4 给出水星记录分布。表中"五星"包括月凌犯行星、行星凌犯恒星和行星合聚。可以看出,各个不同时间段水星在全部五星记录中的占比大不相同。其原因待考。

表 5-4 《明实录》和《崇祯历书》中的水星记录分布

项目	洪武一建文	永乐一宣德	正统一天顺	成化	弘治一嘉靖	隆庆一天启	崇祯	总计
五星/条	226	197	210	133	271	111	38	1186
水星/条	22	17	5	1	18	2	9	74
占比/%	9.7	8.6	2.4	0.8	6.6	1.8	23.7	6.2

在晨曦或暮光中,看到水星已属不易,恒星亮度更弱,更加难以看到。查看水星犯恒星的记录,如弘治十二年六月水星犯鬼宿西南星、十七年七月水星犯灵台上星这些 5 等暗星,计算结果完全符合。计算显示,44 条水星犯恒星的记录中,37 条距离小于 1°,与前节统计的 821 条五星平均水平相同。考虑到中国古代没有计算行星凌犯的方法,水星又难以由前几天的位置经验推测,这些记录显然是实际所见,因此令人对古代钦天监观测之仔细和天气状况之良好印象深刻。

《崇祯历书》有 9 条水星记录,6 条"见",3 条"不见"。传统的行星伏见推算仅凭行星与太阳的距离,因而误差极大。明末历争当中,《崇祯历书》中的行星记录重视利用水星等行星的伏见来论争优劣,因此这些水星记录重在记录见与不见,而不像传统记录那样重在凌犯合聚。例如,崇祯八年四月初四李天经题本:

> 水星之在本年二月也,旧法是月十八日夕伏,新法推当见至次月初三日始伏。及本月二十三日,臣等公同该监诸臣测之,果西高八度余矣。

天文计算显示,二月二十三日(1635.04.10)北京日落时,水星地平高度 18.1°(李天经所说八度余,当是日落之后某刻),星等 0.6,距日 19.1°,夕见西方,很容易看到。而钦天监旧法推算的错误,既因水星经度计算误差,也因伏见推算方法粗略。

前文论及，行星伏见的主要天文条件是日出落时的行星地平高度。至于某行星伏见临界高度的具体数值，则需要大量观测的统计结果。由于空气条件的限制，以及是否见到有一定主观性，临界高度不可能很准确，但至少具有一定的参考价值。除日落时高度外，星等和星-日方位差也可能起一定作用。我们利用明代 74 条水星记录（《明实录》65 条，《崇祯历书》9 条）来做一个统计，结果如图 5-13。图中纵坐标是都城（先南京、后北京）日出落时水星的地平高度；左图是它与星等的关系，横轴为星等；右图是它与星-日方位差的关系，横轴是方位差的绝对值。图中黑点表示见到水星，圆圈表示未见到。

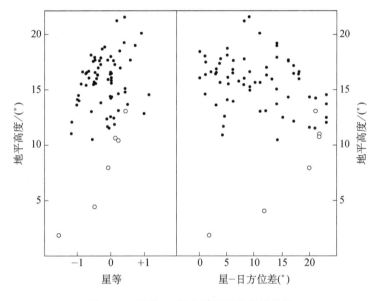

图 5-13　明代 74 条水星记录的伏见状况

图 5-13 中显示，可见的记录全都出现在 10°以上。图 5-13 左图似乎显示，星等暗的一边临界高度增加。这从道理上很好解释：暗星更不易被看到，因此临界值较高。行星的星等，由行星位相、星-地距离决定。而对于大距附近的水星，这二者变化范围有限，因而星等变化范围也较小（水星下合日前后可以暗到 6 等以上）。图 5-13 右图显示，星-日方位差没有明显影响临界高度。"不见"记录集中在图 5-13 右图的右侧，这是因为"不见"记录实为"当见不见"（不当见不见不会被记录）。造成这种情况正是因为星日方位差较大，从而导致较大的日星距离却有较小的日出、落时高度。

总之可以说，水星伏见的临界高度大约在 10°。日出落时小于 10°，水星不可见；大于 10°，可见的可能性较大。图 5-13 中有 3 个小圈高度超过 10°，一方面其天文条件不是很好，另一方面可能是空气状况不佳。

5.7 《崇祯历书》行星记录

5.7.1 木星犯积尸的故事

月行星位置记录在历代天文志中数量巨大，但记载非常简略，即使《明实录》中也是如此。此类记录属于相当专业的观测，因此民间书籍和地方志也极少涉及。幸而《崇祯历书》中留存一批详细的行星记录，使我们可以对此类观测进行详细探究。

崇祯初年，徐光启、李天经一派通过传教士引进西方天文学，编造新历，预报天象，经与钦天监大统历、魏文魁东局实测验证，西洋新法最终胜出。《明史·历志一》对此段历史有全面的介绍。除日食、月食是传统的、最重要的检验方法外，行星位置计算也被西法作为证据提出。按传统天文学没有黄纬计算，于行星现象主要预报伏见、合度日期。西法则可以通过计算行星黄经黄纬来预报行星的凌犯，行星伏见的预报也准确许多。

崇祯七年闰八月十八日，西法负责人李天经预报，九月初以前木星犯鬼宿积尸气。皇帝很是重视，指示届时各方共同检测。结果钦天监官员章必选上奏，闰八月二十五日夜约定测验，李天经至晓方至，并未测验。皇帝很生气，降旨查问。礼部尚书（钦天监及各历局的上级）李康先闰八月三十日上题本五百余字，其中引当时主持测验的礼部主事陈六韐语：

> ……及廿五日午，（李天经）忽传语职云："今日奉有明旨诘问，不敢复待。"随订职是日半夜之后到局测验。职到时方四更，监局官生俱到。时木星出地平未久，职即登台详问。缘职学浅，素未谙习天文，而鬼宿四星甚微，又在月光之上。兼木星烂灼，职注目良久，始得见鬼宿东北角二星，而木星在其南。未几李天经至，木星益明，因复共登台仔细指点，渐见其南角一星。复用远镜管窥，转移对照，恍见木星之侧有数小星结聚，云系鬼宿中所谓积气者也。去镜以望，而鬼宿仍在隐见之间。

职亦未敢凭以为信，而监中官生亦未有言其非是者……随即明烛具成疏稿，监官张守登、戈承科等各读一遍，然后送职出局。及职抵寓，呼职子、职甥起视木星鬼宿，教之详……当在局时，各官生人役不下五六十人，众目共睹……

作为裁判的陈六翰对观测过程的描述详细而生动。最后指出，他与李天经共同登台观星、用望远镜看到木星在积尸气旁（疏散星团，由几十颗星组成）、秉烛查看星图并写成报告。回家后又教其子其甥看星良久，然后小睡一觉天还没亮，怎么能说李天经"至晓方至，并未测验"！

九月初二，李天经也上千字题本自辩，同时报告九月初一夜间与礼部官员、钦天监官生再次检验木星犯积尸气。但据圣旨转述，魏文魁仍坚称木星未犯积尸气。由此事可窥见当时双方对垒的形势之紧张。

这次天象，《崇祯历书·五纬历指》第 8 卷第 13 章作为算例列出，第 9 卷第 10 章给出了详细星图。

图 5-14 左图显示现代天文方法计算的崇祯七年闰八月廿五日（1634.10.16）后半夜天象。木星在鬼宿四星之间，月亮在其下，位于东方天空。由于月光干扰、木星太亮，鬼宿四星及其中间的积尸气看不太清楚。图 5-14 右图是鬼宿的放大图，相当于望远镜里的景象，木星在积尸气诸星旁边，其左下角标出 1° 的长度。天文计算显示的天象与陈六翰所述以及《五纬历指》的星图完全符合。

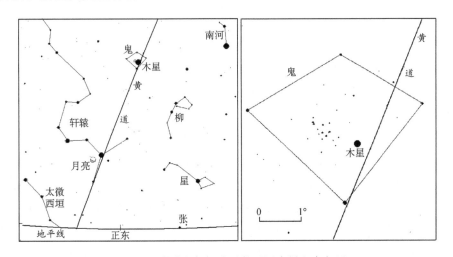

图 5-14　崇祯七年闰八月廿五日木星犯鬼积尸

5.7.2 《崇祯历书·治历缘起》中的行星记录

《崇祯历书》中的行星记录，见于《治历缘起》和《五纬历指》两部分。《治历缘起》共 13 卷，原文照录崇祯二年至十七年，关于改历的各种题本、奏本、圣旨，内容多为西法历局的日月食行星预报、观测结果、历局管理事务、呈报著作等。其中行星位置的预报和检验往往相当详细。观测也都是西局诸公会同钦天监监正、监副及众多官员共同进行的。除上述崇祯七年闰八月末木星犯积尸气事外，还有以下几次预报与观测记录甚详。

崇祯七年闰八月十八日，李天经预报，九月初土星、火星、金星会于尾宿天江：九月初四昏初火土同度、九月七日卯正二刻金土同度、九月十一日昏初金火同度。九月十二日李天经报告，九月四日（1634.10.25）测得，火星在尾 4 度 50 分（即 4.50°），土星在尾 4 度 70 分。九月七日阴云。九月十一日（1634.11.01）金星在尾 15 度 10 分，火星在尾 15 度 20 分。在钦天监观象台，由钦天监官员用简仪测得。参加者有礼部郎中陈六翰、主事李焰等，钦天监监正张守登、监副戈承科等以及西局李天经、罗雅谷、汤若望等。观测结果，西法密合，旧法分别后天三日、先天八日。

八年四月初四李天经报告，旧法预报七年十二月二十日金星夕伏，西法当见至正月初三合日。十二月二十一日实测，金星见，高十八度。天文计算显示，十二月二十一日（1635.02.08）日落时金星高度 17.6°，星等−4.4，夕见西方非常明显。此后快速接近太阳，正月初一（1635.02.17）下合日（日、金赤经相同）。

又，旧法水星夕伏在崇祯八年二月十八日，西法在三月初三日。二月二十三日实测，水星见，高八度余。天文计算显示，二月二十三日（1635.04.10）日落时水星高度 18.1°，星等 0.6，见于西方。三月初三日（1635.04.19）日落时水星高度 11.8°，星等 2.7。

八年十二月十四日李天经报告，大统历预报水星三月十八日晨见，至四月二十一日晨伏；西法预报三、四、五、六月俱晨不见。四月十四日与十七日两次实测，水星不见。计算显示，四月十四日（1635.05.29）日出时，水星高度 10.6°，星等 0.2；十七日（1635.06.01）日出时，水星高度 10.7，星等 0.1。

又，大统历预报水星八月七日晨伏，九月二十一日夕见，八月十三日木星在张一度。西法预报七月二十五日晨见，八月二十三日晨伏，八月十三日木星在张四度与轩辕大星合。八月十三日观测，木星与轩辕大星同在一线，水星晨见，与西法预报密合，与大统历不合。

又，西法算得八月二十七日木、火、月同在张三度，大统历则是木在张四度。至期测得西法不误。

又，大统历预报九月九日金星晨伏，此后不见。西法八、九月金星俱见，十月三日伏。九月十七日测得，金星晨见，高八度。

又，大统历预报水星九月二十一日夕见，十月二十四日夕伏；西法八月二十六日晨不见，十月六日夕见。九月二十八日测，水星不见。

崇祯九年四月初六李天经报告，大统历预报火星三月二十七日至五月初八日逆行留守入轸宿十六、十七度；新法预报在角宿二、三度不入轸。四月钦天监监正张守登报告，四月初十测得火星在（黄道）角一度。又，二月三日、四日测得水星夕见西方。

崇祯十五年十二月二十五日李天经报告，大统历推金星于十二月十七日在虚八度，夕伏不见；西法推十二月二十五日伏，二十八日合日。测十七日金星见西方，去地平甚高。

天文计算显示，以上各例，观测报告均基本属实。证实西法确实比大统历精确，尤其是在内行星伏见方面，西法远胜旧法。

5.7.3　《崇祯历书·五纬历指》的行星记录

《崇祯历书·五纬历指》9 卷，讲解五星的位置计算原理。五大行星各一卷，每卷各举托勒密所测（用）该星经度若干例、哥白尼所测（唯水星乃转述他人所测）若干例、第谷所测若干例。时间表述采用总积年及中国历史年、西历月日。坐标值采用十二次起算的西式度分。例如：

古多禄某（托勒密）择取土星在日之冲前后三测：第一测，总积四千八百四十年，为汉顺帝永建二年丁卯，西历三月廿六日酉正，本地测得土星经度为寿星一度十三分。于时太阳平行躔其冲，得降娄一度十三分。

谷白泥（哥白尼）亲测所记……第一测为总积六千二百三十三年，正德庚辰十五年，西法四月三十日子初，测木星得距娄宿距星为二百度二十八分。或测木星在大火宫十七度四十八分。太阳平行躔其冲，即大梁同度。

此第谷及其门人所测……十三测，总积六千三百二十一年，为万历三十六年戊申七月二十四日未正，测得火星在娵訾宫十一度十分。算得十三分，差三分。太阳在鹑尾宫同度。

除此之外，土星、木星、火星和金星，还各记录了一条"新测"，方法各不相同。例如，土星、木星和火星：

崇祯七年甲戌岁八月初七庚申日戌时，用线测土星。见在房宿第三星及建星第一星之中，成一直线。又见土星在宋星与天江第二星之中，亦成直线。土星略向西一线，未全掩其体。

书中还附上了星图。测量行星经纬度的方法是，以一根线绳比划，看星星处在周边哪两颗星的连线上。找出两条连线（4 颗星）。已知这四颗星的经纬度，参照星图按比例即可算出待测行星的位置。金星的位置则用弧矢仪，测出它与参考星的角距离：

崇祯七年十月十五日戊戌酉时，在局用弧矢仪比测金星于垒壁阵第四星，得相距十七度五十分弱。此时金星纬向南二度余，恒星亦向南二度。二星相距之度，如黄道上之度，其差微。恒星历元经度为玄枵宫十八度二十三分，加八年之行，得十八度三十分。因金星在西，减相距之度，得本宫初度四十四分强，乃本时太白之经度也。

当天即公历 1534.12.05，垒壁阵第四星即垒壁阵四（δ Cap）。因两者都在黄道以南 2 度余，所以此距离约等于其黄经差。查出恒星黄经，加上 8 年的岁差改正，即可得金星的黄经为玄枵宫零度四十四分多。

水星没有即时测例，或许是因为时间仓促，一时难以得到水星与周边（更暗的）恒星同时显现的机会。

《五纬历指》卷 8《诸曜凌犯论》讲解各种行星天象，作为算例，列出崇祯七年闰八月二十七、十一月初六、八年四月二十三木星犯积尸气的计算表。卷 9《五纬后论》有崇祯七年九月初土、火、金会合及木星在鬼宿的算例，并附有详细星图。崇祯八年四月推水星不见、八年八月二十三日推水星晨见、八年八月十二日推木星合轩辕大星、九年二月十二至二十六日推水星夕见、九年三至五月推火星逆行在角不入轸、九年七月十四日推木星夕伏。这些推算都与钦天监大统历的推算相左，并经观测证实，与现代天文计算一致。

《五纬历指》记载行星位置、伏见实测共计 23 条，其中多数在《治历缘起》中有记录，但细节各有短长。

《五纬历指》第 24 卷第 11 章"古测五星相掩或掩他星摘推目"，以表格的形式记载了中国古籍中的 126 条行星，名曰"古测五星记"。其中包括月掩星 4 条、行星掩星 56 条、行星犯星 18 条、行星伏见等 6 条、三星聚 31 条、四星聚 7 条、五星聚 4 条。这些记载并不超出诸史天文志。表中除了引用原记录的帝王年号纪年以外，更使用了一种新的纪年系统：甲子+年数。以帝尧八十一年为第一甲子，至天启四年，共计 66 甲子。例如，晋永康元年为第 41 甲子 43 年。这样，在计算积年时比较方便。

5.7.4　《崇祯历书》行星记录表

《崇祯历书》的《治历缘起》中记载了 18 次行星观测，《五纬历指》中记载了 23 次行星观测。扣除其中重复的记录，合计行星实测记录 29 条。这些记录中，16 条记载行星位置（经度测值、与恒星的相对位置、行星相合）；13 条记录行星（主要是水星）的伏见。记录的主要目的是证明新法比旧法精确。这些记录（尤其是《治历缘起》）之详细，是前所未有的，往往记有观测的目的、组织过程和参加人员、观测地点和使用的仪器、事先的推算预报、观测结果以及评论。这些记录简略汇集于表 5-5。表中"来源"一栏，是《〈崇祯历书〉合校》一书中的页码。阅读其他版本的读者，于《治历缘起》不难按照时间顺序查到；于《五纬历指》，表中页码在以下卷目中：卷 17《土星》（指 670）、卷 18《木星》（指 680）、卷 19《火星》（指 696）、卷 20《金星经度》（指 707）、卷 23《诸曜凌犯论》（指 736—737）、卷 20《五纬后论》（指 749—753）。《崇祯历书》还有大量的算例，以及西人在欧洲的观测记录，不在本节讨论范围。

表 5-5　《崇祯实录》行星记录表

中历（崇祯）	西历	来源	天象内容
四年闰十一月十七	1632.01.08	指 696	火星位置
六年十月十七	1633.11.18	指 680	木星位置
六年十一月十六	1633.12.16	指 682	木星犯司怪
七年八月初七	1634.08.29	指 670	土星位置
七年闰八月二十五	1634.10.16	缘 58、60、61；指 737、749	木犯鬼积尸

续表

中历（崇祯）	西历	来源	天象内容
七年九月初一	1634.10.22	缘 61；指 749	木犯鬼积尸
七年九月初四	1634.10.25	缘 58、62；指 749、752	火土同度
七年九月十一	1634.11.01	缘 58、62；指 749、752	金火同度
七年九月三十	1634.11.20	指 736	木星位置
七年十月十五	1634.12.15	指 707	金星位置
七年十一月初五	1634.12.24	缘 64、66；指 737	木犯鬼积尸
七年十二月二十一	1635.02.09	缘 75、83	金星晨见
八年二月二十三	1635.04.10	缘 75；指 753	水星夕见
八年四月十四	1635.05.29	缘 75、83；指 752	水星不见
八年四月十七	1635.06.01	缘 83；指 752	水星不见
八年八月十二	1635.09.22	缘 83；指 752	木星轩辕同度
八年八月十二	1635.09.22	缘 83	水星晨见
八年八月二十三*	1635.10.03	指 752	水星晨见
八年八月二十七	1635.10.07	缘 83；指 752	木火月同度
八年九月十七	1635.10.27	缘 83；指 752	金星晨见
八年九月二十八	1635.11.07	缘 83；指 752	水星不见
九年二月初三	1636.03.09	缘 95	水星夕见
九年二月初四	1636.03.10	缘 95	水星夕见
九年二月十二	1636.03.18	指 753	木星位置
九年二月十二至十四	1636.03.18 至 03.20	指 753	水星夕见
九年三至五月	1636.04.06	指 753	火星位置
九年四月初十	1636.05.14	缘 94	火星位置
九年七月十四	1636.08.14	指 753	木星夕伏
十五年二月十七	1642.03.17	缘 147	金星夕见

*为八月二十三日以前皆晨见。

5.8 小 结

（1）月五星记录属于比较专业的观测，因此民间书籍和地方志极少涉及。数量巨大但措辞简略的此类记录存于官方史书《明实录》。其中包括月凌犯（犯、掩、在、见等）恒星 1457 条、月掩犯行星 113 条、行星凌犯恒星 927 条、行星互犯合聚 117 条。月掩犯行星包括水星 2 条、金星 25 条、火星 21 条、木星

43 条、土星 22 条。行星凌犯行星及互犯合聚的记录中，有水星 63 条、金星392 条、火星 416 条、木星 201 条和土星 124 条。《明实录》月五星记录在明朝初期和中期十分密集，嘉靖以后却陡然减少，应是实录编纂者的旨趣所致，参见图 5-3。

《明实录》月行星位置记录共计 2614 条，经计算检验，其中 107 条错误，得到错误率 4.1%，在历代记录中错误最少（表 5-1）。基本上摘自《明实录》的《明史·天文志》月行星记录错误率为 11.8%，可见《明史》编纂过程中产生了不少错误。

（2）行星星占在古代军事中很受重视，明初几位皇帝都是星占的高手。朱元璋以天象指导军事、政事，《明太祖实录》中记载的，凡二十四事。廷议中因天象示变而发表意见的情况更多。太宗朱棣在《太宗实录》中的相关纪事，凡十五事。《仁宗实录》记载仁宗朱高炽自幼通晓天象，在位一年四次因天象谕边疆示警。崇祯皇帝登基后开始改历，面对各家的争论所发表的一系列圣旨载于《崇祯历书》，显示他对天文历法也有相当的了解。

（3）用现代天文方法可以准确地计算古代月行星位置，因此这类记录可以检验其正误。大多数错误的月行星记录，可以用天文计算方法考出其原貌。《明实录》天象记录最常见的错误是日期：日干支在传抄过程中很容易出错，文本中日期脱漏会使天象记录的日期"提前"，若干连续记录的月份或年份同错。这些日期错误还可以细分出它们是在《明实录》成书后传抄造成，还是在编纂时或原始文献中造成。此外，恒星、行星专名的错误也可以通过天文方法辨识。种种迹象显示，天象记录最初使用序数纪日，编纂史书时方才改为干支纪日。笔者所著《〈明实录〉天象记录辑校》辑出《明实录》中的全部天象记录，并对错误记录做出校注。

（4）明末改历过程中进行了一系列的天文观测，以证实西法相对于旧法的强大优势，其中许多观测存于《崇祯历书》之中。涉及行星的观测共计 29 条，主要关注行星伏见、凌犯和位置数据，记在该书《治历缘起》和《五纬历指》两部分。前者以奏章的形式详述每次观测的目的、组织过程和参加人员、观测地点和使用的仪器、事先的推算预报、观测结果以及评论，这些记录之详细前所未有。后者则是在论述天文理论和方法时所举出的例子。除了这些实时观测外，《崇祯历书》还举了一些古今中外的天象记录以及新法推算的天象数据。

参见表 5-5。

（5）中国古代恒星系统包括 283 官 1464 星，其关注的对象并非从亮到暗，而是有特殊的星占意义。月、行星凌犯恒星的记录，也与其星占意义大小密切相关。《明实录》月行星凌犯记录中涉及最多的（50 条以上）恒星星官及次数有：亢 58 条、氐 69 条、房 90 条、斗 99 条、建星 53 条、垒壁阵 143 条、外屏 56 条、昴 68 条、毕 125 条、六诸王 58 条、井 136 条、五诸侯 51 条、鬼及积尸 123 条、轩辕五星 168 条、太微四星（左右执法、东上相、西上将）191 条。

（6）《明实录》1570 条月亮记录中，97 条月掩（食、入月）、1394 条月犯、79 条其他用语（在、入、行在等）。计算显示，26 条月掩行星记录中，20 条确实可以掩，5 条距离 0.1°；71 条月掩恒星记录中，35 条可掩，11 条距离 0.1°，17 条 0.2°—0.5°。可以看到，由于行星比较亮，"掩"的记录比较可靠；恒星比较暗，"掩"往往只是意味着暗星被月亮的光芒掩盖。至于极少数距离更大的记录，应是流传中将"犯""在"误为"掩"。对月亮记录阴历日期的统计显示（图 5-4），钦天监的观测是通宵进行的。"晓刻""昏刻"的记录也证实这一点。

（7）《明实录》1044 条行星记录中，"掩" 1 条、"犯" 821 条、其他 222 条。相对于月亮记录，"其他"术语出现得更多。常用"留""守"表示行星顺行—逆行的转换期，3 次星占意义严重的"荧惑守心"各有故事；用"入"表示行星进入一个封闭图形的星官，但一些"入"其实是"入犯"的误称；"行""在""逆行"这样并不特殊的行星运动状态偶尔也会进入记录。

（8）"犯"是中国古代月行星记录中用得最多的术语，根据文献分析应是在 1°以内。由于月亮一日内行度太大，我们利用行星记录来进行分析。计算显示，在《明实录》821 条行星"犯"的记录中，692 条在 1°之内，严格符合规范；100 条在 1°—1.5°，可以看作误差；29 条 1.5°以上，应是流传中术语错误。参见图 5-7。

（9）《明实录》记载三星（行星）合聚 15 条，四星合聚 3 条。计算显示，各次合聚行星之间距离有近有远，但都严格相合在同一宿中。由此可见，古人对于行星合聚的兴趣并不在于它们距离接近而显示的奇观，而是严格按照星占理论限制于同一星宿。

五星合聚的发生概率更小，星占意义也更大。《明实录》记载了 4 条相关记录，都不是严格意义的五星合聚。其中 1 条"五星俱见"、2 条"五星皆见"只是五大行星同时出现在天空，既不够靠近，也不在同一宿。嘉靖三年正月的"五星聚于营室"比较特殊。计算显示五个行星会聚于 11°之内，也基本上在营室，但却聚在太阳两侧，根本不可能看到，显然这是推算的结果。

（10）传统历法中，行星伏见的推算完全依赖星日距离，非常粗疏。实际上伏见的主要天文条件应是日出、落时行星的地平高度。《明实录》有 65 条水星记录，主要分布在洪武至宣德、弘治至嘉靖年间。《崇祯历书》有 9 条水星记录，用以证明西法伏见推算远胜于旧法。分析利用这些水星记录论证行星伏见的天文规律，得出水星伏见的临界值在 10°左右，参见图 5-14。

第6章 明代彗星客星记录

6.1 彗星客星及前代记录

彗星是太阳系中的一种小天体,数量众多,活动范围大。当它们来到太阳系中心,也就是地球轨道区域附近,掠过太阳,就有可能被人类看到。多数彗星轨道为抛物线或双曲线,一次看到后就不再回归。少数彗星轨道是椭圆,会周期性地回到太阳系中心,被人类看到。当然,彗星的轨道会受到大行星引力和其他因素的干扰,发生变化。彗星分为彗核、彗发、彗尾三部分。彗核由冰物质构成,成分复杂,因此被戏称为"脏雪球"。当彗星接近太阳时,彗星物质升华,在冰核周围形成朦胧的彗发和极其稀薄的彗尾。由于太阳风的压力,长长的彗尾总是指向背离太阳的方向。彗尾一般长几千万千米,最长可达几亿千米。

从地球上看,彗星的形状、亮度和行动轨迹差异很大。彗尾有宽有窄,有的有好几条,长的能延伸半个天空;行动快速,有时一天能移动十几度;出现的时间短则几天,长则几个月;亮度变化迅速,有的彗星甚至亮到白日可见。图 6-1 为笔者 1997 年 4 月 5 日在临潼渭河边拍摄的海尔–波普彗星。可以看到背向太阳的蓝色离子彗尾(较暗)和弯向一边的白色宽阔尘埃彗尾(明亮)。

图 6-1 海尔–波普彗星

　　由于彗星形状宏大奇异,出没毫无规律,故引起古人极大的恐慌,是中国古代重点记录的天象。早期的故事有西汉《淮南子·兵略训》记周武王伐纣时"彗星出而授殷人其柄",而更确切的记录见于《春秋·文公十四年》秋七月"有星孛入于北斗"。对彗星的认识也不断有所进步,尽管彗星历来被描述为严重的恶兆,但《晋书·天文志》也正确地指出:"彗体无光,傅日而为光,故夕见则东指,晨见则西指。在日南北,皆随日光而指。"

　　由于彗星的形状差异很大,古人又不明其本质,所以古时天文星占书籍中彗星或疑似彗星的称谓非常多。例如,《史记·天官书》称见于东南方的为彗星,东北方为天棓,西北方为天欃,西南方为天枪。《开元占经》引石氏曰,"凡彗星有四名,一名孛星,二名拂星,三名扫星,四名彗星"。图 6-2 是 20 世纪 70 年代出土于长沙马王堆汉墓的帛书上的彗星图的局部。

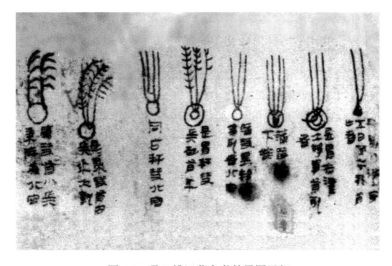

图 6-2　马王堆汉墓帛书彗星图局部

　　中国古代天象记录的分类,除日月食、月行星(凌犯、昼见等)比较清晰外,大致可以分为客星妖星、流星陨星、云气几类。由于古代记录往往简略且含糊,有少数记录难以辨明其属性。客星妖星大致包括彗星和新星、超新星,区别于瞬间即逝的流陨,又呈现星体状的新出现的天空物体。在现今留存的古代天象记录中,客星妖星的名目并不像占书中那样多。彗星大多记作彗星(有尾巴)、客星(泛指)、星孛(没尾巴)、长星(细长尾)以及蚩尤旗(尾巴宽而弯曲)等。此外还有景星、国皇、周伯、含誉等名目,大约指不移动的客星,即新星、超新星之类。彗星与新星的区别主要在于移动与否，但有些客星记录却没有相关的描述。

有时甚至流星也会被混淆。例如，《明史·天文志》在"客星"名下记"洪武二十一年二月丙寅，有星出东壁"，长期被现代学者当作新星记录。后来发现，此记录源自《明太祖实录》"二月丙寅夜，有星出东壁，赤黄色，东北行至近浊没"。明显是流星记录，经过简化，成了面目不清的"客星"。又如《明实录》正德十六年"正月甲寅（初一），直隶太平府东南有星如火，变白色，长可六七尺，横悬东西，复变勾曲之状，良久乃散……盖国皇也"。很像是流星及其余迹。

在统计历代天象记录时，我们把彗星客星归为一类，同时也包括一些类似的天象。表 6-1 给出历代彗星客星记录的统计，资料源于笔者的工作，参考文献见表 5-1 的说明。由于一颗彗星客星会有多条记录，表 6-1 中将条、颗分列。由表 6-1 中条/颗的比例可见，金元和明代，每颗彗星有较多次的记载。

表 6-1　历代彗星客星记录统计

朝代及文献	西汉	东汉	魏晋	南朝	北朝	隋唐五代	宋	金元	《明实录》
条	54	73	97	27	67	141	125	82	230
颗	34	46	68	20	47	91	78	27	68

庄威凤对中国古代彗星记录进行了更深入的研究[①]。在普遍统计的基础上，重点分析那些时间、位置比较详细确切，次数超过 3 次的记录，估计出时间、位置的数值，并根据一些记录给出该彗星的运行轨迹图。

6.2　明代彗星客星的文献来源

6.2.1　明代彗星客星的官方记录

同其他类型一样，明代彗星客星记录，主要来自《明实录》。《明史·天文志》《国榷》《续文献通考》《续通志》等史书，基本上摘录、简化自《明实录》，弘治以前，极少《明实录》以外的独立信息。《明实录》中的彗星客星记录通常

---

① 庄威凤. 彗星记录的研究//庄威凤. 中国古代天象记录的研究与应用. 北京：中国科学技术出版社，2009：147-262.

比较详细。对于一颗彗星，有多个日期记载它的位置、形象、亮度。例如：

成化七年十二月甲戌（初七），敕谕文武群臣曰，乃者彗见天田，光芒西指。

乙亥（初八）夜，彗星北行，光芒渐著，犯右摄提，扫太微垣上将及幸臣、太子、从官。

丁丑（初十）夜，彗星北行五度余，尾指正西，其光益著，横扫太微垣郎位星。

己卯（十二）夜，彗星光明长大，东西竟天，自十一日北行二十八度余，犯天枪，尾扫北斗、三公、太阳〔守〕。

庚辰（十三），彗星北行入紫微垣内，正昼尤见，历帝星，〔遍扫〕北斗魁第二星、庶子、勾陈下星、北斗魁第一星、勾陈第三星、天枢、三师、天牢、中台、天皇大帝、上卫星。

辛巳（十四）昏刻，彗星〔入〕〔出〕紫微垣，历犯阁道，〔尾扫〕文昌、上台星。

乙酉（十八）昏刻，彗星南行犯娄宿。

丙戌（十九）昏刻，彗星〔犯〕〔扫〕天河星。

己丑（廿二）昏刻，彗星〔犯〕〔扫〕天阴星。

癸巳（廿六）昏刻，〔彗星犯外屏星〕。

乙未（廿八）昏刻，彗星犯天囷星。

成化八年正月丙午（初九）夜，彗星行奎宿外屏星下，形见消小。

庄威凤分析了这段文字，认为应该做少许改动，如上文中的方〔改正〕圆（原误）括号。显然，原记录在彗头的"犯"和彗尾的"扫"之间并没有严格区分。

在《明实录》中，这颗彗星有 12 条记录，延续 32 天，记录了 12 个日期的彗星位置，以及其运动速度、亮度、尾长及指向。其中涉及 32 个星官或具体恒星。这颗彗星最亮时"正昼尤见"，令人震惊。

图 6-3 给出根据原记录得出的该彗星轨迹图。图中圆圈是赤纬 50°圈，也就是北京地方的恒显圈，圆圈的中心"＋"即当时的北天极。

由记录的位置可见，这颗彗星的近日点非常接近地球，因此亮度大，位置变化快。彗星先是深夜始见于东南方，然后快速北移进入恒显圈（紫微垣），通宵可见，甚至明亮到整日可见。最后出恒显圈变为昏星，逐渐消失，总共可见30多天。

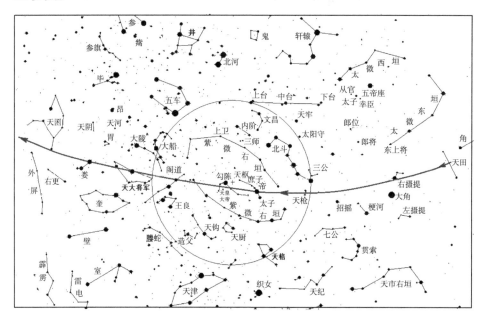

图 6-3　根据记录复原的成化七年（1471）彗星轨迹

《明实录》的天象记录按时间顺序穿插在全部纪事中，因此没有分类。我们从中辑出的类似客星、彗星记录共计 230 条，大约属于 68 颗星，详见《〈明实录〉天象记录辑校》一书①。明前期（洪武—弘治共计 138 年）153 条 37 颗，平均每颗记录 4.1 条；后期（正德—崇祯共计 139 年）77 条 30 颗，平均每颗记录 2.6 条。可见前期彗星记录比较详细，后期比较简略，但是前后期记录的彗星频度没有明显变化。

《国榷》基本上照抄《明实录》的记录，混编于普通纪事中，不分类，只是内容有所简化。

《明史·天文志》有"客星"和"彗孛"两项。由于《明史》中的天象记录基本上来自《明实录》，分类也就根据《明实录》的措辞：提到"彗""孛"的归于"彗孛"，其他统归"客星"。

《明史·天文志》载"彗孛"48 颗，记录 91 条。绝大多数由《明实录》简

<hr>

① 刘次沅. 《明实录》天象记录辑校. 西安：三秦出版社，2019.

化而来。少数几条《明实录》没有的，很可能是错误衍生。例如，"（万历）四十七年正月杪，彗见东南，长数百尺，光芒下射，末曲而锐，未几见于东北，又未几见于西"。显然出自《神宗实录》万历四十七年正月辛卯"云南巡按潘濬言……昨岁九月月杪，彗星见东方长数百尺，月下射射，末曲而锐，未几而见于东北方，又未几见于西"。将四十六年的彗星误为四十七年。

《明史·天文志》载"客星"35 颗，记录 60 条。"客星"内容复杂。多数有位移，有尾，明显是彗星，如洪武"十一年九月甲戌，有星见于五车东北，发芒丈余。扫内阶，入紫微宫，扫北极五星，犯东垣少宰，入天市垣，犯天市"。有的可能是流星及其尾迹，如永乐"二十二年九月戊戌，有星见斗宿，大如碗，色黄白，光烛地，有声，如撒沙石"。"正德十六年正月甲寅朔，东南有星如火，变白，长可六七尺，横亘东西，复变勾屈状，良久乃散。"有的可能是新星或超新星，称"周伯""含誉""归邪"等。也有的难以判断，如万历"三十七年，有大星见西南，芒刺四射"。

《明史·天文志》《国榷》《续文献通考》《续通志》《明会要》等书籍的天象记录与《明实录》高度相符，以外的信息极少，显然是系统地抄录。我们称之为朝廷记录。除《国榷》以外，也都是客彗分类列出。

6.2.2　地方志彗星客星记录

明亮的彗星是一种十分醒目且惊人的天象，因而自明代后期开始盛行的地方志、笔记小说以及《明史》列传中也会有所记录。尤其是明后期几次大彗星的出现，全国各地有大量的记载，有的记录远比朝廷记录详细、生动。以下是几个典型的例子（《明实录》采用干支纪日，为使文中时间关系更加明显，下文改用数序纪日）。

《明实录》嘉靖八年（1529）正月十九日记："时灾异数现。立春日长星出，白气亘天……去岁季冬长星见而数丈。"查立春在年前十二月癸未十六日（1629.01.25），"立春日"和"去岁季冬"两个长星其实是同一事件。又《国榷》记七年十二月壬午（十五）白气亘天、甲申（十七）夜彗见西南。《明史·五行志》记十二月望白气亘天津。康熙《扶沟县志》嘉靖七年十二月十七日"长庚自西南出现，白气亘天形如匹练逾旬始灭"。嘉靖山西《太原县志》记："正南有白虹东指天河之中，西抵天际，通宵不灭，如是九十日许。"这里所述西南见金星、银河在东南都为天文计算证实。类似的记载见于山西、山东、广东、湖北、云南、河南的 15 种地方志,时间从嘉靖七年十二月中旬到八年正月。

《明实录》嘉靖十一年(1532)八月四日"彗星见于东井,芒长尺余,后东北行,历天津星宿,芒渐长至丈余,扫太微垣诸星,及角宿天门,至十二月甲戌,凡一百十有五日而灭"。《明史·天文志》《国榷》及 24 种地方志有载,都没有更多信息。唯嘉庆陕西《长安县志》引何栋上书最为详细:"今岁八月彗出井度,晨见东方,历鬼柳星张入轸度,过太微垣犯上将,位可知矣。始出形长数尺,渐东行乃几数丈,形可见矣。徘徊井度,始行颇迟,既历列宿,行之渐速,自八月初五至九月十八共四十三日行几八十余度,其行又可考矣。始则苍白,后乃变赤,其色又可见矣。八月初五,其日庚辰,由黄道顺行,至九月十五日,其日庚申,犯太微上将最急,其日辰又可考矣。"

《明实录》记万历五年(1577)十月初五"彗星见西南,光明大如盏,芒苍白色,长数丈,由尾箕越斗牛直逼女宿"。《明史·天文志》同,唯多"经月而灭"。

这颗彗星的始见时间,地方志最早的记录见于福建《沙县志》:"七月二十七日,有星如白气,长数丈,自西南方现,直指东北,至十一月渐小而没。"此外还有浙江《缙云县志》记:"彗星见西南方,犯斗度,至十二月没。"记八月底始见的 5 处,记九月(主要是九月底)的 38 处。彗星消失的时间,大多记在十一月下旬。考虑各种记载,彗星出现的时间应在九月底到十一月下旬,历时近两个月。

该彗星的形状,《云间据目抄》记:"彗星见西方,大如车轮,气焰上冲如喷,状甚可畏……此彗逾(年)[月]不散,至后渐微芒而长竟天。且移入吴越分(井)[野]。"《崔鸣吾纪事》记:"彗星见于尾箕,长十余丈,光蔽南斗,芒焰如旗旆然,凡四十余日而灭。此星色赤而特长,乃拖练星也。"《淮安府志》记:"蚩尤旗出西南方,形彗,色白,长近丈。移时焰渐张,色渐赤,长十余丈,柄尾箕,指南斗。"综合各种地方性记载可见,彗星初见时色白,逐渐明亮增大,颜色转红,彗尾渐长渐宽,长至半个天空。

这颗彗星影响巨大,据《总表》,共有 156 种地方性著作记载(万历五年七月至年底),其中包括福建 23、江苏 17、广东 17、浙江 16、江西 14、安徽 12、广西 12、山西 11、河北 10、山东 7、河南 7、湖南 6、云南 3、四川 1。

另有 78 种著作疑似所记为此（记在四年秋或六年秋冬）。同时，这颗彗星在朝鲜、日本和欧洲都有记载。

记录最多、最丰富的当属万历四十六年（1618）秋冬的彗星。《明实录》记载了九月三十日在轸翼，十月十日在氐，经太阳守，扫北斗、五车等星，十一月十九日灭。据《总表》，各地地方志等文献记载彗星的，在万历四十五年七月至四十六年七月 32 种。四十六年八月 21 种，九月 43 种，十月 53 种，十一、十二月 10 种，秋、冬 35 种，四十六年 52 种。四十七年 30 种。归纳起来，四十六年八月至年底 214 种，可称与《明实录》所记为同一彗星。其余 62 种可称疑似。

该彗星的形状，许多文献记"形如大刀""蚩尤旗""长数十丈""东南天际起白气如虹""如牛角形"。一些时隔不久编纂的地方志，所用语言活泼，显然出自亲眼所见。例如，天启浙江《平湖县志》："三鼓后，东北方有白光一道，直冲西南，亘数十丈。形如刀剑，锋芒可畏，天明方隐，如是者经月。"崇祯广东《南海县志》："蚩尤旗见，丑初出东南，白气二丈余，照水［面］上下如八字形。浃旬，始彗见东方。"万历《四川总志》："白气见于东方，形如匹布，弯曲如刀，其长亘天，月余乃没。"崇祯江苏《吴县志》："大星大如拳，光长二丈余，日出不见，至十一月初方隐。"

由于地方志记录注重彗星的形象，而注重彗星位置的官方记录又简单含混，这颗彗星的记录虽然很多，却难以复原其轨迹和全貌。结合地方志和《明实录》，庄威凤认为这是两颗彗星：一颗十月十日在氐，向北经太阳守、北斗、五车至紫微垣，十一月十九日灭；另一颗九月二十六日在轸翼（据《松江府志》），十月经钤键（钩钤、键闭，据《鹿邑县志》）。

据《总表》的记载，明前期（洪武—弘治，即 1368—1505）彗星记录 307条，其中朝廷记录 62 条。明后期（正德—崇祯，即 1506—1644）彗星记录 1305条，其中朝廷记录 63 条。《总表》明代彗星记录共计 1612 条，其中朝廷记录 125 条。可见《总表》明代彗星记录绝大多数来自地方志和笔记小说。《总集》补充了《总表》所缺的《明实录》记录，删除了一些内容重复的地方志记录，共计 429 条。

尽管地方志彗星记录数量很大，但其内容普遍简略含混。同一省区的同一日期，会有多种地方志措辞完全相同的记录，显然是互相抄录。例如，顺治山东《招远县志》记:"万历四十六年秋,蚩尤旗见东方,每夜白气亘天,东西约三丈余,经月不散。有彗星长丈余,见于东北,光射中央。"同为山东烟台地区的《栖霞县志》《登州府志》《宁海州志》《莱阳县志》《海阳县志》有措辞完全相同的记载。

一些地方志记录生动且详细。例如,康熙安徽《巢县志》:"万历四十四年十月,蚩尤旗出,长过天半,阔数丈。夜半于正东方见白光烛地如月,至四鼓时,有彗星出如炬,长数丈,芒角赤,喷射如火花状,与蚩尤旗并。月余乃没。"万历四十四年(1616),明朝官方和朝鲜、日本、欧洲都没有彗星记载。《巢县志》的这条记载很可能是记的万历四十六年十月的那颗彗星。编纂县志(或记录这次事件)的时候,事情已经过去若干年。尽管作者对彗星出现的季节、形状等细节印象深刻,但搞错年份也是不难理解的。

地方志和笔记小说中的天象记录远不及实录和正史那样可靠。笔者对比分析了明代日食的朝廷记录和地方记录,发现后者独立于前者的信息(日食的日期、全食的情景、时刻食分等),竟然有70%错误[1]。分析指出,地方志日食记录有以下特征:①它们往往抄自《明史》《明实录》之类的史书,同一地区的各县之间也常常互相抄录,因此难以成为各自独立的信息;②独立的信息往往是事后多年的回忆,因而某些细节生动真实,年份、月份却常有错误;③地方志的编纂流传毕竟不像官方史书那样郑重其事,传抄错误更多。彗星不能像日食那样复算验证,地方志中的独立信息可靠性应该也很低。《总表》1487条地方记录中,与《明实录》年月不矛盾的只有740条,出自48颗彗星。

6.2.3 国外彗星客星记录

彗星记录难以用天文计算方法检验真伪,因此我们希望找到更多独立记录加以比较。

朝鲜历代王朝深受中华文化影响,也有宫廷天文学家观测记录天象存于史书的传统。于1908年官修出版的《增补文献备考》250卷,其中分类汇集了历代史书天象记录,与我国的《文献通考》系列体例相似。卷1—12为《象纬考》,

---

[1] 刘次沅,庄威凤. 明代日食记录研究. 自然科学史研究,1998,17(1):38-46.

其中卷 1—3 记天文学知识，卷 9—12 记各种天灾物异。卷 4—8 分 14 类汇集历代天象记录，从公元前 1 世纪到公元 19 世纪末。明朝期间（1368—1644）的彗星、客星共计 97 条记录，约属于 52 颗星，与《明实录》彗客记录相合的 32 颗。实际上《李朝实录》中的天象记录比《增补文献备考》更加详细。尤其是嘉靖以后，明朝天象记录骤减，朝鲜记录弥足珍贵。

日本古代天象记录分散于各种文献中，不像中国、朝鲜那样集中出自朝廷。神田茂编纂的《日本天文史料》收集了各种文献中的天象记录，按天象分类，每条都注有来源[①]。时间自公元前 1 世纪到公元 1600 年。同时出版的《日本天文史料综览》，则按时间顺序排列，相当于前书的索引。1368—1644 年共计 102 条记录，大约属于 45 颗彗星，与《明实录》彗客记录相合的 26 颗。日本的记录条数虽多，但大多数简单到只有日期，没有位置形状等详情。

长谷川一郎（Hasegawa I）的"古代肉眼可见彗星表"汇集了世界各国的古代彗星记录，其中以中国、朝鲜、日本和欧洲的记录为主。在明朝，共有欧洲（包括极少数西亚）记录 121 颗。与《明实录》彗客记录相合的 36 颗[②]。

6.3　明代彗星客星记录总览

绝大多数彗星的出现，无法通过天文方法计算出来。因此，我们无法像日月食那样，知道明朝这一时期有多少肉眼可见的彗星出现，从而看出漏记了哪些；也无法像月行星记录那样，检验它们是否符合天象，从而追踪其错误来源。尽管地方志中彗星记录数量巨大，但我们知道其中错误很多。它们或者是若干年后的回忆，或者辗转抄录朝廷记录和其他地方志。总之，这些地方志记录通常有所依据，但日期错误是很普遍的。

表 6-2 汇集了各种文献中明代（1368—1644）的彗星、客星记录总数。《明实录》《明史·天文志》《增补文献备考》《日本天文史料》中每颗彗星客星有多个日期的记录，每个记录称作一"条"。《古今图书集成》《二申野录》《罪惟录》所记每颗彗星客星大多只有一条，颗与条差距不大。《总集》《总表》中，每颗

① 神田茂. 日本天文史料. 东京：原书房，1978.
② Hasegawa I. Catalogue of ancient and naked-eye comets. Vistas in Astronomy，1980（24）：59-102.

彗星会有多种文献的记载，这里的"条"，指文献数。

表 6-2　明代各种文献的彗星客星记录统计

文献	《明实录》	《明史·天文志》	《续文献通考》	《古今图书集成》	《二申野录》	《罪惟录》	《总表》	《总集》	朝鲜	日本	欧洲
条	230	151	133	73	76	64	1612	429	97	102	—
颗	68	83	73	—	—	—	—	—	52	45	121

表 6-3 给出明代彗星客星记录。这个表以《明实录》中的记录为索引。由《明实录》月行星记录的计算检验，得到错误率仅为 4%（《明史·天文志》为12%）。同时，可以回算的 4 次哈雷彗星也都相合，且无一遗漏。因而我们有信心认为《明实录》彗星记录的错误率也很低。而国内其他文献，与《明实录》日期不相合的彗星记录可靠性极低。

表 6-3 每颗星一行。第 2 栏是该星第一次记录的中历年份和月份。为节省篇幅，中历的年–月用数字表达，如洪武元年三月写作"洪武 1–3"（闰月前缀字母 r）。第 3 栏给出每条记录的月–日。尽管许多古籍采用干支纪日，但表中将它们化为数序纪日，这样容易看出日期之间的关系和天象持续的时间。月日简化为数字，并尽可能省略月份，如六月初五、六月初十、七月十一日写作"6–5，10，7–11"。原文若干日用+号表示，如宣德五年"十月丙申（廿九）夜，有蓬星，色白如粉絮，见外屏南，渐东南行经天仓天庾北八日始灭"，其月日写作"10–29，+8"。跨年的记录不再特别标注。第 4 栏则是第 3 栏的总计。

第 5 栏给出地方志、笔记小说、《明史·列传》的记载，《明史·天文志》《国榷》《续文献通考》等明显抄自《明实录》的记录则不在此列。表中给出相同和相似（括号中）的文献数。"相同"的判断基本上是与《明实录》记载年同、月近（相差一两个月）。"相似"的判断比较模糊，如年数相近而季节相同，年月相同年号不同，某些不常见措辞相同。第 6 栏给出朝鲜、日本和欧洲的记录，其中数字表示记录条数，与第 4 栏含义相同。第 7 栏注释中有*的，在表后给出解释。

表 6-3　明代彗星客星记录表

序号	年–月	月–日	条	地方志	国外	注
1	1368 洪武 1–3	3–21,4–1,9	3	26（1）	朝 7 日 4 欧	*
2	1376 洪武 9–7	6–5,10,11,19,27,29,7–11,23	8	2	朝 2 日 5	
3	1378 洪武 11–9	9–5,8,9,11,13,15,18,20,10–20	9	2	朝 1 日 1	哈雷
4	1382 洪武 15–7	7–20	1		朝 1 欧	

续表

序号	年-月	月-日	条	地方志	国外	注
5	1385 洪武 18-9	9-19,22,26,28,10-2	5	3	日 1	
6	1391 洪武 24-4	4-19	2	1	朝 1 欧	*
7	1407 永乐 5-11	11-15,16	2	1		
8	1408 永乐 6-10	10-6	1	1	日 1	周伯
9	1430 宣德 5-8	8-16,22,+26	3			客星
10	1430 宣德 5-10	10-29,+8	2			
11	1430 宣德 5-12	12-21,+15	2			含誉*
12	1431 宣德 6-4	4-4	1	9		
13	1432 宣德 7-1	1-2,+10,1-28,+17	4		欧	
14	1433 宣德 8-r8	r8-2,19,20,29,+24	5		朝 2 日 14 欧	
15	1433 宣德 8-r8	r8-8	1			景星
16	1433 宣德 8-r8	r8-27	1			归邪
17	1439 正统 4-r2	r2-11,19,22	3	1	朝 2 日 2 欧	
18	1439 正统 4-6	6-2,7-25	2	3		
19	1444 正统 9-7	7-23,r7-2	2		日 3 欧	
20	1449 正统 14-12	12-7,9,10,29	4	1	朝 2	
21	1450 景泰 1-1	1-6	1	2		
22	1452 景泰 3-3	3-1	1	6		
23	1452 景泰 3-11	11-25	1	3		
24	1456 景泰 7-4	4-23,5-5,20,26,6-4	5	3	朝 2 日 6 欧	哈雷
25	1456 景泰 7-12	12-19,28	2	3	欧	
26	1457 天顺 1-5	5-24,25,6-1,7,13,20,7-17,30,10-9,19,22	11	13	朝 1 日 2 欧	
27	1458 天顺 2-11	11-19,22,26,12-8	4	1	朝 2	
28	1461 天顺 5-6	6-23,26,29,7-2,8,28	6	2	欧	
29	1462 天顺 6-6	6-3,6,12,20	4			
30	1468 成化 4-9	9-3,7,12,13,14,15,18,21,26,10-19,28,11-4	12	10（6）	朝 1 日 2 欧	
31	1471 成化 7-12	12-7,8,10,12,13,14,18,19,22,26,28,1-9	12	6（13）	朝 3 日 4 欧	昼见
32	1490 弘治 3-11	11-20,23,12-1,10,13,21	6	9（1）	朝 3	
33	1494 弘治 7-12	12-11,15,25,1-26	4	1	欧	
34	1497 弘治 10-8	8-24	1			客星
35	1499 弘治 12-7	7-10,18,19,20,21,26,29,8-2	8		朝 1	
36	1500 弘治 13-4	4-11,13,16,22,5-1,14,28,6-5,16	9	9	朝 2 日 2 欧	
37	1502 弘治 15-10	10-29,30,11-3,4,9	5			

续表

序号	年–月	月–日	条	地方志	国外	注
38	1506 正德 1–7	7–12,15,21,23,25,26	6	13（2）	日1欧	
39	1528 嘉靖 7–12	12–16	1	15		*
40	1529 嘉靖 8–7		0		朝2欧	明史*
41	1531 嘉靖 10–r6	r6–23,28,7–4,7,25,+3	6	12（5）	朝1日1欧	哈雷
42	1532 嘉靖 11–2	2–3,+19	2	1（2）		
43	1532 嘉靖 11–8	8–4,12–1	2	24（7）	朝3日2欧	
44	1533 嘉靖 12–6	6–10,11,28,7–13,8–28	5	3（10）	朝2日3欧	
45	1534 嘉靖 13–5	5–1,+24	2	1	欧	
46	1536 嘉靖 15–3	3–3,4–8	2	2		
47	1539 嘉靖 18–4	4–13,+10,5–12,	3	5	朝2日1欧	
48	1545 嘉靖 24–11	11–23,+3,+30	3		欧	
49	1554 嘉靖 33–5	5–24,6–2,6–20	3	3（1）	朝2欧	
50	1556 嘉靖 35–1	1–20,4–2	2	3（1）	朝2日1欧	
51	1557 嘉靖 36–9	9–18,10–23	2		朝2欧	
52	1569 隆庆 3–10	10–1,20	2	6（4）	欧	
53	1572 隆庆 6–10	10–3,19,万历 1–2,万历 2–4	4	3	朝1欧	超新星
54	1577 万历 5–10	10–5	1	156（78）	朝1日2欧	
55	1578 万历 6		0	25（18）	朝1欧	*
56	1580 万历 8–8	8–23,11–15	2	45（15）	朝1日1欧	
57	1582 万历 10–4	4–29,+20	2	8（10）	日1欧	
58	1584 万历 12–6	6–4	1			异星
59	1585 万历 13–9	9–21,10–7	2	1（3）	朝1日1欧	
60	1591 万历 19–r3	3–20,r3–1	3	12（2）		
61	1593 万历 21–7	7–3,23	2	10（5）	朝2日2欧	
62	1596 万历 24–6	6–13,7–12	2	7（4）	朝2日2欧	
63	1602 万历 30–9	9–1	1			异星
64	1604 万历 32–9	9–18,12–16,33–8–25	3	（1）	朝4欧	超新星
65	1607 万历 35–8	8–1,17,22	3	50（7）	朝3日1	哈雷
66	1618 万历 46–9	9–30,+19,10–10,+10,+3,11–19	6	214（62）	朝4日1欧	*
67	1618 万历 46–10	10–10	1			花白星
68	1621 天启 1–4	4–3	1			赤星
69	1622 天启 2–5	5–25	1			异星*
70	1639 崇祯 12–10	10–3		3	欧	

*中，洪武 1–3，《元史》《明史》记："正月庚寅彗星见于昴毕。"与《明实录》三月四月彗出昴北大陵天船五车，疑同一彗星。洪武 24–4，同一夜 2 颗彗星。宣德 5–12，《天文志》六年三月壬午又见。嘉靖 7–12，《明实录》追记在嘉靖八年正月十九日。嘉靖 8–7，《明史·天文志》记："嘉靖八年立春日长星亘天，七月又如之。"朝鲜、欧洲都有记载，可见其不误。万历 6，43 种地方志记彗星，朝鲜、欧洲记在秋冬。万历 46–9，疑为两颗彗星同时出现。天启 2–5，地方报闻，实为金星。

　　笔者试图参考国外记录，在《明实录》以外的各种国内文献中找出《明实录》遗漏的彗星。

　　或许与彗星的最早记录，《春秋》"星孛于北斗"有关，地方志似乎偏爱"星孛于南斗"。嘉靖江西《南安府志》记："洪武八年十月星孛于南斗。"《浙江续通志稿》《广州通志》《番禺县志》《南海县志》《阳春县志》《高要县志》《二申野录》有完全相同的记载。还有 11 种地方志记"星孛于南斗"在永乐八年、十三年八月，10 种地方志在正统十三年八月。朝廷官方没有这些记录，国外记录也没有。这些记录在事件的百余年后，尽管数量不少但措辞相同，很难互证。

　　万历浙江《秀水县志》载："洪武二十二年六月辛巳，彗星见紫微侧，在牛度九十分，色白，光长约丈余。东南指，西北行。戊子，彗光扫上宰。七月乙卯灭。"其中提到不常见的星名、测量值，措辞颇有钦天监之风，但国内外找不到旁证。

　　《明史·天文志》："成化元年二月，彗星见。三月又见西北，长三丈余，三阅月而没。"成书更早的万历湖北《襄阳府志》以及山西临汾地区的洪洞、临汾、平阳、霍州、新绛、绛州、汾阳、翼城、朔平、芮城等地方志都有"三月彗星见西北，长三丈，三阅月而没"。该彗星在《明实录》《国榷》中，以及国外都没有记载。可能是《襄阳府志》的错误导致《明史》和山西诸多地方志的错误跟进。类似这样同一地区诸多地方志以同样的措辞描述而得不到独立来源证实的彗星记录，还有嘉靖三十四年十月、嘉靖三十五年七月、嘉靖四十三年、万历十年九月（秋）。

　　泰昌元年（1620），40 种地方志记载彗星。其中记在四至六月的 5 种，七至九月或秋的 8 种，十至十二月或冬的 6 种，其余只记年份。《增补文献备考》光海君十二年十二月癸酉晦，彗见如进退相搏之状。十三年正月庚寅，彗见移时相搏。朝鲜的两条记录应是同一颗彗星，但和许多地方志也难以互证。

　　这些明代后期记录的彗星事件，与成书年代较近，还是有可能是真实的，但终究证据不足。

　　较可靠的发现仅见两例，列入表 6-3 中，《明史·天文志》："嘉靖八年立春日长星亘天，七月又如之。"前者即嘉靖 7-12 条，后者《明实录》《国榷》俱无，但朝鲜、欧洲都有记载，可见其不误。万历六年（1578 年），43 种地方志记载彗星。其中记载九月之前的 18 种，十月 9 种，其余只记年份。朝鲜、欧洲有彗星记录，在秋冬。

由表 6-3 可以看到，《明实录》的彗星记录，在明前期详细（每颗彗星的记录次数多），后期简略（每颗彗星的记录次数少）。地方志则是前期记录很少，后期记录很多。

图 6-4 以年为单位给出五种文献中的明代彗星记录，横坐标是年代。图分为上下两部分：图的上部是《总集》中每年的彗星记录数，每种文献为一条，如洪武元年（1368）有 34 种文献记有彗星记录。注意，万历四十六年（1618）有 238 条记录，为了节省篇幅，图上未能完全显示。图的下部分别是五种文献的彗星记录：地——《总集》、实——《明实录》、朝——《增补文献备考》、日——《日本天文史料》和《日本天文史料综览》、欧——长谷川一郎的 *Catalogue of Ancient and Naked-Eye Comets* 中的欧洲记录。每年的小竖条涂黑，表示该文献在当年有彗星记录，这样很容易比较它们相互符合的程度。

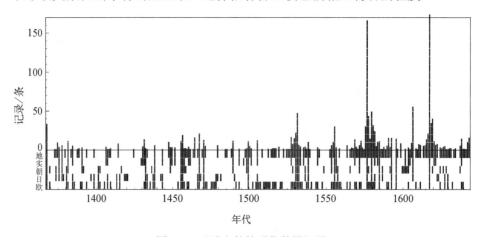

图 6-4　五种文献的明代彗星记录

由图 6-4 的下半部可以看到，《明实录》、朝鲜、日本和欧洲这 4 种相互独立的来源，有 19 颗彗星互相证实（详见表 6-3 第 5 栏），但互不相关的记录也很多。由于图 6-4 只能表现到年，其实有的同年的标记并不能互相证实。例如，《长沙府志》："万历十五年（1587）六月中，东北彗星昼见，白气亘天，大若刀状。"《增补文献备考》："宣祖二十年九月，彗见西方，本柄偃曲，长三四十丈，光芒烛地，三阅月乃灭。"《日本天文史料》："天正十五年七月二十七日甲寅，客星见。"虽在同一年，但月份不能相互印证。

　　由图 6-4 上图可见，明前期的地方志记录很少。即使有一些，大多也是抄录自朝廷记录。明后期超过 30 条记录的有 11 个年份，其中 5 年《明实录》并无记载：万历四年（1576）、万历六年（1578）、万历九年（1581）、万历四十七年（1619）和泰昌元年（1620）。万历六年，朝鲜、欧洲有月份近似的记载，其余 4 项都得不到独立的支持。5 个年份的地方志记录最多，它们都得到《明实录》和国外记录的支持：嘉靖十一年（1532）、万历五年（1577）、万历八年（1580）、万历三十五年（1607）、万历四十六年（1618）。尤其是万历五年和四十六年，地方志记录分别为 167 和 238 种，其中月份与《明实录》相合的分别有 156 种和 214 种。可见这些彗星在全国各地引起了多大的轰动！

　　1402 年 2—3 月，欧洲、朝鲜和日本都有明亮彗星的记录（日本有多达 27 条文献记录）。这条缺失的记录刚好是建文帝在位期间，照例被抛弃。《太宗实录》洪武三十一年闰五月乙酉的那段对建文帝的谴责语，"于是太阳无光，星辰紊度，彗扫军门，荧惑守心"，或许正是针对这颗彗星。

6.4　明代的新星超新星记录

　　古人记载的"客星"，指那些原本没有，突然出现，又逐渐消失的星体。这些记录中，大多数是彗星（没有明显的彗尾和彗发），一小部分是新星和超新星。新星和超新星都是原本就存在的恒星，在一两天的短时间内突然变亮，由不可见的暗星变为可见，然后在几天、几月甚至一两年里逐渐变暗并消失。新星一般是特殊双星系统物质交流引起的爆炸，亮度增加几百至几万倍，有的还会再次爆发。超新星则是某类恒星演化过程的终结，爆发的规模更加巨大，可以亮到千万倍到亿倍，原来的恒星则被彻底毁灭。迄今在银河系内共记录到约 200 次新星。确认的超新星只有 9 次，中国古代均有记录。在河外星系中则可以发现更多新星和超新星。

　　新星和超新星爆发后，会形成逐渐扩张的气壳，形成射电源。现代天文观测发现了一些气壳状天体和射电源，如果在该位置上找到历史新星记录，则可能确认它们的因果关系。这对于研究恒星的演化有着不可替代的重要作用。最著名的例子是 1054 年超新星。《宋史·天文志》记宋仁宗"至和元年（1054）五月己丑，（客星）出天关东南，可数寸，岁余稍没"。《宋会要辑稿》："嘉祐元年（1056）三月，司天监言，客星没，客去之兆也。初至和元年五月（客星）晨出东方，守天关，昼见如太白，芒角四起，色赤白，凡见二十三日。"至望远镜时代，在这个位置上观测到一个逐渐扩散的形状不规则的星云，称为"蟹状星云"（编号 M1，图 6-5）。蟹状星云中心有一颗暗弱的中子星，同时是一个强射电源和 X 射线源。这一案例为天体演化的研究提供了丰富的素材。

图 6-5　蟹状星云

席泽宗在中国和日本古代文献中找到 90 项疑似新星记录，编成《古新星新表》[①]。席泽宗、薄树人扩大了中国文献的搜索范围，增加了朝鲜古代文献，确定了几项鉴别新星记录的标准，在 1000 余条资料中，认定了 90 项新星记录，得到"增订古新星新表"[②]。与原表相比，删除 37 项，新增 37 项。保留的 53 项也增加了更多的信息。克拉克和斯梯芬森在《历史超新星》一书中列出一个以中、朝、日为来源的表，共计 75 项[③]。李启斌根据《总集》提出一个 53 项的古代新星记录表。在《中国古代天象记录的研究与应用》一书中，席泽宗汇集以上三家，列出一个 130 项的表。他分析比较了以上各项工作，综合了各方面的信息，同时也否定了其中一些记录。席泽宗所列表中明代记录 21 项

① 席泽宗. 古新星新表. 天文学报, 1955, 3（2）: 183-196.
② 席泽宗. 薄树人. 中、朝、日三国古代的新星纪录及其在射电天文学中的意义. 天文学报, 1965, 13（1）: 1-22.
③ D. H. 克拉克, F. R. 斯梯芬森. 历史超新星. 王德昌, 徐振韬, 等编译. 南京: 江苏科学技术出版社, 1982.

（席表中第 104—124 项，以下引用称席×），其中中国记载 13 项[①]。

比较肯定的明代中国记录如下。

席 108：《明实录》永乐六年（1408）十月庚辰"夜，中天辇道东南有星如盏大，黄色光润，出而不行，盖周伯德星云"。周伯，《晋书·天文中》归为客星，又是瑞星之一，"黄色，煌煌然，所见之国大昌"。后世天文志和占书中多有同样描述。此前的历史记录仅见《宋史·天文志九》中的"景德三年四月戊寅，周伯星见，出氐南骑官西一度，状如半月，有芒角，煌煌然可以鉴物，历库楼东，八月，随天轮入浊，十一月，复见在氐。自是常以十一月辰见东方，八月西南入浊"。可见明大、不动、突现、久见是其特征。

席 111：《明实录》宣德五年（1430）十二月丁亥（廿一）"昏刻，有含誉星见，如弹丸大，色黄白光润。彗见九游旁，凡旬有五日灭"。闰十二月戊戌（初二），"文武群臣以含誉星见，上表贺。时行在钦天监奏，含誉星见九牛星旁，如弹丸大。今候至十夕，其色愈黄白光润"。《明史·天文志》记载大致相同，另有"六年三月壬午又见"。含誉也属于瑞星，"光耀似彗，喜则含誉射"。《宋史·天文志九》大中祥符七年正月己酉，含誉星见。其年九月丙戌，又见，似彗有尾而不长。明道二年二月戊戌，含誉星见东北方，其色黄白，光芒长二尺许。从明代、宋代记录以及历代定义来看，含誉又有点儿像彗星。

席 117：《明实录》隆庆六年（1572）十月辛未（十八），"十月初三丙辰夜，客星见东北方，如弹丸，出阁道旁，壁宿度，渐微芒有光，历十九日"。"壬申（十九）夜，其星赤黄色，大如盏，光芒四出，占曰是为孛星。日未入时见，占曰亦为昼见……按，是星万历元年二月光始见微，至二年四月，乃没。"尽管"占为孛星"，但《明史》中明确将它归入恒星，而不是客星或彗星。《明史·天文志一》论述恒星古今异同时说："又有古无今有者。策星旁有客星，万历元年新出，先大今小。"朝鲜《增补文献备考》："客星见于策星之侧，大如金星。"丹麦天文学家第谷仔细观测和记载了这颗新天体的位置和亮度变化，因此其又称第谷超新星。

席 124：《明实录》万历三十二年（1604）九月乙丑（十八）夜，"西南方生异星，大如弹，体赤黄色，名曰客星"。十二月辛酉（十六），"是夜客星随天

---

① 席泽宗. 古代新星和超新星记录与现代天文学//庄威凤. 中国古代天象记录的研究与应用. 北京：中国科学技术出版社，2009.

转见东南方，大如弹片，黄色，光芒微小，在尾宿"。朝鲜《增补文献备考》："九月戊辰（廿一），客星在尾，其形大于太白，色黄赤动摇。至于十月庚戌（初四），体渐小。"明年"正月丙子（初一），客星见于天江上，大于心大星，色黄赤动摇。至二月己丑，其形微"。客星在天江上方，属尾宿。天文计算显示，九月中旬，日落后天江在西南方低空。十一月中旬合日，伏。十二月中旬，日出前又出现在东南方低空。这些情况都与记载相符。这是银河系内最近的一次超新星爆发。天文学家开普勒仔细观测和记载了这颗新天体的位置和亮度变化，因此称开普勒超新星。

有的记录过于简单，难以判断其属性。

席113：《明实录》景泰三年三月甲午朔"夜，孛星见于毕"。

席115：《明实录》弘治十年八月癸巳"昏刻，南京客星见天厩星旁"。

席116：《明史·天文志》"嘉靖二年六月有星孛于天市"。

席118：万历十二年六月己酉，"是夜有异星出房宿"。

以下一些记录值得讨论。

席104：《古今图书集成》引《广东通志》"洪武八年冬十月，有星孛于南斗"。席109：《明会要》"永乐十三年八月，有星孛于南斗"。这两条《明实录》《明史》都未载，《总集》《总表》也都未收入。前文已指出，《总表》中各种文献、各种不同年月的"星孛于南斗"为数不少，可疑。

席110：《明实录》宣德五年八月甲申（十六）"客星见南河东北尺余，色青黑"。庚寅（廿二）"夜，客星见南河旁，如弹丸大，色青黑，凡二十有六日灭"。6天里，从"南河东北尺余"到"南河旁"，似乎说明它移动了。

席105是流星，席107乃108之误，已被席表指出错误予以否定。

在《明实录》所记客星中，还有一些席表未收但值得讨论的内容。

宣德八年闰八月戊午（初八）"昏刻，景星见西北方天门，三星大如碗，色青赤黄，明朗清润，良久又聚成半月形"。而天文计算显示，当天（1433.09.21）日落后，天门（大角星）确实在西北方低空。丁丑（廿七）"昏刻，归邪星见东南方，色黄赤"。《明史·天文志》所记大致相同。景星与归邪在《史记·天官书》的注释中就有定义，但《晋书·天文志》的表述比较清楚：瑞星"一曰景星，如半月，生于晦朔，助月为明。或曰，星大而中空。或曰，有三星，在赤方气，与青方气相连，黄星在赤方气中，亦名德星"。云气"二曰归邪。如星非星，如云非云。或曰，星有两赤彗向上，有盖，下连星"。尽管历代天文志和各种天文星占书籍均沿袭此说，但自汉以降的天象记录仅有《宋史·天文志九》记"开宝四年八月癸卯景星见"一例以及几次模糊的传说。由此可以想见，明代宣德八年闰八月的这两起天象，的确与占书中的描述相似。赵复垣等认为，"赤方气""景星"应是超新星现象[①]，不过笔者以为，景星、归邪更像是流星尾迹。

万历三十年九月己未（1602.10.12）"是日戌时，一星起自东南，色血红，大如碗，忽化为五攒聚，各大如前，中一星最明，俄为云掩，至子会为一，丑复分为五，久之又会为一，大如籚，倾复如初出，渐没"。这样奇怪的天象，确实令人疑惑。

天启元年四月甲戌"傍晚，赤星见于东方，连日久矣，钦天监不以闻，御史徐扬先陈事时及之"。天文计算显示，当天（1621.05.23）以及前后一段时间，日落后火星出现在东南方，接近冲日。亮度-1.7 等，接近极大。显然徐扬先所见乃是火星。明末，因为改历的事，钦天监成为众矢之的，屡遭贬损。这位御史的乌龙不知下文如何。

天启二年五月庚申（廿五），"山东兖州府巳时见天上月明当午，有一星随月西转"。当天（1622.07.02）巳初，月亮在正南偏西，金星在正南（亮度-4.4等），若天气好，肉眼皆可见，并见其相随西转。该报告出自不懂天文的地方官员，不难理解。

古代天象记录的描述往往简略且模糊不清，古新星记录对于天体物理研究又有特别重大的意义，因此学者往往本着"宁滥勿缺"的原则，在古籍中发掘线索，以备应用。

6.5 小　结

（1）彗星出没无常，形状庞大怪异，行迹快速变化，是古代最受重视的天象之一。作为严重的恶兆，历代皆有大量记录（表 6-1）。在天文占书中，彗星的名目繁多，但在天象记录中集中为彗星（有尾巴）、客星（泛指）、星孛（没

---

① 赵复垣，蒋世仰."赤方气"：古代超新星的光环？科学通报，2005，50（8）：737-739.

尾巴）、长星（细长尾）以及蚩尤旗（尾巴宽而弯曲）等。由于古代记录过于简略，常常与新星、超新星难以区分，甚至与流星混淆，故在我们的统计中，将客星、彗星以及偶见的类似天象归为一类。

（2）《明实录》中的彗星记录最为详细。一颗彗星往往有多个日期的记录，包括彗星所在位置、彗尾扫过的星宿、彗星亮度、彗尾形状和长度。根据这些详细记录，可以还原该彗星的轨迹（图6-3），计算出它的轨道要素，判断其是否回归、回归周期又是多久。《明实录》有彗星客星记录230条，大致属于68颗星。从成书过程和具体内容来看，《国榷》《明实录·天文志》《续文献通考》《明会要》《续通志》等书籍的记录，基本上简化自《明实录》，难有独立的信息。

（3）明中期以后，地方志和文人笔记小说盛行，其中有大量的彗星记录。这些记录可以归为两类：一类是在地方志编纂时抄自朝廷记录或抄自同地区的其他地方志，除了在转抄、简化过程中徒增错误外，只能表达社会对彗星天象的关心程度；另一类是实际所见，或当时有所记载，或全凭记忆，在成书时记入其中。这类记录具有史料价值，往往生动详细，可与《明实录》记载在事件和细节上互补互证，但其中年月错误十分常见。据《总表》，明代彗星的地方志记录1487条，与《明实录》年月不矛盾的只有740条。地方志记录主要出现在明后期，并集中于几次彗星事件。例如，万历五年彗星，156种著作中有记载；万历四十六年彗星，214种著作有载。

（4）彗星的出现不能计算，无法用天文计算方法来检验历史记录的真假，查证有无漏记。因此我们列出国外在这一时期的彗星记录，作为独立来源互相比较验证。朝鲜记录来自《增补文献备考》，共97条记录，出自52颗彗星，其中与《明实录》年月相合的32颗。日本记录来自《日本天文史料》，共102条，45颗，其中与《明实录》相合的26颗。欧洲记录来自Hasegawa的论文 Catalogue of Ancient and Naked-Eye Comets，共121颗，其中与《明实录》相合的36颗。这些各自独立来源的记载，互相符合的程度并不很高（图6-4）。

（5）表6-3以《明实录》为基础给出明代彗星客星记录。表中给出70颗彗星客星，每颗星给出《明实录》中每次记录的日期、记录次数，在地方志中相合记录的条数，在朝鲜、日本、欧洲的相合记录。通过对比国外记录，在《明实录》以外找到 2 颗较可靠的彗星。从表 6-3 中看到,明前期(弘治以前)《明实录》中单颗彗星的记录次数多(实际内容也多),8 条以上的 7 颗,最多达 12 条。后期(正德以后)则比较简略。而地方志记录则呈现前期很少、后期很多的状态。

(6)新星、超新星的历史记录,是天体物理学界最为关心的古代记录,前人多有总结。席泽宗举出明代中国记录 13 项。其中隆庆六年和万历三十二年的记录同时有欧洲的详细观测,是公认的超新星爆发。永乐六年、宣德五年的记录近似新星。另外几条记录过于简单,难以定论。此外,《明实录》宣德八年的景星、万历三十年的奇异天象值得探讨,而天启元年、二年的两次异星记录其实只是大行星。

第7章 明代流星记录

7.1 流星及前代记录

在太阳系里，除了太阳、八大行星、小行星和彗星外，还散布着各种尘粒和小物体，称为流星体。流星体闯入地球大气，与大气摩擦生热而发光耗散，就产生流星。据研究，沙粒大小的流星体即可导致人眼可见的流星；更大的流星体则导致更加明亮的流星，坠落过程中有可能崩裂成几颗。质量几百克或更大的流星可以成为发出火光、沙沙声或雷声的"火流星"。由于速度和物质成分的不同，明亮流星会呈现黄、白、红、绿等不同的颜色。

最明亮的流星甚至在白天就可以看到。例如，2013年2月15日上午，俄罗斯车里雅宾斯克州降落流星，巨大的烟迹冲过天空，声如雷震，大量房屋的玻璃崩炸，上千人受伤，但最后并没有找到降落物。

大流星消失后，在它穿过的路径上，会留下云雾状的长带，称为"流星余迹"，有些流星余迹消失得很快，有的则可存在几秒钟到几分钟，甚至长达几小时。在大气气流的作用下，流星余迹会呈现复杂的形状。

使用流星雷达等仪器可以不分昼夜地对流星进行观测，并测到更加微小的流星。研究显示，流星大多数在110—130千米的高空开始发光，因此相距不远的两地可以看到同一颗流星，而相距几百千米之外的地方，看到的流星是不同的。流星出现的多少，有着周年、周日的规律：下半年比上半年多，凌晨比傍晚多。这是因为流星相对于地面观察者的速度是由流星体的速度与地球公转自转运动的速度合成的，迎面而来的流星较多而背后追来的较少。

落入地球大气的流星，估计每天达几百吨，但其中大多数是微小流星体，在大气中全部销毁。大的流星体在流星阶段没有完全销毁，坠落地面，则形成陨石。1976年3月8日下午，随着一阵震耳欲聋的轰鸣，大量陨石降至吉林市区北郊及周边永吉、蛟河县几百平方千米的区域。事后共收集到较大的陨石138块，总重2616千克。其中最大的一块重1770千克，冲击地面造成蘑菇云状烟尘，并且砸穿冻土层，形成一个深 6.5 米、直径 2 米的坑。陨石大致可分为石陨石和铁陨石，它们在大气中飞行时表面烧蚀而生成深褐色或黑色熔壳，有别于地球岩石。

流星常常是单个、零星地出现，彼此无关，出现的时间和方位也不一定，称为"偶发流星"。流星雨则具有数量巨大、日期固定、辐射点集中的特征。流星雨不仅可被看到的流星多，而且它们似乎都从星空中的同一点向四面射出。这一点被称为辐射点，人们以辐射点所在星座来为流星雨命名。同一流星雨总是在每年的同一日期到来，如 8 月 10 日前后的英仙座流星雨、11 月 14 日前后的狮子座流星雨。流星雨与某些周期彗星或小行星有关。彗星是比较松散的物质，内部喷发或受到大行星引力或其他因素的干扰会有崩散。崩散的大小颗粒仍在彗星轨道上运行，并逐渐散开。如果该彗星的轨道恰好与地球公转轨道相交，地球每年同一日期来到该彗星轨道处，在同样的方向（辐射点）遇到这群碎片，就形成流星雨。这些成群的碎片，就称为流星群。

每个流星雨的持续时间不同，有的集中在一两天，有的拖到半个月。同一流星雨，每年的数量也不同，而是与相关彗星呈现同样的周期。

中国历代对流星都有记录。由于流星夜夜都有，司天官员的观测又是全方位、全天候的，所以看到的流星一定数不胜数，能够记录流传下来的，应当只是那些明亮的流星。正如《明史·天文志三》所记："灵台候簿飞流之记，无夜无有，其小而寻常者无关休咎，择其异常者书之。"这是《明史》摘录《明实录》的原则，其实也是《明实录》摘录原始资料的原则。

《史记·天官书》有对流星的描述："天狗，状如大奔星。""枉矢，类大流星。""星坠至地，则石也。"《开元占经》卷 71 引各种古籍对流星的分类命名更是多不胜数。不过，在天象记录中，除枉矢、天狗的名称偶尔用到外，一般都称流星，或径称有星，从具体描述中不难判断为流星。

在比较可靠的史籍中，最早的流星雨记录当属《春秋·鲁庄公七年》："夏四月辛卯夜，恒星不见，夜中星陨如雨。"流星见于《史记·天官书》："项羽救钜鹿，枉矢西流。"陨石见于《春秋·僖公十六年》正月戊申朔"陨石于宋，五"，《史记·六国年表》秦献公十七年"栎阳雨金"。

流星的系统记录始自《汉书·天文志》。此后历代天文志都有汇集。流星记录通常比较详细，记有出没的星官、大小、长度、颜色、声响，甚至余迹的变化。

> （元平元年）三月丙戌，流星出翼、轸东北，干太微，入紫宫。始出小，
> 且入大，有光。入有顷，声如雷，三鸣止。
>
> ……
>
> 孝成建始元年九月戊子，有流星出文昌，色白，光烛地，长可四丈，
> 大一围，动摇如龙蛇形。有顷，长可五六丈，大四围所，诎折委曲，贯紫
> 宫西，在斗西北子亥间。后诎如环，北方不合，留一刻所。

《汉书·五行志》有：

> 成帝永始二年二月癸未，夜过中，星陨如雨，长一二丈，绎绎未至地
> 灭，至鸡鸣止。

历代各种天象记录基本上都存于天文志中，唯独陨石多记载于五行志。

庄天山从历代天文志和地方志搜集到流星雨记录 147 次（其中明代 33
次），并讨论了它们所属的流星群[①]。

表 7-1 给出笔者对历代天文志记载流陨和流星雨数量的统计，文献参见表
5-1 所引。对比《明实录》和《明史》，后者只摘录了前者流星记录的很少一部
分，却采用了全部 6 条流星雨记录。

表 7-1　历代流星记录

天象 ＼ 记录来源	西汉	东汉	魏晋	南朝	北朝	隋唐五代	宋	金	元	《明史》	《明实录》
流陨	22	43	42	65	78	127	1447	15	34	72	2242
流星雨	2	2	3	6	7	22	6	0	0	6	6

7.2　《明实录》流星记录

7.2.1　《明实录》流星记录统计

与其他天象类型一样，《明实录》也是明代流星记录的主要来源。表 7-2 中，
流陨记录 2248 条（包括下文分别讨论的流星雨和陨石），占《明实录》天象记

[①] 庄天山. 中国古代流星雨记录. 天文学报, 1966, 14（1）: 37-58.

录的 34%，是数量最多的类型。再加上每条流星记录字数远比其他记录多，《明实录》流星记录占据了天象记录的大半篇幅。

　　明代前期的流星记录都出自钦天监。至成化十二年，始有地方报告加入《明实录》："十一月乙丑，延绥波罗堡有星二，形如辘轴，一坠樊家沟，一坠本堡仓，红光烛天。"此后地方报告逐渐增多，加之嘉靖以后钦天监天象记录很少，地方流星报告便成了主流。表 7-2 给出明代流星记录统计。表中第 2 行列出《明实录》各朝（年号）的流星记录数，第 3 行给出各朝年平均数。第 4 行给出《明实录》中地方报告的数量。第 5、6 行是《总集》中地方流星记录及其年均值。

表 7-2　《明实录》流星记录统计（条）

文献	洪武	建文	永乐	洪熙	宣德	正统	景泰	天顺	成化	弘治	正德	嘉靖	隆庆	万历	天启	崇祯	总计
《明实录》总计	194	45	396	98	516	173	118	156	164	107	166	21	6	76	8	4	2248
年平均	6.3	11.2	18.0	98.0	51.6	12.4	16.9	19.5	7.1	6.3	10.4	0.5	1.0	1.6	1.3	0.2	8.1
《明实录》地方	0	0	0	0	0	0	0	0	10	51	65	13	4	40	2	1	186
《总集》地方	4	1	1	0	1	1	3	0	12	17	43	112	9	102	30	70	406
年平均	0.1	0.2	0.0	0.0	0.1	0.1	0.4	0.0	0.5	0.9	2.7	2.5	1.5	2.2	5.0	4.1	1.5

　　图 7-1 给出《明实录》2248 条流星记录的每年分布。图中横坐标为公元纪年和相应的年号区间，纵坐标给出每年的流星记录数。从图 7-1 和表 7-2 中可以看出，与其他类型的天象记录一样，洪武至正德的明前中期流星记录数量很多，而嘉靖至崇祯的明后期数量很少。此外，前期的分布也不均匀。洪熙、宣德的 11 年间最多，达 614 条，平均每年 56 条。其中最多的洪熙元年多达 98 条。洪熙皇帝登基后的永乐二十二年十一月，流星记录竟达 18 条，创月记录之冠。建文 4 年中，前 3 年没有，建文四年 45 条，而且全部集中在永乐帝攻陷南京后的六月到十二月。正德十六年共 48 条流星记录，全部在嘉靖皇帝继位后的四月至十二月（此时嘉靖皇帝已继位，所以这些正德年号的天象记录记载在《嘉靖实录》中），对比嘉靖年间各种天象记录都极少，显得奇怪：既然《嘉靖实录》的编纂者不打算收录大量天象记录，为什么开头的几个月如此密集？

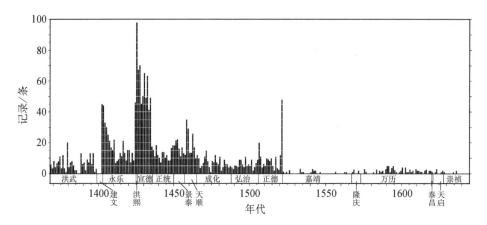

图 7-1 《明实录》流星记录的年代分布

7.2.2 《明实录》流星记录的基本格式

《明实录》流星记录具有相当固定的基本格式和内容，例如：

> 正统十三年六月己卯夜，有流星大如碗，色赤，光明烛地，出室宿，西南行至羽林军。

7.2.2.1 时间

《明实录》天象记录除日期外，通常都有"夜""晓刻""昏刻""初昏""昧爽"等大致指示时间的词语。偶尔也有用五鼓制度表示的时刻，大多用于流星。例如，"洪武三年五月辛亥，夜三鼓，有星大如杯，赤黄色，尾迹有光，起文昌，东行至天船没"。五鼓时间的记录集中出现在洪武前期（大约 30 条）、宣德（45 条）、正统（19 条）、天顺（43 条），其他时期很少见。

白天出现的流星，往往用"时""刻"来表达时间。例如，"嘉靖二十五年八月戊戌午时，南方流星大如碗，赤色，光如斗大，起自中天，西南行至近浊"。"宣德四年正月丙寅巳刻，有流星大如杯，色赤，有尾，从东南起，经中天，往西北方没。"

7.2.2.2 亮度

中国古代没有表达天体亮度的制度。恒星有少数"大星""小星"的描述，流星的亮度则以日用器物大小来比附。在《明实录》流星记录中描述亮度，

"弹丸"用到 25 次、"鸡蛋" 733 次（永乐以前称"鸡子"，洪熙以后多用"鸡弹"）、"杯" 450 次、"盏" 590 次、"碗" 206 次、"斗" 59 次（多在地方报闻中用到）。地方的流星报告中所用器物更加丰富，如瓮、盘、箕、轮等，这可能是地方官员不像钦天监那样用语规范，也可能见到的流星确实巨大，以致需要上报朝廷。

　　王玉民用天象记录统计、天文计算、视觉光学、心理学等方法，对中国古代这种以器物大小、长度单位来表达角度、亮度的"取象比类"现象进行了全面的研究[①]。他认为，器物和亮度大致有如下关系：弹丸-1— -2 等、鸡蛋-3— -4 等、杯盏-5— -7 等、碗-7— -9 等、斗-8— -9 等、盘-9— -10 等、瓮-10— -12 等、箕-11— -13 等、轮-14— -15 等。除此之外，岁星（-2 等）、太白（-4 等）、满月（-13 等）有时也会被用来比喻流星亮度。

　　《明实录》流星记录中"光明烛地"的形容有 440 条，它在"杯""盏""碗"后面出现都很常见，出现的比例难分伯仲。看来"弹丸""鸡弹"确实表示较暗的流星，而"杯""盏""碗"的亮度没有大的区别。

7.2.2.3　颜色

　　大多数流星记录了颜色。这些颜色，不出青、白、赤、黄、黑五色和它们的组合。最多的是青白色 1132 条，其次赤色 733 条。青赤 50 条，仅见于明前期。此外还有黄赤（赤黄）31 条、黄白 14 条、赤白 7 条，以及偶见的黑赤、青色、青黑，其他的颜色很少见到。例如，"正德三年十一月己亥夜，东方流星起自井宿，东北行至轩辕，青白色，发光如蓝，尾迹烟散"。表 7-3 给出《明实录》流星记录颜色的时代分布。

表 7-3　《明实录》流星记录颜色的时代分布

时代 颜色	洪武—建文	永乐—洪熙	宣德	正统—景泰	天顺—成化	弘治—正德	嘉靖—崇祯	总计
青白	96	314	249	156	182	118	17	1132
赤	73	140	241	114	103	43	19	733
青赤	27	13	9	1	0	0	0	50
其他	43	27	17	20	35	112	79	333
总计	239	494	516	291	320	273	115	2248

---

① 王玉民. 以尺量天——中国古代目视尺度天象记录的量化与归算. 济南：山东教育出版社，2008.

7.2.2.4 出没位置

几乎每条流星都记录出没位置，这是用星官名称来表达的。例如，"宣德四年二月庚辰夜，有流星大如鸡弹，色青白，尾迹有光，出轸，南行入库楼"。

中国古代恒星体系分为 283 个星官。天文志、天文专著的星占部分（如《史记·天官书》《晋书·天文上》《宋史·天文一》《开元占经》《灵台秘苑》），系统地分区介绍其星官名称、所含星数、相互位置、所主事务和吉凶占辞。除此之外，星名还大量出现在天象记录中，为特殊天象提供位置指示。月五星凌犯记录涉及的星官集中在黄道带，再加之星占局限，涉及的星名比较少。而彗客、流星记录（尤其是流星数量巨大）用到的星名就十分广泛。这对于古代星名的研究很有意义（参见本书 9.2.4）。

除了星官，"近浊没""没于游气""没于云中"也很常见。例如，洪武十二年甲午夜，"有星青白色，起自外屏，东北行至近浊没"。"浊"指接近地平线，令星光减弱的浓密大气。

在出没位置之间，通常有方向的描述，如"西南行""南行"。由于一夜之间，星官之间、星官与地平线之间的方向会有明显变化，这种方向描述为估计流星出现时刻、运行方向提供了有用的信息。

7.2.3 《明实录》流星记录常见的特别类型

除以上"基本格式"外，《明实录》流星记录还会有一些常见的特别类型。

7.2.3.1 流星分裂

流星体进入地球大气层后，摩擦燃烧发生崩裂，就会形成若干小星追随大星的情景。例如，"永乐十一年八月甲寅夜，有星如盏，青白色，光烛地，出西北云中，西北行至云中，后一小星随之"。

《明实录》记录中"二小星随之""三小星随之"直至十余小星，共计"小星随之"的记录 305 条。例如，"洪武十二年二月甲子夜，有星起自上台，青赤色而芒，五小星随之，西行至井宿没"。"景泰五年正月辛酉夜，有流星大如杯，色青白，行丈余，大如碗，光明烛地，出氐宿，南行至从官，十余小星从之。"

7.2.3.2　亮度变化

许多流星在降落过程中亮度和颜色会发生变化。例如，"洪武九年三月己卯（廿五）夜，有流星，初大如鸡子，青赤色，起自天枪，西南行丈余，忽大如杯，光明烛地，至角宿没"。"永乐五年二月辛卯夜，有星出天厨，大如弹丸，青白色，流五丈余，发光如鸡子大，东北行至近浊。""正统十一年九月癸巳夜，东方有星大如盏，色青白，有光，行一丈余，忽大如碗，光明照地，东行至轩辕没。""正德元年三月戊申，是夜，山西太原府有火光大如斗，坠宁化王府殿前，空中见红光，如弯弓，长六七尺，旋变黄，又变为白，渐长至二十余丈，光芒亘天，移时而灭。"其实，流星划过天空时，通常都会由暗变亮。只是一些明亮的火流星给人印象深刻。

7.2.3.3　炸散

许多流星最后会像礼花一样炸散。例如，"宣德元年二月癸酉（初九）夜，有流星大如杯，色青白有光，后有二小星随之，出织女，西行入贯索炸散"。"正统元年三月丙申夜，有流星大如杯，色青白，有光，出贯索，东南行至渐台，尾迹炸散。""弘治七年三月丙辰（廿七），山西解州空中有星大如杯，俄散而为五，各长数尺，焰腾似火，既而天明，有声如鼓。"显然，越近地面，大气越浓密，流星燃烧越剧烈，较大的流星应该都有这样分裂和炸散的过程。《明实录》所记流星中有 159 条 "炸散" 记录。

7.2.3.4　尾迹和余迹

流星划过天空时发出大量的光和热，会形成以流星轨迹为中心的柱状电离云，称为流星余迹。大流星形成的余迹有可能在几秒至几十分钟内看到。《明实录》流星记录中，601 条提到流星的 "尾迹"。例如，"景泰四年二月壬子夜，有流星大如鸡弹，色赤，尾迹有光，出帝座，东行至宗人星"。这些尾迹记录中，"尾迹有光" 430 条、"尾迹光烛地" 12 条、"尾迹炸散" 116 条、尾迹化为白云或渐散 37 条。

显然，其中一部分只是视觉暂留，但显然也有相当部分是肉眼可见、持续时间较长的流星余迹。例如，"正统四年七月辛未（廿五）夜，北方有星大如鸡弹，流二丈余，发光大如碗，有声，尾迹赤光烛地，出紫微垣右枢星旁，东南行至天囷，尾迹化为赤白云，徐徐南行，良久乃散"。"成化二十三年十月乙亥夜，西北流星大如盏，色青白，光烛地，自中天毕宿行，长丈余，发光如碗，东行至河北，尾迹化白云气，曲曲如蛇，行良久渐散。"

7.2.3.5 响声

火流星坠落时发出响声，其声"如雷""如鼓""如炮"。例如，"宣德元年十二月己巳（初十）夜，有流星大如碗，色赤，有光，出卷舌，东行过东井，坠地有声如雷"。"正德十二年三月庚寅（十五），山西平阳府西北起火一道，有声如鼓。""永乐二十二年五月己亥夜，有星如盏大，青白色，光烛地，起自东南云中，西北行至云中，有声如炮。"

通常，流星距离观察者几十千米，声响会有明显的滞后。但也有与流星同步的声音，如"万历十八年三月乙卯，代州夜初更坠一星，声如雨，光如烛，少顷，天鼓声如雷。庚申，山西代州诸处，夜戌时有火星自东南带火流于西北，其声如雨，其光烛地散坠，天鼓大鸣"。据研究，这可能是声电变换产生甚低频无线电波与观察者周边的物体共振而发声。此外，流星呈现的螺旋线形运动、颜色变化和分裂等现象，都可以得到科学的解释[①]。

7.2.3.6 白日流星

白天能够看到的流星，显然体量相当大。例如，"弘治元年八月戊申，是日巳刻，南方流星如盏，色青白，自南行丈余，发光如碗，西南至近浊，尾化白云气，曲曲如蛇形，良久散"。"成化二十一年正月甲申申刻，有火光自中天少西下坠，化白气，复曲折上腾，声如雷，逾时，西方复有流星大如碗，赤色，自中天西行近浊，尾迹化白气，曲曲如蛇形，良久，正西轰轰如雷震地，须臾止。"

除去"晓刻""晚刻""晨刻""昏刻"等不能确定是否为白天的记录，明显的白昼记录有 40 余条。

7.3 形形色色的地方性流星记录

由于流星是地方性的天象，各地不同，地方报告、地方志及笔记小说中的

---

① 吴光节. 张周生. 中国古代记录的特殊流星现象与现代印证. 天文学报，2003，44（2）：156-165.

流星记载（统称地方记录）尤其具有科学意义。流星是常见天象，星占意义也不像日食、彗星那样强，因此地方志也不太需要抄录朝廷的记录。它们被记录下来，往往只是因为流星特别大，引起当地的震惊。再加上流星记录通常较复杂，比较容易判断是否为抄录，因此地方性流星记录较之其他类型的地方天象记录，更有意义。

不同于钦天监专职天文学家的记录，《明实录》中的地方报告、地方志及笔记小说中的流星记录不像前者那样严谨、格式化，往往能找到语言更加丰富多彩、形象细腻的记载。当然，由于目睹、记录者非专业人士，流传过程更加随机，地方性流星记录的错误显然也更多。由于恒星和星占理论历来严禁民间研习，因此是否提及流星经过的星名（最常见的星名除外），也是辨别钦天监和民间记录的重要依据。

《总表》中的流星记录1512条，经过归纳同一地区的互相抄录、剔除错误，并补充《明实录》的记录以后，编入《总集》，共计2539条。经对比检查，《总集》没有丢失《总表》的有效信息。《总表》中明代流星记录大多数引自《明实录》和《国榷》对《明实录》的转引。剔除其中源自《明实录》的记录，相邻各县县志以相似文字、在同一日期的若干记载归为1条，我们得到明代地方性流星记录406条。其中包括地方志、笔记小说等来源，也包括《明史·天文志》《国榷》《续文献通考》中《明实录》未载的记录。流星雨记录不在其中，下文另行讨论。这些记录的统计，列于表7-2的第5行"《总集》地方"和第6行"年平均"中。

从表7-2可看到，自成化年间开始，地方性流星记录逐渐增多，到嘉靖时，其密度已经超过《明实录》的朝廷记录。尤其是明末的天启、崇祯年间，地方流星记录已经远远超过朝廷记录。从数量上来看，整个明代，朝廷（钦天监）和地方记录正好互补。朝廷记录自嘉靖以后的突然缩减，显然是《明实录》编纂者的兴趣变化所致；而成化以后地方记录的增多，则是与地方修志之风密切相关的。

其实，表7-2第4行的《明实录》地方报闻记录，从来源到内容、语言、时代分布，更近于本节讨论的地方志记录。地方官员汇报重大天象，大约是朝廷制度性的要求。《明实录》地方报闻和地方志记录最明显的不同，或许在于前者是及时报告，时间准确，而后者往往是多年后的回忆，容易记错时间。

从内容来看，地方记录显然不像钦天监那样准确、全面和格式化，所记现象也明显更多、更壮观、更罕见，有些现象甚至难以解释。下文展示十几例地方志明代流星记录。

嘉靖四年五月初七日，有星流于杭州。五更，有大星自东流西，曳尾数十丈，光明烛地乱落，有声如雷，闻数十里。——康熙浙江《钱塘县志》

嘉靖七年闰十月十四日五更，有星自天流触于地，嘎然有声，火光如昼。其形似龙，有头角屈伸。少顷，自地复起，结为大圈，阑参星于内。其旁小星皆陨，有光亦结小圈，至曙方灭。——康熙河南《扶沟县志》

嘉靖十八年七月十四日，流星如瓮，白色，少顷，大如屋，红若炬火，尾有芒角，没于西方，炸，有声大鸣。——康熙湖北《重阳县志》

嘉靖三十一年五月五日五鼓，忽有星赤色，尾长拖青，从西方飞过平阳岭门前山，坠海中，有声如铳炮，其光烛天。——万历浙江《平阳县志》

嘉靖三十四年春，流星如瓜，嘎嘎然从东南飞坠西北，长焰竟天。——崇祯福建《福安县志》

万历十九年三月二十七日，裕州，未时，有星自乾流入巽方，白气如练经天，移晷不散，天鼓鸣。——顺治河南《南阳府志》

万历三十七年二月十日，夜落一星，大如斗，自东南流入西北。其光照夜，通明如昼，天鼓大鸣。——万历山西《太原府志》

万历四十六年八月初九寅时，有星陨于东南，光如火炬。斜飞慢行入浊。有尾迹，白如匹练，声响，逾刻方止。——万历《四川总志》

天启二年十一月，彗见。有大星如斗，尾带数十星，状如连珠。从东北飞至西南而没。时已黄昏，光明照耀，树木房舍皆可辨。——雍正广西《合浦县志》等

天启四年二月癸巳日没后，有星大如碗，色赤，从西至东，化为二星。一大一小，一赤一白，相去尺余，尾光耀地。复从东流至翼轸而没。——崇祯上海《松江府志》

天启乙丑（五年）六月八日，夜，广州见大星如球，光长数丈，自东流入于南。响震一声，散作十余道，照耀如日光。枥马鸡犬皆惊，须臾乃灭。——康熙广东《新会县志》

天启六年八月二十日戌时，有流星如虹，光芒亘天，照墙壁红如血色。

起东南，飞入西北，落时隐隐有声如雷。——康熙福建《延平县志》

崇祯四年十一月冬至夜五鼓，天震一声如炮，火光进裂，落华亭县。如弓曲状，移时方没。——乾隆《甘肃通志》

崇祯七年夏，昏，有奔星出参三伐，轰轰有声。星尾红光如缕，直垂至地始断，冉冉而上，良久方灭。——顺治山西《汾阳县志》

崇祯八年七月初九日甫昏，天狗星自西南迤逦东北下，光煜然如灯烛，长空皆赤色。及其将没，有痕如长绳竟天。——乾隆江苏《丰县志》

崇祯十年六月二十日戌时四刻，有流星形如巨碗，赤焰竟天，光芒辉煌。起自正北偏西，紫微垣墙之内，流于西南虚危二宿之中，坠于败臼星之下而灭。所经之处结成赤迹，须臾变成白色，约四刻方没。——顺治河南《郾城县志》

崇祯十四年七月初一日申刻，有大星赤如火炬，由东南而坠于东北。声如雷，光如日。——康熙湖南《耒阳县志》

崇祯十六年七月初三夜，有火块大如车轮，自东角屋上流入西门，余光如线，长数丈，经时方灭。——康熙浙江《天台县志》

7.4 明代流星雨记录

当代最明显的流星雨大致有十几个，每年在固定日期出现。据《中国大百科全书·天文学》，最明显的流星雨有：4月22日天琴座、5月5日宝瓶座 η、7月31日宝瓶座 δ、8月12日英仙座、10月21猎户座、11月8日金牛座、11月17日狮子座、12月14日双子座。

由于流星体在轨道上分布不均匀，每年出现的峰值日期和延续日期不是很确定，各种文献给出的日期略有差异。细究起来流星群数量更多达几百。但每个流星雨的流星数量又随着其母体彗星有着几十年的周期性和不确定性，因而大规模的流星雨其实并不常见。

在几百几千年尺度上，我们常用的儒略-格里历系统并不能准确表达流星雨的周年特征，因此研究者引入"相当于1900春分点日期"（与历日有若干日的差距），以便历史记录的归纳与表达。本节所用公历后面加注这种日期，用斜线分隔日期。具体说明见7.5节。

《明实录》记载了 7 次流星雨：

正统元年八月乙酉（廿二，1436.10.02，10/17）昏刻至晓，大小流星一百余。

正统四年八月癸卯（廿八，1439.10.05，10/20）自夜达旦，有流星大小二百六十余。

景泰二年六月丙申（廿九，1451.07.27，8/11）夜大小流星凡八十有五。

弘治十一年十月壬申（初十，1498.10.24，11/8）晓刻，东方流星大如碗，色赤，起东北行丈余，发光如斗，烛地，东南行，小星数十随之。

嘉靖十二年十月丙子（初七，1533.10.24，11/8）是夜流星如盏大，赤色，光明照地，起自中台，东北行至近浊，尾迹化为白气而散。四更至五更，四方大小流星纵横交行，不计其数，至晓乃息。

万历三十年九月辛巳（廿三，1602.11.06，11/9），是日五更，东方流星如鸡弹大，青白色，尾迹有光，起自下台星，至近浊。随时观见西南方流星如碗大，青白色，尾迹光明照地，起自参宿，行入天苑星，后有二小星随之。又有大小星数百，四面交错而行。

天启二年九月甲寅（廿一，1622.10.25，10/29），陕西固原州星陨如雨。

对比日期可见，正统元年、四年的记录是猎户座流星雨；景泰二年的记录是英仙座流星雨。弘治十一年、嘉靖十二年、万历三十年记录这 3 次互相印证并且得到大量地方志记录支持的流星雨，在 Yeomans 和吴光节的工作中，都证认为狮子座流星雨[1][2]。狮子座流星雨辐射点在子夜以后从东方升起，这与诸多文献记载的"四鼓""五更""晓刻"一致（见下文）。天启二年的记录，因为是地方奏报，又缺少细节，故不好臆测。

《总集》的天象记录以日期为条目，即同一日期的，内容大致相同的多种文献的记载，归为 1 条。与上节流星记录一样，我们也剔除那些明显来自《明实录》的记录。表 7-4 给出《总集》中地方性流星雨记录的分布统计。表 7-4 第 2 行给出按条目的统计；第 3 行给出按文献的统计，即以每种文献的记载计数。

---

① Yeomans D K. Comet Tempel-Tuttle and the Leonid Meteors. *Icarus*. 1981，47（3）：492-499.
② 吴光节. Tempel-Tuttle 彗星与近年的狮子座流星雨. 天文学报. 2001，42（2）：125-133.

表 7-4　《总集》明代地方性流星雨记录统计（单位：条）

年代	天顺	成化	弘治	正德	嘉靖 1—22	嘉靖 23—45	隆庆	万历 1—22	万历 23—48	天启	崇祯	总计
条目	1	0	1	1	41	17	0	5	6	4	10	86
文献	1	0	1	4	179	33	0	9	10	8	10	255

　　与偶发流星不同，流星雨是各地都能在同一夜看到的现象（尽管看到的不是同一颗流星）。因此，流星雨记录的互相印证就很重要，尤其是不同省份、不同措辞的记录。与地方性日食记录类似，许多同省的地方志流星雨记录日期、措辞相同，很可能是互相传抄。

　　《明实录》所记 7 条流星雨中，只有嘉靖十二年和万历三十年两条得到地方记录的印证。

　　嘉靖十二年十月的流星雨，记在十二年十月初六至初十的有 35 种地方文献，记在十二年十月或十月其他日期的有 59 种，记在十二年秋冬的有 23 种，记在嘉靖十一年或十二年十月、十一月的有 34 种。共 151 种文献记载或疑似记载了这次流星雨。这些记录出自以下省的地方志：山西 34 种、山东 20 种、河北 28 种、江苏 7 种、河南 11 种、陕西 1 种、湖北 1 种、安徽 8 种、浙江 7 种、江西 13 种、甘肃 3 种、广东 6 种、福建 6 种，另外，笔记小说 6 种。其中一些为较详细的记录，如：

　　　　嘉靖十二年十月乙亥（初六）初昏时，恒星不见。抵夜，星陨如雨，经行失次，南北交流。——顺治山西《高平县志》

　　　　嘉靖十二年十月初七夜，星陨有光，天为赤色，散落四方，如掷砖石，至晓未已。——嘉靖山西《曲沃县志》等

　　　　嘉靖十二年十月八日夜四鼓，万星纵横流飞，俄陨如雨，至天曙方已。——《吾学编余》

　　　　嘉靖十二年十月八日四更，星斗唧唧有声，俄陨如雨。——康熙浙江《嘉兴府志》

　　　　嘉靖十二年十月，太原、榆次、太谷、祁县、阳曲、盂县、清源、寿阳、崞县、临汾、洪洞、霍州、长治、襄垣，星陨如雨，光若火，天尽赤。——雍正《山西通志》

　　万历三十年九月的流星雨，只有 5 条地方志记录与之大致对应，其中 3 条明显摘自《明实录》。另外 2 条如下：

> 万历三十年九月二十四日，颖州见流星盘曲如龙，向西南落，小星万余随之。——康熙安徽《凤阳府志》
>
> 万历三十年九月，星陨如雨。——顺治广东《潮州府志》

排除那些同一地区、措辞相同因而很可能是互相抄录的记载，地方志足以互相印证的流星雨记录很少。

嘉靖四十五年，《新知录》记："十月十三夜，星陨如雨，有声。十四、十五皆然。"万历江西《永新县志》："十月，西北星陨如雨，其色青。"隆庆江苏《高邮州志》则记在闰十月："辛丑（十四）夜，流星如织。有流星二，大如月。"《罪惟录》记在十一月："望前三日，夜有大星下陨，群星随之，如雨有声，历三晚。"《二申野录》《留青日札》也在十一月："十五日四更，有一大星下陨，群星数百，如雨随之。"日期虽不完全一样，但很可能记录的是同一次连续三天的流星雨。十月十四日是公历 1566.10.26（1566/11/10），十一月十四日是公历 1566.12.24（1567/1/8）。十月与《明实录》弘治十一年、嘉靖十二年、万历三十年的记录日期一致（11/10），似乎比十一月（01/08）为佳。再加上《明实录》1498、1533、1602 年的记录，完全符合狮子座流星雨 34 年的周期。

万历浙江《秀水县志》记，万历六年正月初六日："夜，众星流至西方，中有一大星"。康熙浙江《嘉兴府志》："有星如日西移，众星随之。"万历福建《建宁府志》："夜有一大星出自西方，众星环于西。"道光福建《建阳县志》："夜，群星流于西，中一星大甚。"《明史·天文志三》《国榷》《续通志·灾祥》则记在正月戊辰（十六）："有大星如日出西方，众星皆西环。"与初六日所记措辞相似，可能是同一时间的记载。正月初六是公历 1578.02.12（1578/02/27），正月十六是公历 1578.2.22（1578/3/9）。

也有一些零星而缺少互证的记录比较详细有趣。例如：

> 嘉靖三十二年八月夜，有星大如斗，小星数万，随之自东而西。火光烛天，直行如矢。数日后复自西而东——康熙河南《柘城县志》等
>
> 万历庚戌（三十八年）七月初四，夜更余，苏城内外咸见有数大星经天。或从东亘西，或从南络北，光明如昼者移时，烂若火树银花，久之乃灭。乘凉人于光中无所不烛，细及豆花棚上络纬蟋蟀，皆能见之。不知是何祥也。——《狯园》

天启元年秋，星陨如雨。每夜三鼓后，满天星月皆疾行，闪烁不定者久之，如此凡数夜。——康熙山东《新城县志》等

崇祯十七年五月，星陨如雨，凡二十四日，夜中星斗交飞，或逆或顺，或有声而坠，或无声而隐。——康熙浙江《钱塘县志》

在日食、彗星客星的章节，我们都强调，地方性记录的错误率极高。文献形成时的记忆误差和文献流传时的笔误，都容易造成日期错误，本节地方性流星记录同样如此。

7.5 《明实录》流星记录的周年分析

每个流星群的轨道与地球公转轨道有一定的交点，因而相应的流星雨在每年的同一日期出现。在短时期（如百年）以内，历日大致与这一交点位置对应。但是在几百上千年之间，历日与这种交点并不直接对应。

直接反映这一交点位置的是太阳黄经。由于岁差引起的春分点（即黄经起算点）变化，我们需要参考的是相对于固定历元，而不是当日历元的太阳黄经。为便于与前人的工作比较，我们也采用 1900.0 历元的太阳黄经。为便于表达和比对，这种相对于 1900.0 历元的太阳黄经也可以历日的形式表达，称为"相当于 1900 春分点日期"。这样，古代流星雨记录就可以直接与现代日期比对了。

《明实录》流星记录数量巨大，因此可以探究其周年分布，看看它们与流星雨有无关系。我们以北京时间子夜为准（儒略日小数 0.17），计算每个流星记录所在日期的太阳黄经。剔除少数日期不明的记录，图 7-2 给出《明实录》2238 条流星记录日期的周年分布。图中横坐标是 1900.0 历元的太阳黄经及相应的月日，纵坐标是每个黄经度对应的流星记录数。

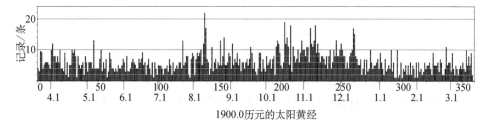

图 7-2 《明实录》流星记录日期的周年分布

由图中可见，以下几个时期流星数量较多：8 月 10 日左右与英仙座流星雨对应，10 月 16—21 日与猎户座流星雨对应，12 月 11 日左右与双子座流星雨对应。11 月 6—10 日与《明实录》弘治十一年、嘉靖十二年、万历三十年以及地方志所载嘉靖四十五年流星雨对应，与 11 月 17 日的狮子座流星雨比较接近。

Yeomans 根据 Tempel-Tuttle 彗星的轨道，计算出狮子座流星雨 902—1999 年一些峰值年份的峰值日期[①]。其中明朝的 4 次如表 7-5 所示。表中第 1 栏是 Yeomans 以儒略–格里历给出的理论日期，第 2 栏化为相对于 1900 春分点的日期。第 3 栏是《明实录》和地方志记载流星雨的原文日期，第 4、5 栏分别化为儒略–格里历和相对于 1900 春分点的日期。

表 7-5　明代狮子座流星雨的理论与实测日期

理论计算		明代观测记录		
儒略–格里历	1900.0 日期	中历	儒略–格里历	1900 日期
1498.10.25.0	11/09.0	弘治十一年十月壬申（初十）	1498.10.24	11/08
1533.10.24.6	11/08.6	嘉靖十二年十月丙子（初七）	1533.10.24	11/08
1566.10.24.4	11/10.4	嘉靖四十五年十月十四日	1566.10.26	11/10
1602.11.06.7	11/10.7	万历三十年九月辛巳（廿三）	1602.11.06	11/09

根据 Yeomans 的计算可知，狮子座流星雨的峰值日期之所以从明代的 11 月 8—10 日逐渐后移到现代的 11 月 17 日，是彗星轨道的变化所致。

古代流星雨的认证，一直以来都是以日期为根据，因为古人并未提到辐射点。幸而明代流星记录很多，我们可以以 11/06—11/10 的流星聚集期为例，做一个追溯辐射点的尝试，看看貌似偶发的流星，有多少属于狮子座流星群。

在《明实录》2238 条流星记录中，选取当天太阳黄经为 225°—229°（1900.0 历元）的记录，分别为 17 条、12 条、11 条、15 条、16 条，共计 71 条。根据记录逐条分析其流星路径，发现其中 30 条符合狮子座流星雨：27 条辐射点在 γ Leo 附近，3 条直接记录流星雨。其余 41 条记录，或明显不合，或描述不清。图 7-5 显示辐射点（图中◉表示）和这 27 条流星的轨迹。背景是 1533 年 10 月 24 日北京时间 5 时的北京地方恒星星象。图中外圆为地平线，大"＋"字线表示东南西北方向，大圆弧是黄道。狮子座流星雨的辐射点于 0 时以后从东方升起，因此部分流星的轨迹落在图西侧以外。需要说明的是，记录的流星始末位

---

① Yeomans D K. Comet Tempel-Tuttle and the Leonid Meteors. *Icarus*. 1981，47（3）：492-499.

置往往范围较大，图中轨迹其实是在可能范围内的理想状态。恒星按现代习惯连线，以便辨认星座。

　　以下是这 30 条记录，为节省篇幅，原文日期干支代之以数序，如永乐元年十月壬子（初八）简化为永乐 1–10–8。括号中的号码与图 7-3 对应。无日期者与前一条同日。

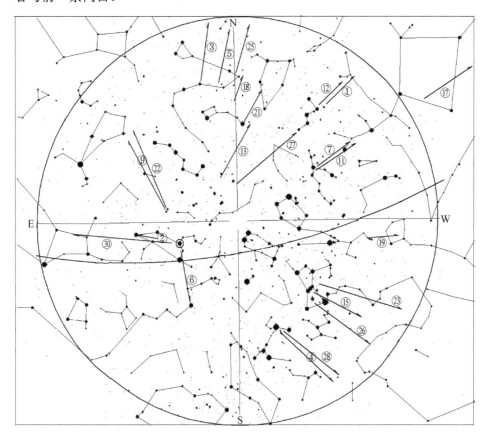

图 7-3　明代流星记录中的狮子座流星

　　日黄经 225°（相当于 1900 春分点的日期 11/06）：①永乐 1–10–8 夜有星如杯大，青白色，尾迹有光，出附路旁，西南行入游气。②复有星如鸡子大，青白色有光，出太微西垣，东行入五帝座。③永乐 19–9–27 夜有星如盏大，赤色光烛地，起自尚书，西北行至天津，尾迹后散。④宣德 2–10–4 夜有流星大如鸡弹，色青白，尾迹有光，出狼星旁，西南行至浊。⑤五鼓有流星大如鸡弹，色赤，尾迹有光，出紫微东蕃，西北行至浊。⑥又有流星大如杯，色青赤，有尾，光烛地，出轩辕，西南行入星宿。⑦宣德 8-9-11 昧爽有流星大如鸡弹，色青白，尾迹有光，出天船，西行至云中。⑧弘治 11-10-10 是日晓刻东方流星大如盏，色赤，起东北行丈余发光如斗光烛地，东南行，小星数十随之。⑨正德 14-10-2 东方流星如盏，赤色，光明照地，起自下台，东北行至招摇，尾迹化为白气，良久散。⑩嘉靖 12-10-7 四更至五更，四方大小流星纵横交行，不计其数，至晓乃息。

日黄经 226°（11/07）：⑪宣德 8-9-11 昧爽，有流星大如鸡弹，色青白，尾迹有光，出天船，西行至云中。⑫正统 12-9-16 夜五鼓，北方有星如盏大，青白色，尾迹有光，起自阁道旁，北行至游气。⑬天顺 5-9-21 夜，有流星大如杯，色青白，光烛地，起文昌，西北冲入勾陈，尾迹后散。

日黄经 227°（11/08）：⑭永乐 2-9-22 夜有星如碗大，赤色有尾光烛地，出羽林军西南行，二小星随之（图 7-3 外）。⑮天顺 3-10-1 夜南方有星大如盏，色赤，尾迹有光，起自参宿，西南行至云中没。

日黄经 228°（11/09）：⑯建文 4-9-30 复有星如盏大，青白色，有尾，光烛地，出外屏，西行至羽林军（图 7-3 外）。⑰永乐 11-10-2 夜，有星如碗大，赤色，有尾，光烛地，出壁宿，西北行至近浊。⑱宣德 2-10-7 夜，有流星大如杯，色赤，有光，起天柱，西北行至天厨。⑲宣德 7-10-3 夜，有流星大如杯，色青白，光烛地，起天廪，东南行至天囷炸散（田囷在天廪西南）。⑳正统 9-9-16 夜，有星大如杯，色青白，有光，出危宿，西行至游气（图 7-3 外）。㉑嘉靖 1-10-9 夜四更流星如盏大赤色尾迹有光，起自勾陈，西北行至紫微西蕃外，尾迹化为白气，曲如蛇形良久乃散（自勾陈西北行至东蕃）。㉒万历 30-9-23 是日五更，东方流星如鸡弹大，青白色尾迹有光，起自下台星，至近浊。㉓随时观见西南方流星如碗大，青白色，尾迹光明照地，起自参宿行入天苑星，后有二小星随之。㉔又有大小星数百，四面交错而行。

日黄经 229°（11/10）：㉕建文 4-10-1 其一如弹丸大，青白色，有尾，出天厨，东北行丈余，发光如鸡子大，至游气中。㉖永乐 1-10-12 夜有星如鸡子大，流三尺余，发光如盏大，青白色，光烛地，出参宿，西南行入天园。㉗永乐 18-9-21 其一赤色，尾迹有光，出内阶，西行入阁道。㉘宣德 5-10-11 夜有流星大如鸡弹，色赤，尾迹有光，出狼星旁，西南行至浊。㉙正德 6-10-7 夜流星光如盏，自天仓西南行至羽林军，尾迹炸散，后三小星随之（图 7-3 外）。㉚正德 12-10-13

夜东方流星如盏，色青白，起自轩辕，东行至近浊。

这些记录于 11/06—11/10 的流星，近半数辐射点在 γ Leo 附近，加之许多记录（包括地方性记录）在凌晨，也与狮子座流星雨相符。由以上分析可见，《明实录》弘治十一年、嘉靖十二年、万历三十年以及诸多地方志嘉靖四十五年的 4 次流星雨记录（尤其是嘉靖十二年的一次，得到大量地方志的印证），确实属于狮子座流星雨。其日期 11/08、11/09 与现代的 11/17 有比较大的差距。

7.6　明代陨石记录

未燃尽的大流星落到地面，就成为陨石。陨石分为 3 类：石陨石占 92%，铁陨石占 6%，石铁陨石占 2%。陨石表面有一层薄薄的黑色熔壳以及大小不一的熔蚀坑。此外还有一种很小的"玻璃陨石"。

《明实录》明确记载陨落物的陨石记录 22 条，始自成化。此外还有更多的记录提到陨星于某处，但没有记载具体的陨落物。陨石的记录如：

> 成化十四年六月辛亥，山西临晋县天鸣，陨石于县东南三十余里，有声，入地三尺，大如升，其色黑。

> 正德元年八月壬戌，山东鳌山大嵩二卫及即墨县各地震有声。夜，有火光落即墨民家，化为绿石，形圆，高尺余。

> 万历十八年四月丁丑，高邑县人杨大银耕地，忽闻天上如鼓响，白云一股自天坠地，似大风声，少时声息气散，地上有坑半尺余，坑内一石，高三寸、方三寸、三棱，乌黑色。

《明实录》中的陨石记录基本上来自地方官员报告，毕竟钦天监官员能够亲自看到流星并找到陨石的机会太少。因此，《明实录》的陨石记录具有地方性天象记录的一些特征，如比较详细生动、用语不规范确切。但它们是即时的报告并经过史官的记录流传，比起地方性记录更可靠些。《明实录》中的大多数陨石记录都能找到地方志对同一事件的记载，少数地方志记录更加详细。

如《明实录》："嘉靖十九年五月辛丑（初十），冀州枣强县午时天鼓鸣，夜，星陨为石，四。"嘉靖河北《冀州志》："嘉靖十九年，枣强县昼星陨。时东北天鸣如雷，一星陨于城东北，枣林村一，太湖村二，俱化石。"乾隆河北《枣强县志》："午时，太湖村忽闻天鼓，自东南连鸣三声，天晴而雷震。须臾明星陨，地裂深丈余。村人陈仲、崔洪、岳本、张雨等寻获星石四，呈县储库，巡按以闻。"尽管《枣强县志》的版本较晚，但保留了更多的信息。《明实录》记录中的"夜"字疑衍。

又如《明实录》："隆庆二年三月己未（初九），保定府新城县空中有声如雷，陨石二，色黑。"万历《留青日札》："隆庆二年三月，直隶新城县空中迅响三次，其声如雷。二圣庙前天鼓鸣三次，南面六十步，天下火光一块，陷地一尺。刨出黑石一块，如碗大。许家庄亦落一星，天鼓鸣三次，火光落地，陷一孔如拳大，出黑石一块，重二斤十四两。"

《总集》专题收集了各地的陨石记录，各种文献和不同日期的明代记录共232条，绝大多数在成化以后。由于陨石记录通常比较详细且有具体地点，不难将时间和措辞略有差异的记载归纳，共计98次陨石事件，见表7-6。

表 7-6 《总集》明代陨石记录统计

项目	洪武—天顺	成化	弘治	正德	嘉靖	隆庆	万历	泰昌—崇祯	总计
事件/次	6	10	6	7	17	4	34	14	98
文献/条	14	16	29	13	43	15	77	25	232

最早的明代陨石记录，见于康熙湖北《蒲圻县志》：

洪武二十六年六月十五日，县南团村天晴将午，空中声如轰雷，惊二三里。居民见田野中水沸腾，久之乃止。往视之，见一窍约四五尺，掘之，得一石。大如酒注，色青黑，状类狗头，盖星陨所化。

同时期的《武昌府志》也有记载，较简略。
最大的陨石重达千斤。据万历山西《太原府志》：

隆庆二年六月，静乐楼烦雁门村，昼则星落入地。掘出黑石，重千斤，奏闻。

康熙《山西通志》《二申野录》《广闻录》都有记载，崇祯《山西通志》记在隆庆七年，雍正《山西通志》则记在万历元年。

有的陨石到处散落，人皆拾之。嘉靖广东《德清州志》：

正德八年五月，日中雨石。其日突然天变，南方一条青烟之气自下腾空，震动有声，天略阴曀。顷间落石城之内外，大如拳，小如卵。其色赤而黑，人皆拾之。

《国榷》《二申野录》也有记载。

有的流星有硫磺气味。据嘉靖《山西通志》：

> 弘治十二年五月二十日，朔州城北马圈头，空中有声如雷，白气亘天，火光迸裂。落一石，大如小车轮，入地七尺余。随有碎石迸出二三十里外。色青黑，气如硫磺，质甚坚腻。

《朔州志》《孝宗实录》《明史·五行志》《国榷》均有详略不一的记载。

弘治三年陕西庆阳（今属甘肃）发生陨星大规模伤人事件：

> 二月，陕西庆阳县陨石如雨，大者四五斤，小者二三斤，击死人以万数，一城之人皆窜他所。——《奇闻类纪摘抄》引《寓圃杂记》
>
> 三月，陕西庆阳雨石无数，大者如鹅卵，小者如鸡头实。能作人言，说长道短，刺刺不休，奏词云云。——《广闻录·天文部》

记载这次事件的还有《野获编·禨祥》《国榷》《明史·五行志》《罪惟录·天文志》《治世余闻录》《古今谭概》《历代灾祥录》《二申野录》等文献，详略不一。

弘治十年河南修武县陨石也有多种文献的记录：

> 六年，有星陨于北耿村东岳庙西。陨时有黑气，声如雷。取视乃一黑石，状似犬首，微热者久之。布政司具奏，石储库。——乾隆河南《修武县志》
>
> 十年二月丙申，河南修武县有黑气坠地，化为石。声如雷，状类羊首。——《孝宗实录》
>
> 十一年六月，修武县东岳祠北又有黑气，声如雷，隐隐堕。村民李云往视之，得温黑石一枚，良久乃冷。——《二申野录》

相关记载还有《明史·五行志》《怀庆府志》《异林》，时间、措辞虽各有参差，但应是同一事件。由上述几例可以看出，地方志在传播过程中很容易发生错误。

屡有流星陨落引起火灾的记录（不在表 7-6 统计数内）。例如：

正德八年七月甲申，浙江龙泉县有赤弹二，自空中陨于县治，形如鹅卵，流入民居，跳跃如斗，良久方灭。后四日复陨火块二，所在火辄突起，延烧官民庐舍四千余家，死者二十人。——《武宗实录》

嘉靖十一年秋，有天火大如斗，坠于城南，燔民居与柴舟。大风吹舟带火过河，两岸燔数十百家。——康熙江苏《仪真县志》

万历二十二年十月己酉夜，渤海所一明星落南门楼上，陡火烧毁殆尽。——《神宗实录》

7.7 小 结

（1）《明实录》共记载明代流星记录 2248 条，是明代天象记录中数量最多的一类，更是占总篇幅的大半。明代前期和中期，流星记录密集，某些年月特别集中；嘉靖以后，记录很少（图 7-3）。成化以后，出现地方奏报的流星记录，弘治以后，地方奏报成了《明实录》流星记录的主流（表 7-2）。

（2）《明实录》流星记录比较详细，具有相当固定的基本格式和内容：日期和昏、晓、夜表达的时间，以器物大小比附的亮度，颜色和以星官、方向、天边浊气、云气表达的流星出没位置。此外还有一些常见的类型：流星分裂出若干小星，亮度的变化，最后像礼花一样炸散，流星尾迹和余迹及其变化，伴随流星的响声和白昼见到的巨大流星。

（3）《总集》搜集了明代各种来源的流星记录。除去其中《明实录》和明显源于《明实录》的记录，得到各地地方志和笔记小说记载的流星 406 条，基本上在成化之后（表 7-2）。这些地方性记录，尽管发生日期错误的可能性更大，但比起钦天监记录，内容更加丰富多彩。其中所记的流星事件的规模，也普遍大于钦天监之所见。

（4）《明实录》记载了 7 次流星雨，其中正统元年（1436）、四年（1439）应是猎户座流星雨，景泰二年（1451）应是英仙座流星雨。弘治十一年（1498）、嘉靖十二年（1533）、万历三十年（1602）这 3 次记录都在 11 月 8 日左右，互相印证，却没有很明确的现代对应。《总集》地方性流星雨记录 86 条，来自 255 个文献记载，对嘉靖十二年（1533）十月丙子的《明实录》记载有大量的支持（表 7-4）。此外，只有嘉靖四十五年（1566）、万历六年（1578）的记录比较集中。

（5）由《明实录》流星每条记录的日期计算出当天太阳黄经，统计出其周年分布（图 7-2）。可以看出数量突出的日期 08/10 左右与英仙座对应、10/16—21 与猎户座对应、12/11 左右与双子座流星雨对应。分析 71 条 11/06-10 的记录，其中 27 条与狮子座流星雨的辐射点一致（图 7-3）。可见日期在 11/08、09 的《明实录》所记之弘治十一年（1498）、嘉靖十二年（1533）、万历三十年（1602）以及诸多地方志所论之嘉靖四十五年（1566）流星雨，正是狮子座流星雨。日期之所以与现代有较大的差距，是由于彗星的轨道出现了变化。

（6）陨石记录全部来自《明实录》的地方奏报或地方性著作的记载。由于有地点和详情，出自不同文献，日期参差和详略不同的记录能够归纳和互证。《总集》中包括 232 条文献记载的 98 次事件（表 7-6）。对陨石下落情景和寻访过程、获得陨落物的大小、形状、质地的描述引人入胜。

第 8 章 明代其他天象记录

8.1 其他天象的类型及前代记录

在前面章节，我们讨论了明代的日食、月食、月五星位置、彗星、客星和流星记录。传统的中国古代天象记录还有一些其他的类型。

中国古代天象记录的文献形式可分三种，第一种"插入式"穿插在主体文本中，如《明实录》、历代史书纪传、笔记小说；第二种"编年式"集中而不分类，按时间顺序排列，如《宋书·天文志》《旧唐书·天文下·灾异编年》；第三种"分类式"，也是诸史天文志中最常见的方法。

天象记录的涵盖范围，历代各文献不尽相同但大体一致。分类则差异很大：最简单的如《元史·天文志》分两类：日薄食晕珥及日变、月五星凌犯及星变。最复杂的如《清史稿·天文志》，分为 43 类。

万斯同《明史·天文志》分为 22 类：天变、日食、日变、日辉气、月食、月变、月辉气、月犯五纬、月犯列舍、五纬犯列舍、五纬犯太阴、五纬相犯、五纬相合、五纬俱见、星昼见、老人星、瑞星、妖星、彗孛、星变、流星、云气。其中五纬犯列舍又将五个行星分列，星昼见又将金星、木星、火星和恒星分列。《明史·天文志》采用了《明实录》中所有天象类型，简化了措辞，大幅度减少了流星和云气记录。也就是说，《明史·天文志》替《明实录》分了类。除本书前文论述之外，还有天变、日变、日辉气、月变、月辉气、星昼见、老人星、星变、云气等类型。从现代科学的角度来看，这些记录包含太阳黑子、极光、行星昼见、老人星以及不属于天文学研究对象的各种大气现象，在本章作为"其他天象"加以论述。

表 8-1 给出其他天象的历代记录。这些记录可分为行星昼见、云气、老人星和剩余的数量较少或含义模糊的天象记录，姑称之为"余项"，包括太阳黑子、天鸣、恒星异常、晦朔见月等。表 8-1 参考文献见本书表 5-1 的说明。

表 8-1　其他天象的历代记录

天象	西汉	东汉	魏晋	北朝	南朝	隋唐五代	宋	金	元	《明实录》
行星昼见	0	31	60	34	59	59	203	165	239	323
云气	16	20	57	154	76	118	342	58	50	634
老人星	0	0	0	0	52	5	163	1	0	58
余项	4	2	25	14	8	12	40	12	10	186

图 8-1 给出其他天象在《明实录》中的每 10 年分布。图中横坐标下部为公元纪年，上部为明代年号。纵坐标为每 10 年的记录数。图分为 5 部分：云气-晕、金星昼见、木星昼见、老人星见和除此之外的剩余部分（余项）。具体说明见本章下文各节。

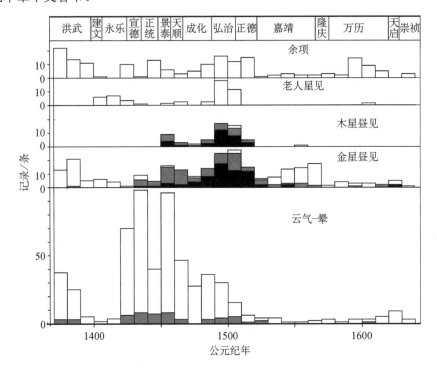

图 8-1　《明实录》其他天象的时代分布

明朝自永乐十九年（1421）从南京迁都北京，但在南京留有整套的官署，包括钦天监。《明实录》中也多次提到南京钦天监事务，如正统九年二月癸卯，"命钦天监监副高礼掌南京钦天监事"。景泰五年三月己未，"命修南京观星台紫微殿漏刻晷景二堂，以其年久损弊也"。天顺六年十月，"南京五官保章正时钟等三十三人坐失奏六月客星见，械赴锦衣卫狱，继而宥罪还职"。看来南京钦天监规模不小，日常天象观测如例。但是在《明实录》天象记录中，相关信息并不多。除"老人星见"全部报自南京外，只有金木昼见、大流星、云气之类天象有不多的南京报闻。日月食、月行星等可以计算的天象，除弘治十二年七月甲戌"南京见火星入月"外，全无南京的消息。按道理讲，南京所见日食和月食的时刻食分，应该是钦天监非常需要关心的事，但《明实录》中未见只字记载。

8.2 行星昼见

金星亮度通常在-4 等左右，最亮达-4.5 等，是全天除日月以外最亮的天体（偶然出现的超大流星、彗星、超新星除外）。在它与太阳视角距稍远时，总是最引人瞩目的星星。在日出后或日落前，只要空气质量特别好，几乎总是能"昼见"的。除了天气以外，事先知道其位置并注意察看，也是很重要的，我们称之为观察者的"专注程度"。所以说，太白能否"昼见"，实际上取决于天气状况和观察者的专注程度。此外，金星与太阳的角距足够远，以便摆脱阳光的干扰，是"星昼见"必要的天文条件。中国古代还有一种"太白经天"的记录。《史记·天官书》晋灼曰："太白昼见午上为经天。"指金星在经过子午线（正南）时被看到。由于金星平均大距（与太阳最远时）46°，所以太白经天必然是在中午前后，这对大气透明度的要求更高。木星最亮-2.7 等，仅次于金星。在晨昏天气特别好时，也可以昼见。

最早的可靠记录始于东汉，《后汉书·天文志中》载："永初二年正月戊子，太白昼见。"此后历代不绝。历代史书"帝纪"中，除比较完整的日食记录外，"星昼见"和彗星是比较多见的天象记录，可见其星占意义之重要。吕传益等对自汉至唐的 207 条"太白昼见"记录进行了统计分析①。

在行星昼见的记录中，往往有连续几天的记录，一般不超过 10 天，如"弘治十五年五月癸巳（廿二），金星见于辰位，自十九日至是日"。我们的统计计

---

① 吕传益，王广超，孙小淳. 汉唐之际的"太白昼见"记录. 自然科学史研究，2016，35（4）：395—416.

数规定，这种情况只记首尾两天。连续几天可见的记录，在明后期比较多见。考虑到金星昼见的气象和天文条件，连续几天可见应该是常态。只是在记载流传的某个环节省略了。《明实录》中唯一的例外是：

嘉靖十二年十一月甲寅（十六），金星昼见于未位。

嘉靖十三年闰二月庚申（廿三），金星昼见。自去岁十一月十六日至于是日，光耀与日争明。

在长达 127 天的时间里一直"昼见"，令人难以理解。晴天不太可能延续这么多天，更遑论空气透明度特别好的晴天！计算显示，嘉靖十二年十一月十六（1533.12.01），金星在太阳以东 31°，夕见西方。此后距离越来越远，直到东大距。然后逐渐靠近，十三年闰月庚申（1534.04.06），金星在太阳以东 43°。也就是说，这 127 天里，金星昼见的天文条件是一直满足的。合理的解释是，这段时间金星常常昼见。这样的记录除在《金史·天文志》中有若干外，很少见①。

《明实录》共记录金星昼见 261 条。很少有"经天"记录，带方位的记录却很多。例如，"天顺三年四月癸酉，金星昼见于巳位"。方位用地支表示，有辰位 27 条、巳位 47 条、午位 12 条（含 3 条经天）、未位 40 条、申位 33 条，共计 159 条。方位记录往往还带有时间，如"弘治元年五月庚午，是日卯刻，金星见于辰位"。这种时间-方位的记录共 70 条，包括卯时 14 条（含 1 条晓刻）、辰时 20 条、未时 2 条、申时 17 条、酉时 17 条。最长的一条记录是：

景泰二年五月壬子，金星辰时见巳位，巳时见午位，午时见未位。

一条记录有三组时间-方位。计算显示，当天（1451.06.13）北京地方真时 8 时、10 时、12 时的金星方位分别为 154°、215°、251°，大致不误。

金星昼见记录在洪武、景泰至嘉靖年间较多；方位记录集中于永乐至正德年间；时间-方位记录更是集中在弘治至正德年间。图 8-1 给出金星昼见记录的时代分布。图中灰色为有方位的记录，黑色为时间-方位的记录。

金星的亮度变化不大，除下合日的几天外，都在-3.8—4.5 等。昼见的位置条件只要求别离太阳太近。我们算出每次记录金星与太阳的角距（金星日距），在图 8-2 显示它们的分布。图中横坐标是金星日距，从 0°（上下合日）

① 刘次沅.《金史》《元史》天象记录的统计分析. 时间频率学报，2012，35（3）：184-192.

到 47°（大距），纵坐标是每个日距度数对应的记录数（直方图）。图中曲线显示理论计算的不同日距的金星昼见时间长度分布。可以看出，在一个 584 天的会合周期中，金星在距离太阳 45°左右停留时间最长。

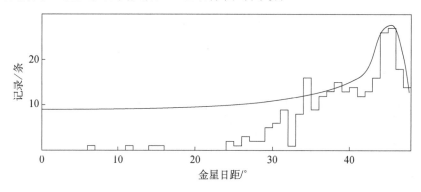

图 8-2　《明实录》金星昼见记录的日距分布

图 8-2 中可见，大多数金星昼见发生在金星离太阳较远时，这时太阳的光芒对金星的影响较小。在 30°以上，金星昼见的概率与理论分布基本一致。这说明，在 30°以内，太阳光芒对金星昼见有明显的抑制；而在此界限以上，金星并不因距离太阳更远而增加昼见的机会。

图 8-2 中可见有 1 条记录在 6°处：

成化十二年十月丙戌（十六），金星昼见于巳。

计算显示，当天（1476.11.02）金星距离太阳只有 6°，受太阳强光干扰。即使是最容易看到金星的日出时，它的地平高度也只有 2.4°，不可能看见。这条记录的日期显然有误。此外，万历 12-7-19 的 11°、建文 4-7-19 的 14°、正德 5-5-2 的 15°也比较可疑。

木星亮度变化在-1.8—-2.7 等，距离太阳越远，亮度越亮。历代也有不少"木星昼见"的记载。《明实录》"木星昼见"共 62 条，基本上在景泰至正德年间。其中有方位记录的 56 条：辰位 2 条、巳位 29 条、午位 10 条、未位 9 条、申位 6 条。时间-方位的记录 33 条。时间在卯时 24 条（包括晓刻 1）、辰时 6 条、酉时 3 条。最多见的是"卯时见于巳位"10 条，例如：

正德元年十一月乙酉（初十），是日卯刻，木星见巳位。

图 8-1 给出木星昼见记录的时代分布。图中灰色为有方位的记录，黑色为

时间–方位记录。计算显示，绝大多数记录日期的木星–太阳角距在 35°—120° 分布，亮度在 -1.8—-2.4 等。只有 2 条日距记录超过（1 条 135°，1 条 149°）。这是因为，日距太近，木星会被阳光淹没；日距太远，木星地平高度太低，掩于浊气。由于亮度较弱，木星昼见的气象条件要求比金星更高，因而记录多在卯时，此时太阳不太亮，空气也比较清新。

尽管木星昼见的天文条件很宽，但也能发现个别错误记录。例如，"弘治九年四月壬午，南京木星昼见于申位"。计算显示，当天（1496.05.17）木星在太阳以东 135°，木星在申位（方位 240°）的时间在半夜 2 时。显然日期或方位有误。

都城在北京期间的金星、木星昼见记录，各有一些来自南京，而且集中于弘治年间。其间 50 条金星昼见中，15 条是南京所见；35 条木星昼见中，11 条是南京所见。这是由于弘治年间钦天监汇报制度的特殊要求，还是编史时的特别体例，现已无考。

前文论及，金星木星昼见的天文条件非常宽泛（距离太阳稍远即可），能否昼见主要取决于大气透明度，类似当今关注的空气质量。因而昼见记录的周年分布，在某种程度上反映了当时的气候特征。图 8-3 给出《明实录》金木昼见记录的周年分布。将 321 条昼见记录分为南京（永乐十九年以前及此后注明南京的）、北京两组，南京 75 条（金 64、木 11）；北京 246 条（金 197、木 49）。每条记录的日期采用格里历，以便正确反映其周年特征。图 8-3 中横坐标是格里历的月份，纵坐标是记录的条数。北京的记录较多，每月分 3 组；南京记录较少，每月 1 组。

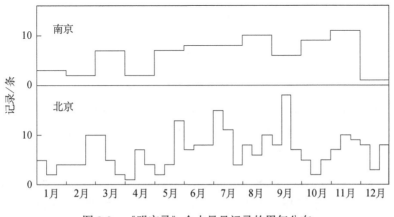

图 8-3　《明实录》金木昼见记录的周年分布

火星在一个会合周期中亮度变化很大：合日前后 1.7 等，冲日前后的逆行期间可达–2.0 等，约 16 年一次的大冲时可达–2.7 等。火星很亮的时间不长，且在冲日前后，这时火星与太阳位置相对，太阳在天空时，火星在地平线以下或虽在地平线以上但位置很低。因此尽管火星有时也很亮，但"昼见"的天文窗口期很短，火星昼见记录历代罕见。《明实录》中有 1 条"火星昼见"记录：

景泰三年八月甲子（初四），火星昼见于未位。

当天（1452.08.18）日出时，火星在西南方天空，方位 228°，当未、申之间。高度 45°，亮度–1.7 等。大约日出前，诸星已隐退时，火星见于未位，可称昼见。此外，万斯同《明史·天文志》和王鸿绪《明史稿·天文志》还有崇祯十年五月一条。计算显示此时火星恰逢合日，完全不可能昼见。此记录可能是《崇祯实录》十年五月二十九日记黄道周议论火星与日在鹑火相合一事的误传。

万斯同、王鸿绪和张廷玉三种《明史》的《天文志》以及《国榷》《续文献通考》都基本完整地保留了《明实录》中的行星昼见记录，只是内容有不同程度的简化。《罪惟录》《二申野录》《古今图书集成》也有少量记录。这些著作的行星昼见记录基本上都源自《明实录》。

8.3 老人星见

老人星，又称寿星，是中国古代唯一一类长期、常规记载的恒星现象，也是为数不多的祥瑞类天象。老人星是全天第二亮的恒星（星等–0.6），三千年来赤纬变化不大（南门二星则正好相反），因而位置和出没规律变化不大。在西安—洛阳—南京一线，它总是短时间出现于正南方地平线处，显得神秘。《晋书·天文志》记："常以秋分之旦见于丙，春分之夕而没于丁。"也就是说，老人星每年秋分前后黎明前始见于南偏东，此后出现时间逐渐提前，如冬至时半夜看到，到来年春分傍晚见于南偏西，此后没于阳光。

老人星在可见期（每年秋天至来年春天）时每天只有短时间可被看到。以南京为例，自南偏东升起，南偏西落下，中天时高度 5.6°。若以理想地平线为准，经历 5 小时。若以地平高度 3°为可见，经历 3.3 小时。当然，晨见或昏见时，可见时间更短。古代常在始见时（秋天晨见）和始没前（春天昏见）加以记录。

《明实录》记载"老人星见"或"寿星见"58 条，分布比较集中：永乐 17
条、宣德至天顺 8 条、弘治 33 条。图 8-1 给出老人星见记录的时代分布。永乐
年间的老人星记载，基本上是秋季初见；弘治年间的记载，多是春秋两季都有。
弘治时都城在北京，不可能见到老人星，故这些记录大多注明南京所见，如弘
治五年：

　　二月甲寅（十三）昏刻，南京见老人星，见丁位，色赤黄。

　　八月戊午（十八），是日晓刻，南京见老人星，见午位，色赤黄。

图 8-4 显示这些记录的周年分布，横坐标是日期，纵坐标每小条表示一条
记录。日期采用格里历（而不是通常的儒略–格里历），以便显示它们的周年规
律。秋季见 38 条，平均日期 9 月 22 日；春季见 20 条，平均日期 3 月 23 日。
图上可见，老人星记录的日期并不集中（用阴历表达的日期更加分散）。这说
明它们是实际观测的结果。是否晴天、空气透明度的好坏以及观测者的专注程
度，都会影响老人星的观测日期。相信老人星的观测在春秋时段是每天持续进
行的，最终上报的是当年的秋季初见日期和春季末见日期。

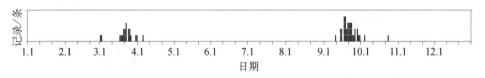

图 8-4　老人星记录的日期

万斯同《明史·天文志》和王鸿绪《明史稿·天文志》都有老人星分类，
内容与《明实录》完全一样。张廷玉《明史·天文志》没有老人星记录。《续文
献通考》将老人星归入"瑞星"类，其他文献如《古今图书集成》《罪惟录》也
有零星的记录，其内容皆不出《明实录》。

8.4　太阳黑子和极光

黑子是太阳表面常常出没的黑点，它由较淡的边框和较黑的核组成。它们
随着太阳的自转（周期 27 天）而在日面上移动，同时本身也不断产生、变化、
移动和消亡。它们呈现黑色，只是比日面其他部分温度稍低。黑子的多少，呈
现明显的 11 年周期。太阳黑子是太阳内部剧烈活动的反映，因而对太阳黑子

长期持续的观测，是研究太阳内部结构、活动规律的重要手段。而太阳活动的长期规律，就只能尝试通过古代记录来求索了。

图 8-5 显示太阳圆面及黑子。大的黑子肉眼就可以看到。当然，要在薄云蔽日但太阳圆面清晰的情况下，如初升或将落之时。早在殷商时期的甲骨卜辞中，可能就有太阳黑子的记载[①]。措辞明确、日期清楚的黑子记录首见于《汉书·五行志》：

> 河平元年三月乙未，日出黄，有黑气大如钱，居日中央。

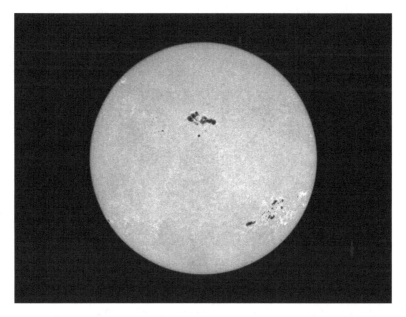

图 8-5 太阳圆面及黑子

元年三月无乙未，若改为三月己未，是公元前 28.05.10；改为二月乙未，则是公元前 28.04.16。此后历代不断有记录。由于古人对太阳黑子的本质缺乏认识，记录往往含糊不清。有"日中见昧""日中有黑气如飞鹊""黑气大如瓜""黑子""黑气分日""黑气大如鸡卵""日中见乌""日中见星"等描述。因此，判断古代黑子记录有一定的主观性。太阳黑子一般归类于"日变"。《总集》有"太阳黑子"一类，计有汉代 7 条、晋代 31 条、北朝 20 条、南朝 1 条、唐代 10 条、五代 1 条、宋代 42 条、辽代 1 条、金代 3 条、元代 2 条，共计 118 条。

---

① 徐振韬，蒋窈窕. 中国古代太阳黑子研究与现代应用. 南京：南京大学出版社，1990.

《明实录》有太阳黑子记录 25 条，全部集中在洪武二年至十五年。这些记录的用语一律称"黑子"。例如：

> 洪武二年十二月甲子（初三），日中有黑子。

有的记录连续多日。这符合黑子出现的规律，并对单个记录起到相互支撑的作用：

> 洪武三年正月丁酉（初七），朔日以来，日中有黑子。
>
> 洪武七年二月甲寅（十八），日中有黑子，自庚戌（十四）至于是日。

日中黑子也是不祥之兆。洪武三年十二月壬午，"上以正月至是月日中屡有黑子，诏廷臣言得失"。洪武四年九月戊寅（廿九），日中有黑子。《国榷》记载，皇帝给致仕在乡的刘伯温写信：

> 即今天象叠见。天鸣已八载，日中黑子见三年。今秋天鸣震动，日中黑子，或二或三，或一日更有之。更不知灾祸自何年月至。卿年高，静处万山中，必有真知。今遣刻期往卿闻讯。

《明实录》中太阳黑子记录如此集中于洪武年间，反映了太阳活动的实情还是当时史官的偏好，值得研究。

万斯同、王鸿绪、张廷玉的三种《明史》，都照录了《明实录》中的太阳黑子记录，归于"日变"类型。

《总集》没有直接引用《明实录》，而是引用《国榷》《明史》等书籍，其中 22 条与《明实录》相同，显然源自《明实录》。此外《总集》还有 44 条黑子记录是《明实录》没有的。这些记录大致可分为三类。

（1）《明实录》在明晚期天象记录急剧减少，适逢地方志等著作兴起，有所补充。例如：

> 嘉靖四十五年正月初十，日中有黑子，大如卵，五日乃灭。——康熙广东《吴川县志》
>
> 万历四十六年四月，日中有黑子。——《明会要·祥异一》
>
> 崇祯四年正月二十五日，日中有黑子。——康熙山东《新修长山县志》

（2）疑似记录，不能肯定是太阳黑子。例如：

　　万历四十六年闰四月丙戌至戊子，日旁有黑气，出入日中磨荡久之。——《神宗实录》

　　天启四年正月癸未，日赤无光。有黑子二三荡于旁，渐至百许，凡四日。——《国榷》

　　崇祯八年正月，日有黑光磨荡。——光绪《湖南通志》

（3）有的记录显然误衍自《明实录》。例如：

　　洪武元年自正月至十二月，日中有黑子。——光绪《湖南通志》

　　洪武五年二月丁丑，日中有黑子。——《续通志·灾祥一》

前者应如上文所引洪武三年十二月壬午记录；后者二月无丁丑，误自《明实录》所在的二月丁未。

在地球高纬度地区，夜晚常常可以看到天空中摇曳着色彩缤纷、变幻不定的条状云带或成片辉光，这就是极光。极光可以持续几分钟至几小时，高度在几十到几百千米。极光是来自太阳活动区的带电高能粒子流使地球高层大气分子或原子激发或电离而产生的。由于地球磁场的作用，这些高能粒子被迫沿地球的磁力线集中到地球的两个磁极。极光反映了太阳的活动，和太阳黑子的数量高度相关。太阳活动对地球磁场有影响，会直接影响无线电通信，甚至可能影响地球环境和气候，因而成为天体物理学和地球物理学的重要研究对象。

极光主要出现在高纬度地区，因而北京及以南见到的机会不多。同时，描述简略的古代记录也很难确认极光现象。但它的历史记录能够提示历史上太阳活动的大爆发，所以对可能的古代中国极光记录的搜集鉴定是很有意义的工作[1]。《总集》列有"极光"类，基本上包括古代记录中夜间发光，尤其是云状发光的现象。其中明代极光42条。下面列举一些比较可信的记录。

　　正统十四年十月癸亥夜昏刻，西南赤黑气如火烟，须臾化苍白气，重叠六道，徐徐北行，至中天而散。——《英宗实录》

　　天顺二年十二月甲子夜，正北火影中见赤气一道，阔余二尺，直冲天中，约余五十丈，其形上锐，状如立枪。——《英宗实录》

---

① 戴念祖. 我国古代极光记载和它的科学价值. 科学通报. 1975，20（10）：457-464.

成化十二年十二月己卯（初十）夜，西北方赤气一道冲天，长五丈许，状如矛锋。——《宪宗实录》

嘉靖七年四月四日五鼓，有气如火光，龙形，自空至地，直立于西南，数刻方散。——嘉靖河北《河间府志》

隆庆六年正月庚申夜，北方有赤气如火光。——《穆宗实录》

崇祯十三年十一月十二日，更余，赤气弥天。——康熙江苏《靖江县志》

由于古代记录模糊不清，而极光记录又具有较大的科学意义，故而《总集》的极光记录采用了"宁滥毋缺"的原则，以便给研究者提供更多的选择。

8.5　云　气

云气本是大气现象，不属天文。但历代天文志都包括了一部分特殊的云气，三种《明史·天文志》也将云气列入，因此我们对《明实录》中此类记录进行了统计，见表 8-1 "云气" 一栏，共计 634 条。图 8-1 给出此类天象记录在明代的分布。

古代天文志对云气的记录主要有三方面：太阳周围的特殊云气，作为"日变"的一部分；月亮周围的云气，作为"月变"的一部分；全天云气导致天色大变，作为"天变"的一部分。明代云气记录在洪武时期、洪熙至弘治时期比较多。尤其是宣德元年 31 条、宣德五年 20 条、正统元年 21 条，最为集中。

云气中，"晕"是含义最清楚的一种。《明实录》日月晕记录 54 条，日晕较多，月晕较少。月晕往往记有晕及的恒星、行星，因此其真实性也可得到一定程度的验证：

景泰元年正月壬辰（十六）夜，月晕。轩辕、太微西垣、右执法、明堂、灵台、长垣、土星俱在晕内。

图 8-6 是计算得到的北京当天（1450.01.29）23 时东方天象。图中显示 22°晕，所在位置与记录完全相符。

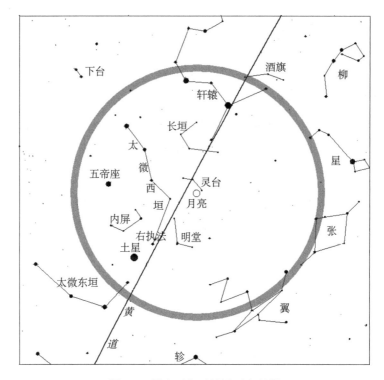

图 8-6　景泰元年正月壬辰夜月晕

日晕往往伴随着日旁的各种薄云现象，例如：

> 宣德十年十二月辛亥，日生晕及左右珥，琼气，色俱赤黄，随生白虹贯两珥，背气，重半晕，色青赤鲜明。

日旁的各种云气是观察记录的重点。这些日旁云气的分类、描述和占辞，古代天文志和星占书中多有记载。现摘录《开元占经》所传之点滴：

> 日冠：有气青赤，立在日上，名为冠（石氏）。日戴：气在日上，名为戴。戴之色青赤（石氏）。日珥：日两傍有气，短小，中赤外青，名为珥（石氏）。日抱：气如半环，向日为抱（如淳注《汉书》）。日背：日中赤外青曲向外，名为背（京氏）。日璚：气青赤，曲向外，中有一横，状如带钩，名为璚（石氏）。日直：色赤丈余，正立日月之傍，名为直。其分有自立者（石氏）。"日交：青赤如晕状，或如合背，或正直交者，偏交者，两气相交也。或相贯穿，或相背交（王朔）。日承：承者，气如半晕，

在日下，则名为承（夏氏）。日晕：日傍有气，圆而周匝，内赤外青，名
为晕（石氏）。

古代天文书、占书往往以大量篇幅描述各种天象及其吉凶预兆。但其中一
些天体、天象纯属想象，其描述或含糊不清，或不可能存在。占辞更是凭空臆
测。实际的天象记录与占书上的描述往往脱节。

日珥是历代最常记录的"日变"，《明实录》提到 245 处。古代记录的日珥
指日面左右的某种云气，宛如耳朵。显然不是现代天文学所称的只有在日全食
时才能看到的日珥。

《明实录》天象记录中有背气 166 处、白虹 61 处，另外还有璚气、冠气、
戟气等。这些云气往往还有"色黄赤鲜明""色青赤鲜明"之类的描述。一条记
录往往提到多种云气。例如：

> 洪武五年正月癸丑，是日辰时日上有背气，赤色有淡晕。
>
> 永乐十八年闰正月癸未，日上生背气一道，青赤色，同时生重半晕，
> 左右珥，皆赤黄色，有白虹贯两珥，随生璚气一道，黄白色。
>
> 宣德元年正月丙申，日上生黄气一道，随生冠气一道，色黄赤。
>
> 宣德五年六月庚寅，日下生承气一道。酉刻，又生右珥，皆黄赤鲜明。
>
> 正统十四年八月戊申，日生晕，旁有戟气，随生左右珥及戴气，东北
> 生虹霓，形如杵，至昏渐散。
>
> 天顺元年二月庚戌辰刻，日生晕、左右珥、交晕，移时生抱气，至巳，
> 生左右戟气、白虹贯日，诸气色赤黄鲜明，白虹色苍白，良久俱散，未刻，
> 诸气复生。

月旁云气也有少量类似的记录。例如：

> 宣德元年二月己卯昏刻，月生左右珥，色苍白，有白虹贯珥。

云气中另一常见现象是"五色云"。其中多是白天所见，偶尔注明日下
或日上所生。亦有少许夜间所见"月生五色云"。《明实录》五色云记录共 69
条，其中 38 条集中在洪武四年至二十一年，看来这种现象的记录相当随意。
例如：

洪武七年五月丙戌，五色云见。癸巳，五色云见。甲午，五色云见。六月乙未朔，五色云见。乙卯，五色云见。

此外，形状怪异的云、横贯天空的长条状云、雾霾引起的日月无光、天空变色也时有记载。例如：

宣德元年八月庚辰，东南有白云，状如群羊惊走，既灭，有黑气状如死蛇，须臾分两段。辛巳，东南有青气，状如人叉手揖拜。

正统元年九月辛亥未刻，黑气一道，两旁色苍白，阔余二丈，西南东北亘天。

正统三年七月己亥夜，中天有苍白云气一道，南北亘天，贯南北斗中。

景泰元年六月乙酉晡时，生赤云四道，两头锐如耕垄之象，徐徐东北行而散。八月甲戌，有黑云如山，顷刻散漫数段，形如龙虎。夜，有云气形如麋鹿惊奔，俱南行乃散。九月辛酉夜，黑云数丈，横贯北斗魁，苍白云三道，东西亘天。

天顺二年十月己巳，南京日入后，西南方有赤气如火影，光明烛地，至亥时散。

天顺七年三月己亥，昼夜游气不开，天色惨白昏蒙。

成化二年三月辛未卯时，南方生白云气，阔三尺余，东西竟天，徐徐北行，辰时始散。

崇祯元年三月辛巳昧爽，陕西天赤如血，射牖隙皆赤。十年九月中旬，每晨暮天色赤黄。

其他书籍亦有云气类记录，大抵不出《明实录》，最多的当属万斯同《明史·天文志》。只是明末有少许《明实录》所没有的记录，例如：

万历三十二年九月十一日夜半，天忽东西断裂，南北若匹练，食顷复合如故。泰昌元年春，渭南灵阳五鼓时见天裂数丈。——《陕西通志》

泰昌元年十二月初八日，天色红黑如夜，自辰至酉方散。——《四川通志》

8.6　余　项

我们在"其他"类型中专门列举了行星昼见、老人星见、黑子与极光、云气类型，剩余的记录就只能称为"余项"了。

8.6.1　天鸣

天鸣，或称天鼓鸣，是历代天文志中常见的记载。在分类记录中属于"天变"。大流星会发出声响，造成"天鸣"，前文已纳入流陨一类。还有一些原因不明的"天鸣""天鼓鸣"，在《明实录》有 141 条记录。这些记录于整个明代分布比较均匀，其中一部分是地方报闻。天鸣的声音，"如雷""如鼓"最多，还有"如炮""如泻水""如风水相搏""如雨阵迭至""如鸟群飞"，多种多样，显然并不只一种原因。

其中有一部分可能是大流星所致，或因为流星陨于远处，或因为火光在先未注意到，或因为白天不易看到火光，或因为陨石未能发现，只是听到"天鸣"。比较以下两例：

> 宣德三年二月壬戌（初十）夜，有流星大如斗，色赤，光烛地，起右摄提，有声如雷，后有五小星随之，至近浊炸散。
>
> 天顺六年九月乙巳（十四）夜三鼓，天无云，而西北方有声如雷。

特意记下"天无云"，以别于一般的云中雷电。另外一部分"天鸣"，或许和气象、地震、地质灾难有关（五行志中记载地震时也有天鸣）。有的声音会持续很久，例如：

> 洪武二十八年三月戊午昏刻，西南天鸣，有声如风水相搏，西北行，至一鼓止……九月戊戌夜初鼓，天鸣如泻水，起自东北，南行，至二鼓止。

宣德元年一个多月里，连续 11 次天鸣：

> 七月癸丑（廿二）昏刻，东南天鸣，如风水相搏。乙卯（廿四）夜，

东方天鸣，如泻水，久乃止。八月癸亥（初二）昏刻，东南天鸣，如泻水，久乃止。甲子（初三）昏刻，东南天鸣，如风水相搏。乙丑（初四）昏刻，东南天鸣，如风水相搏。丁卯（初六）昏刻，东南天鸣。戊辰（初七）昏刻，东南天鸣，如雨阵迭至，往西南，久乃息。辛未（初十），东南天鸣，声如万鼓。癸酉（十二）东南方天鸣，如风水相搏，久乃息。己卯（十八）四鼓，东南天鸣，如风水相搏，久乃止。九月丁酉（初七）晓刻，正东天鸣，如风水相搏。

"天鼓鸣"在地方志中也有记载，有的载入《明实录》，有的没有。例如，《湖广通志》："隆庆五年十一月，岳州城西天鸣如砻磨声，自寅刻起至辰刻定。"《云南通志》："万历二十一年天鼓鸣于永昌，自子至寅方止。"

8.6.2　恒星行星变化

恒星的位置和亮度变化、行星位置和亮度异常，在《明史》的分类中属于"星变"的一部分。此类记录历代都有，但极少见。

《明实录》有 4 条"三辰昼见"的记录，都发生在洪武年间：洪武十九年七月癸亥，二十年五月丁丑、七月壬寅和二十一年十二月丁卯。"三辰"，中国古代泛指日、月、星。以"三辰昼见"为天象记录，此前历代罕见。前文已论及，日出后、日落前不久，同时见到日、月、金星，是常见的现象。计算显示，上述后 3 条记录，天象都容易满足。只有第 1 条，金星离太阳太近，但火星有可能昼见。总之，"三辰昼见"是常见的现象，通常并不记载，只是洪武时期的两三年里钦天监官员偶尔为之。

一些记录表示恒星有"变化"，如《明实录》"洪武二十八年闰月辛巳，垒壁阵星疏折复聚"；"洪武二十九年八月戊子，井宿东北第二星暗小，且促聚不端列"；"正统元年九月丁巳，参宿狼星动摇"；"正德元年九月癸卯，大角及心宿中星动摇不止……又北斗第二第三第四星，明不如常"。实际上很难证明这些恒星真的有明显的位置和亮度变化。

《明实录》中明末天象记录急剧减少，其他文献有些独立的记载。这些道听途说的记载出现在多种文献中，万斯同《明史·天文志》比较集中："万历四十四年，权星暗小，辅星沉没。""崇祯十二年觜宿下移……十三年六月泰阶拆，九月五车中隐三柱不见，十月参足突出玉井。""崇祯十七年三月壬辰，钦天监正戈承科奏,帝星下移,已又轩辕星绝续不常,大小失次,文昌星拆,天津拆,摇光拆,芒角黑青。"综观这些记录,或是气象变化引起的错觉,或是文字错乱不可理解,反映出明末社会极度动荡混乱的情形。从现代天文学角度讲,恒星亮度变化也不是不可能,但这些古代记录太过粗糙,难以作为证据。

《明实录》弘治十八年九月甲午(阴历十三,1505.10.09),"申刻,河鼓见东南,北斗见西北位"。计算显示,当天当时,确实是河鼓在东南,北斗在西北,但是白日见星却无法解释。从现象上看,很像是日全食的景象。查明代我国东部可见的日全食(见本书表 3-3),发现唯有崇祯十四年十月癸卯日食符合这一景象:1641.11.03 日全食,全食带通过川鄂—安徽—浙江一线。杭州食甚时刻 14:20,大致符合"申刻",河鼓在东南,北斗在西北,全食时长 2 分钟,这次日食在浙江、安徽、湖北有大量见到全食现象的记载(见本书第 3 章第 4 节)。这条记录,或许是崇祯十四年日食的一条地方记录,误衍入《明实录》。

行星除了位置、凌犯、昼见记录外,偶尔也有极少数亮度变化的记载。例如,《明实录》:"正统四年十月丙申昏刻,金星又晕。""成化十三年九月乙丑夜,木星光芒炫耀而有五色。""成化六年六月丁巳,火星无光。""成化二十二年十月辛巳夜,火星色黄。"《明史·天文志》:"(万历)四十六年九月,太白光芒四映如月影。""崇祯九年十二月,荧惑如炬,在太微垣东南。""(崇祯)十二年十月甲午,填星昏晕。"《罪惟录·天文志》:"崇祯十七年冬,长庚见东方,芒角飞铄,中有刀剑车马旗帜影,变幻不一。"

8.6.3 月亮变化

月亮昼见。除了朔日前后(接近太阳)和望日前后(日月不能同时在天),只要天气好,月亮天天都可以昼见。因此,《明实录》的这条记录显得很不专业:

> 正统十四年八月辛未(廿四),太阴昼见,与日并明。

此外还有洪武 26-8-27、永乐 1-5-27、永乐 1-6-26 几次月与金星同昼见的记录。

中国古代历法,以晦朔不见月为检验标准。因而在历代天象记录中,偶尔会有晦朔见月的记载,提示历法失误。《明实录》有 3 条"月当晦不晦"的记载,都在成化年间。

"十六年八月丙子（廿九）晓刻，月当晦不晦。"后文记九月戊寅朔（1480.10.04），丙子不是晦日。试算次日丁丑，日出时月亮高度 13.7°，应该可见；合朔在戊寅早上 6 时，历法不误。

"十七年八月辛未（廿九）晓刻，月当晦不晦。"后文记九月壬申朔（1481.09.23）。计算显示，合朔在 22 时，历法不误。辛未晦，日出时月亮高度 21.7°，肯定可见。

"十八年十月癸巳（廿八）晓刻，月当晦不晦。"后文记十一月乙未朔（1482.12.10）。癸巳不是晦日。试算次日甲午，日出时月亮高度 13.7°，应该可见；合朔在乙未日 22 时，历法不误。

由以上计算分析可见，晦日见月是正常的，并不能说明历法失误。实际上，规定日月黄经相合之日作为月首（朔日），从天象规律上讲，当天不可能见月，但其前后一日（晦日、初二日）就有可能见月。历法再准确，晦日也是可能见月的，和初二可能见月是一样的道理。

第9章　明代恒星天空

9.1　古代恒星观测与命名

9.1.1　全天星名星数

古代先民很早就注意到季节与星象的关系。《尚书·尧典》记叙了四仲中星，也就是春分、夏至、秋分、冬至日落后中天的恒星：

> 日中星鸟，以殷仲春；日永星火，以正仲夏；宵中星虚，以殷仲秋；日短星昴，以正仲冬。

殷商甲骨卜辞中，也有"火""鸟"的星名。成书于春秋战国时期的《夏小正》，记载了鞠、参、斗柄、昴、大火、织女、南门、辰（房）、汉（银河）[①]。《诗经》中有火、毕、定、箕、斗、昴、参、牵牛、织女等星名。

1978 年出土于湖北随县的战国早期曾侯乙墓的漆箱盖上，写有完整的二十八宿（舍）名称。《礼记·月令》记载了 12 个月昏旦中星以及日所在，涉及二十八宿以及弧、建与它们和气候、物候的关系。类似的文献还有《吕氏春秋·十二纪》《淮南子·时则训》。据统计，在先秦著作中记录的星官大约有 38 个[②]。

司马迁《史记·天官书》将全天分为中、东、南、西、北五宫，分别列出星官名、星数、相互位置以及相关的星占内容，其中偶有大星、小星的描述。《史记·天官书》共记星官 92 个，包括恒星 412 颗。《史记·天官书》的这种形式被后世沿袭，其中所载星官名称绝大多数也被后世沿用。《汉书·天文志》的恒星部分与《史记·天官书》大致相同，但开头说到经星常宿中外官凡百一十八名，积数七百八十三星。

早期的恒星记录是和星占紧密相连的。战国至汉代，若干不同的星占流派流行。他们往往使用不同的恒星进行占卜，其中最著名的有甘德、石申和巫咸

---

① 胡铁珠.《夏小正》星象年代研究. 自然科学史研究，2000，19（3）：234-250.
② 中国天文学史整理研究小组. 中国天文学史. 北京：科学出版社，1981.

三家。《晋书·天文志》记载:"武帝时,太史令陈卓总甘、石、巫咸三家所著星图,大凡二百八十三官,一千四百六十四星,以为定纪。"至此,中国传统恒星体系完成。此后直至明末,尽管传承过程中会有小的偏差,但 283 官 1464 星的"定纪"没有变化。此外,每个星官有一颗"距星",用作测定位置的基准。

陈卓的"定纪"未能直接流传,但唐初天文学家李淳风编纂的《隋书·天文志》《晋书·天文志》对陈卓的恒星体系进行了全面的描述。星官分为中宫、二十八舍和二十八舍之外 3 部分。

唐代开始流行的《步天歌》以七言诗的形式,逐一描述了全天恒星。星官数和星数与陈卓的定纪相同,但天区分划为二十八宿和紫微垣、太微垣、天市垣这样 31 个区域,与《史记》到《隋书》的体系不同,这种三垣二十八宿体系为后世所沿用。

《宋史·天文志》是正史中继《史记》《汉书》《晋书》《隋书》以后,最后一次全天恒星名录。该书采用三垣二十八舍的分区,记载全天星官名、所含星数、相互位置、星官所主吉凶以及月五星彗流等凌犯该星官的星占,总共 3 卷 4 万余字。

除诸史天文等志外,还有不少专门的星占书流传至今。例如,唐代李淳风的《乙巳占》、瞿昙悉达的《开元占经》、宋代王安礼根据北周庾季才著作重修的《灵台秘苑》。此类星占书以《史记·天官书》为范本,列举天、日、月、行星、恒星、流彗等天体天象,其本身及互相作用的星占意义,以及少量史事示例,往往篇幅巨大,内容烦琐重复,含义荒诞无稽。但其中对星官命名、星数、位置的描述,是我们重建古代恒星天空的基本依据;其中留存的各种信息,也是了解古代天文学、数学的重要线索。

除星占书以外,自汉书以降的诸史天文等志的天象记录中,有数以万计的月五星凌犯恒星的记录。通过现代天文计算可以重构当时的情景,有助于对古代星名的认定。

9.1.2　恒星位置测量

中国古代采用一个由"距度""入宿度""去极度"三要素构成的天球坐标系,来表达天体在天球上的位置,这非常类似于近现代天文学最常采用的赤道坐标系。去极度即天体到北天极的角距离,亦即现代天文学"赤纬"的余角(如去极度 80°即是赤纬 10°）；距度（或称星度、宿度）是二十八宿距星之间的赤经差（即二十八宿的赤经宽度）；入宿度是天体与所在宿距星的赤经差。再加上冬至点的入宿度，就可以化为现代意义的赤经赤纬。

《开元占经》引用了《石氏星经》的 120 颗恒星的入宿度和去极度。例如：

> 石氏曰，氐四星，十五度。距西南星先至，去极九十四度，在黄道内一度。

> 石氏曰，大角一星，在摄提间，入亢二度半，去极五十八度，在黄道内三十四度少。

前者说明氐宿宽 15 度，西南星是距星，去极度 94 度，在黄道以北 1 度。后者说明大角星在亢宿，入宿度 2.5 度，去极度 58 度，在黄道以北 34.25 度。数据分析显示，这些恒星位置应是大约公元前 70 年的观测[①]。

唐代在一行主持下进行了大规模的恒星位置观测，其中二十八宿距度和去极度数据存于《旧唐书》《新唐书》的天文志中。宋代进行过 5 次较大规模的恒星位置观测，其中皇祐年间周琮观测的 345 颗恒星的位置数据，记载于《灵台秘苑》中。元初郭守敬制订授时历时，进行过大规模的恒星位置观测，可惜未能直接传世。

9.1.3　星宿图形

早期的星图出现在汉墓壁画中。陕西靖边渠树壕出土的东汉墓壁画，描绘了 28 宿及北斗等众多星官，图 9-1 显示其局部。星官由圆圈和连线表达，配以图像和题记[②]。

比较专业的星图见于敦煌卷子，这套唐代星图共 13 幅，分别绘制了北天极和 12 次星象，总共 278 官 1339 颗恒星[③]。星点设红黑黄三色以表示三家星，星点连线表现星官，旁边有星名题记。图 9-2 是其中北天极附近。

北宋苏颂《新仪象法要》中的 5 幅星图较之敦煌卷子更加精确清晰。图上描画了天赤道、黄道、恒显圈、赤经线等科学星图的要素，包括 281 官 1457

---

① 孙小淳. 汉代石氏星官研究. 自然科学史研究. 1994, 13（2）：123-138.

② 段毅, 李文海, 张文宝, 等. 陕西靖边县杨桥畔渠树壕东汉壁画墓发掘简报. 考古与文物, 2017（1）：3-28.

③ 潘鼐. 中国恒星观测史. 上海：学林出版社, 2009.

星。苏州文庙留存了一座南宋时期的石刻天文图，以"盖图"的形式，相当精确地描绘了 1436 颗星。星图直径 91.5 厘米，刻有天赤道、黄道、恒显圈、恒隐圈、银河以及二十八宿界线。

图 9-1　靖边渠树壕汉墓星图局部：南斗、牵牛、织女

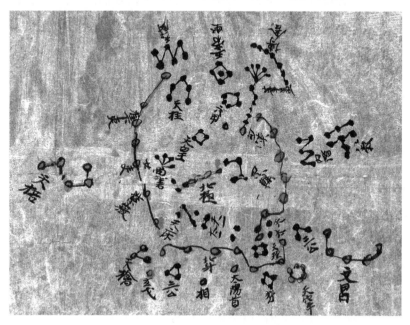

图 9-2　敦煌卷子星图：北天极附近

　　中国古代星图大致可分为盖图、横图和星官图三种。和地图一样，把一个球面展开成平面，总不免造成变形。图的范围越大，变形越严重。"盖图"是以北天极为中心的全天星图。一般画有内规（恒显圈）、天赤道、外规（恒隐圈），有的还有黄道、银河。其优点是能够涵盖全天（中原地区可见的全天）。即使相距遥远的星官，也能显示其相互关系（如参与商）。但盖图的边沿部分严重变形，沿赤纬方向被拉得很长，不能表现星官原来的形状和比例。"横图"以天赤道为图的中心横线，即使图的上下两端也变形较小。横图不能表达北天极区域，所以必须配合北极区的盖图。例如，敦煌卷子星图甲种和《新仪象法要》星图即是这种类型。近现代星图也常常用到这样的形制。"星官图"基本上不变形，但只能表现小范围天区，难以表现星官之间的相互关系，如下文《三垣列舍入宿去极集》星图。

9.2　明代恒星图表

9.2.1　《天文汇抄》和《大统通占》

　　明代天文学殊少建树。明初元统根据元代郭守敬的授时历稍加改编，取名"大统历"，一直行用至明末。不难猜测，明代的恒星体系也应与郭守敬的体系相似。

　　元初天文学家郭守敬等进行了大规模的恒星位置测量，并著有《新测二十八宿杂坐诸星入宿去极》《新测无名诸星》各一卷，可惜未能传世。20 世纪 80 年代发现的明代抄本《天文汇抄》中的《三垣列舍入宿去极集》，据潘鼐的研究，即是郭守敬著作的不完全抄本[①]。该抄本起首列出二十八宿的赤道、黄道距度以及天汉起末，然后依三垣二十八宿的顺序绘出 75 幅星官图。图中用小圆圈和连线表示恒星和星官，星旁注有星名和入宿、去极度，以度和百分度计量。这种亦图亦表的形式十分奇特。

　　图 9-3 给出《三垣列舍入宿去极集》的北斗、角宿和井宿三幅星图。北斗图包括北斗七星和辅星共 8 星，角宿图包括天田、角宿、平道、天门、平星、

① 潘鼐. 中国恒星观测史. 上海：学林出版社，2009.

进贤共 11 星，井宿图包括积水、北河、五诸侯、天樽、井宿、四渎、水府等共29 星。其中北斗七星的入宿度和去极度如下。

天枢，张十五度，二十五度三十分。

天璇，张十五度，三十度七十分。

天玑，翼十二度四十分，三十三度二十分。

天权，翼十八度一十分，二十九度九十分。

玉衡，轸〔十〕一度三十分，三十二度九十分。

开阳，角一度三十分，三十二度。

摇光，角七度六十分，三十七度九十分。

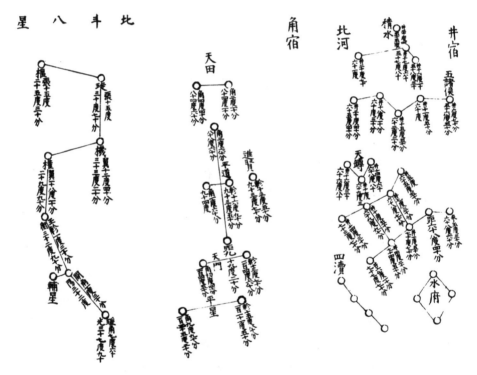

图 9-3　《三垣列舍入宿去极集》的北斗、角宿和井宿图

《三垣列舍入宿去极集》共画出 283 官 1373 星。其中注有入宿度和去极度的共 741 星。潘鼐由其中 90 颗星的坐标值与现代天文计算比较分析，其标准误差仅 13 角分。这是前代从未达到的精度。

孙小淳经对该星表数据的分析认为,《三垣列舍入宿去极集》应是明初(约1380)的观测结果[①]。曹军分析得到 1357 年左右,在元朝末期[②]。

《大统通占》是明初钦天监监副刘哲奉敕编纂的占书,现仅存明抄残本 8 册16 卷,其中包含 29 官 87 颗恒星的"今按"位置数据:紫微垣 7 官 17 星,东方亢、氐宿 11 官 25 星,南方井宿到轸宿 11 官 45 星。星位由入宿度、去极度、赤道内外度表达,以度和百分度计量。其中北斗七星的内容如下。

天枢,张十五度二十分,去极二十五度四十分,赤道内六十五度九十一分。

天璇,张十五度三十分,去极三十一度,在赤道内六十度三十一分。

天玑,翼十一度七十分,去极三十三度五十分,赤道内五十一度八十一分。

天权,翼十八度一十分,去极三十度,在赤道内六十一度三十一分。

玉衡,轸十一度六十分,去极三十一度四十分,赤道内五十九度九十一分。

开阳,角初度五十分,去极三十三度四十分,赤道内五十七度九十一分。

摇光,角七度,去极三十八度一十分,赤道内五十三度二十一分。

赤道内外度相当于赤纬,与去极度互补,其和为九十一度三十一分(365.25 度的四分之一)。可见仪器的读数精度为十分之一度,出现一分是为了凑齐。对比上文《天文汇抄》的北斗数据可知,它们并非出自同一次测量。

褚龙飞等对《大统通占》的星表进行了全面的研究[③]。相关文献考证显示,此书应是刘哲在永乐年间编纂,所载数据应是稍前时期的测量结果。对去极度的数据分析显示,观测应在洪武时期的 1378 年前后,误差 ±21 年,去极度的测量中误差为 ±7',角分。同时,也发现太尊、招摇、柳距星等恒星与传统对应不同。

9.2.2　明代其他星占书籍和星图

明初严禁民间学习研究天文历法,只许钦天监世袭专学且不得与其他官民交流,以致大统历预报日月食一再失误时,竟找不到合格的人才来主持改历。据《明实录》记载,孝宗弘治十一年十二月,钦天监掌监吴昊请征召精通天文

① 孙小淳. 天文汇抄星表研究//陈美东. 中国古星图. 沈阳:辽宁教育出版社,1996.
② 曹军.《三垣列舍入宿去极集》星表图示. 天文爱好者,2019(6):80-85.
③ 褚龙飞,杨伯顺.从《大统通占》星表重新考察明初的恒星观测——兼论传统星官的变化.天文学报. 2022,63(2):19-33.

历算占卜人士，得到皇帝应允。明末沈德符《野获编》记载："至孝宗弛其禁，且命征山林隐逸能通历学者以备其选，而卒无应者。"因此明前期只有钦天监专著侥幸流传，后期则民间著作逐渐繁盛。

《观象玩占》50卷，明代抄本，为明代天文星占书籍中篇幅最大者。有的传本称李淳风撰，显然系伪托；亦有称明初太史令刘基（刘伯温）所辑，则可能性较大。该书某些版本附有星图。《天象玄机》8卷，现存明抄本，明成祖国师姚广孝作于永乐四年，徐有贞重订于天顺七年。该书文字简明，内容丰富，以《步天歌》为中心，文图相配，详述三垣二十八宿星象和星占。书中对各种数据统计颇详，并载有二十八宿宿度数据。据潘鼐分析，系宋代旧制。

北京隆福寺藻井星图，位于初建于明景泰四年北京东四的隆福寺中。隆福寺是明代两座皇家香火院之一，1977年拆除时，发现正觉殿藻井（内顶装饰物）中央八边形木板是一幅精美的星图。图为木板裱布，采用沥粉、油漆、涂金、贴金等工艺，深蓝底色，金色星点。图中画有内规、赤道、外规（直径161厘米）、二十八宿宿界线，周边标二十八宿、12次及分野文字，全图直径174厘米。星图共计标出1420颗星，星数、星官部位都与《步天歌》吻合。考其星官细节，应本自《三垣列舍入宿去极集》和《新仪象法要》。

常熟石刻星图，明弘治间由知县杨子器立于江苏常熟县学，拓者甚众，几年之间竟致磨损。正德元年知县计道宗重刻，得以流传至今。虽有风化损坏，但星点文字尚完整。碑高2米，宽1米，厚24厘米，上半部为圆形星图（盖图），下半部为文字说明。这些都与苏州南宋石刻星图相似。星图刻有内规、赤道、黄道、银河、外规（直径70.8厘米）、二十八宿界限，共计284官1466星。杨子器题跋称宋代苏州石刻星图年久磨灭，且多缺乱，乃考诸三家星经订正重刊。今细考之，较之苏州宋图的确有若干改正。

《天文节候躔次全图》手绘图集，总图为一全天盖图。二十四节气各一幅，呈扇面状，绘该节气子夜时南方天空星象。星图上南下北，与一般横图颠倒，巧妙地利用扇面形状使星空尽可能少变形。每幅图上还标注该节气日出日入时刻、昼夜长度，还以韵文历数一夜五更的星象变换。图9-4为其中的"清明中星图"。

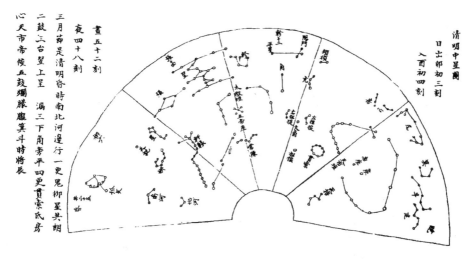

图 9-4 《天文节候躔次全图》之清明中星图

图旁注云：

> 日出卯初三刻、入酉初四刻。昼五十二刻、夜四十八刻。
>
> 三月节，是清明，昏时南北河边行。一更鬼柳星共朗，二鼓三台翼上呈。
>
> 漏三下，角旁平，四更贯索氐房心。天市帝侯五鼓烂，朦胧箕斗时将辰。

图集封面署"万历丁丑（五年）写于叠嶂山房"，现藏中科院自然科学史研究所图书馆。

明末茅元仪编著的《武备志》第 240 卷有郑和航海的"过洋牵星图" 4 幅，每幅中间画郑和宝船，四周有小圈与连线组成的星官若干，星官旁边注明"×指平水"。研究表明，这是用于远洋航行定位的"牵星术"，即利用"牵星板"测量星星距海平面的仰角，从而得知当地地理纬度。星图上用到的星官有北辰、华盖、织女、南门、灯笼骨、西北布司、西南布司、西南水平等星。一些星官与传统不同，显然是中原不见的南天恒星。

明中期天文学弛禁之后，民间习天之热情渐涨，留存至今的星图刊印本、手抄本不在少数。陈美东搜集了其中 18 项，除上文所述各项外，还有以下各家[①]。

《天文秘旨备考》，明抄本，署名丙戌岁贾琦甫纂录，其中有盖式全天星图一幅，工笔绘制，设黑红二色，以分三家星，其下录《步天歌》与《司天歌》。

---

① 陈美东. 明代传统星图说略//陈美东. 中国古星图. 沈阳：辽宁教育出版社，1996.

还有三垣二十八宿分图及星占注释。

吴悌《吴疏山先生遗集》中收载全天盖图一幅，绘于嘉靖十三至十六年。

蔡汝南《天文图举要》总图一，三垣二十八宿图各一，作于嘉靖年间。

陈奎于嘉靖年间重刊宋人王安礼《历代地理指掌图》一书时插入一幅"昊天成象图"全天盖图。

明代扇面星图，荣毅仁原藏，捐献给南京博物院。

大型类书《图书编》，章潢于万历十三年编成，其中有"昊天垂象图"两幅，全天盖图。

王圻于万历三十五年编成大型类书《三才图会》106卷，其中卷1—4刊有天文总图、三垣二十八宿分图以及一年12个月昏旦中星图。

袁子谦于万历四十一年编《天文图说》，内载中星图24幅。

梅静复天启六年在其师冯肖翁原作基础上增订而成《乾象图》星图集，包括总图、十二个月星象图和三垣二十八宿分图。

顾锡畴《天文图》星图册约成于万历末年，内有总图、十二个月星象图和三垣二十八宿分图，现藏中科院自然科学史研究所。

张汝璧称，天启元年在南京钦天监获见监中秘藏星图，后于康熙三年绘成《天官图》图集刊出，全天图一、十二月中星图及三垣二十八宿图五幅，与顾锡畴图相似。

福建莆田涵江天后宫藏一卷轴式挂图，绘于崇祯末年。图为盖图式全天星图，有内外规（外规直径62厘米）和赤道、黄道、二十八宿界线，共计288官1400星。星图四周画有日月五星二十八宿的人物图像。星图上下还有三组文字，包括"太阳躔度过宫"、"太阴躔度过宫"歌诀、"中天紫微垣"各星官方位、二十八宿距度及《步天歌》全文。

山东临沭一位中医师后人捐给文物部门一幅手绘全天恒星盖图。除通常规线星官外，还有两套二十八宿距度，据分析应出自元史记载和明代测值。星官名称和画法有明末西法的某些特征，应是明末据传统底本所绘。

以上这些星图及其说明，在陈美东主编的《中国古星图》图文集中都有汇集①。

---

① 陈美东. 中国古星图. 沈阳：辽宁教育出版社，1996.

9.2.3　《崇祯历书》星图星表及当代中西星名对照

自明末开始流行一首用于识星的七言诗歌《经天该》，并附有星图。这首诗共 422 句 2954 字，按照三垣二十八宿次序描述全天恒星。与《步天歌》相比，《经天该》对传统星官做了一些删减，又增加了一些。所附星图也与古图不尽相同，对比可见更接近自《崇祯历书》开端的清代恒星体系。该书未署作者，据潘鼐分析可能是李之藻据利玛窦的西方星图所作，也有王应遴之说[①]。

明末改历运动中，建立一个完整的全天恒星体系显然是一项重要任务。崇祯四年八月初一，徐光启向皇帝进呈的编历成果中，有《恒星历表》4 卷和《恒星图像》一卷以及《恒星总图》一折。这些内容完整留存于《崇祯历书》中。

《恒星历表》在《崇祯历书》中并为 2 卷，共计 1352 星。虽然星官名称继承传统，每官的星数变化不大，总星数也不很多，但在以下 3 个方面有了重大进步。

（1）传统恒星描述中虽然偶尔提到大星、小星，但没有系统的亮度概念。《恒星历表》的每颗星都给出了星等。这对于恒星的辨认非常重要。

（2）传统恒星命名源自星占，所取星并不考虑覆盖全天。因此导致一些亮至 3 等的恒星没有命名，一些暗到难以辨认的恒星却历代传承。在本章星图中可以清楚看到，许多亮星没有星官连线，也没有传统星名，许多星官连线却没有星（太暗）。《恒星历表》在原有的星官内增加了一些较亮的星，又增加了一些南天星官，如海山、南船等。

（3）传统星官内的具体星没有全面的命名，仅仅少数星官内有描述性的计数，如外屏西第三星，有时又称东第五星。又如凌犯记录中常常用到的 η Leo，就有轩辕"第二星""北星""夫人星""轩辕南第五星"等称谓。《恒星历表》给星官内的每颗星予以顺序数字命名，我们今天常常说到的传统星名"轩辕十四""心宿二""天津四"，由此方才产生。

《崇祯历书·恒星历表》给出每颗星的星名、黄道经纬度、赤道经纬度以及星等。经纬度都以度和分（百分之一度）计量，纬度还注明在黄道或赤道之南北。全天按照黄经分为 12 宫，以传统 12 次（降娄、大梁、实沈等）为名。每宫内的星官按照黄经次序，每官内的星按照次序以数序命名。每颗星的黄经自本宫起算，赤经则自春分点起算，以崇祯元年（1628）为历元。星等以整数表

① 石云里.《经天该》的一个日本抄本. 中国科技史料, 1997, 18（3）：84-89.

示，据该表中统计，有 1 等星 16 颗，2 等星 69 颗，3 等星 209 颗，4 等星 508 颗，5 等星 334 颗，6 等星 216 颗，共计 1352 颗。

与此星表相配合的，有《崇祯历书·恒星经纬图说》一卷，共 25 图。包括以北天极为中心，中国可见天区（赤纬-55°以北）盖图 1 幅；以南、北天极为中心的半天球盖图 2 幅；以南、北黄极为中心的半天球盖图 2 幅；分天区星图 20 幅（北天极 1 幅、北赤纬 6 幅、赤道带 6 幅、南赤纬 6 幅、南天极 1 幅）。所有星图都采用传统星官名称和传统星官连线，有相应的坐标线，每颗恒星按照星等标注。

这套星表和上述分天区星图，从形式上看，已经非常接近现代星表星图了。

清朝建立，欧洲传教士汤若望将明末编纂的《崇祯历书》改称《西洋新法历书》，呈献新政权，并获得采用，称为《时宪历》。清朝前期，欧洲传教士主持了钦天监的工作。康熙初年，南怀仁主持钦天监，设计制造了 6 件天文仪器，进行大规模观测，在《崇祯历书》的基础上增加了一些 6 等暗星，于康熙十三年（1674）出版了《灵台仪象志》，其中包括一个 1876 颗恒星的星表与配合新制作的直径 2.34 米的天体仪。乾隆十七年（1752）戴进贤、刘松龄主持的钦天监完成了《仪象考成》，其中恒星表共计 300 官 3083 星，位置精度有了很大提高。至道光二十四年（1844），又编制了《仪象考成续编》，其中星表共计 300 官 3240 星，这成为中国传统恒星体系的正式文本。

自《崇祯历书》到《仪象考成续编》这一系列星表，无论从技术背景、历史背景还是内容细节看，都不像是实际观测的结果，而很可能是将欧洲星表经过岁差化算而得。再说，不论观测还是化算，其成书过程中一定和西方星名有着一一对应的关系。很可惜，这些资料完全没有留存，以致后世学者在作中西星名对照研究时遇到不少困难。20 世纪初，土桥八千太和常福元曾有过详细的研究。伊世同在大量、全面工作的基础上出版了他的研究成果[1]，并为《中国大百科全书》采用，成为中西星名对照的标准[2]。

9.2.4 《明实录》天象记录中的恒星

《明实录》天象记录中也有大量的恒星记录，它们大多用来作为天空背景，

---

[1] 伊世同. 中西对照恒星图表. 北京：科学出版社，1981.
[2] 中国大百科全书总编辑委员会《天文学》编辑委员会，中国大百科全书出版社编辑部. 中国大百科全书·天文学. 上海：中国大百科全书出版社，1980.

表现天象发生的位置。本书 5.4 节统计了月行星凌犯记录用到的恒星。它们都是黄道带恒星，各个星官出现的频度反映了它们在星占学说中的位置和重要性。8.3 节统计了老人星记录，这是中国古代唯一一类长期、常规记载的恒星现象。

除此之外，流星、彗星等突然出现的天体，也要用到恒星背景来描述它们的位置。《明实录》有 2000 余条流星记录，大多记有出现和消失的星官。流星是转瞬即逝的现象，记下它们出现和消失的星官，需要对星空非常熟悉。在 300 多个星官中，哪些是常用的、重要的星官，哪些是不常用、不重要的星官，可以由流星记录来做一管之窥。

根据我们的统计，《明实录》流星记录中共出现 2561 次星官名称，涉及 178 个星官。其中 1—9 次的 95 官，10—19 次的 43 官，20—39 次的 25 官，40 次以上的 15 官。频次较多的星官如下（星官＋次数）。

文昌 95，天市垣 93，北斗 93，天津 72，壁宿 66，羽林军 62，五车 61，轩辕 56，太微垣 55，参宿 51，勾陈 50，天仓 49，天苑 47，阁道 46，室宿 44，轸宿 39，奎宿 39，紫微垣 38，翼宿 34，垒壁阵 34，天棓 33，井宿 33，危宿 30，天囷 30，北河 30，角宿 29，毕宿 29，贯索 28，天船 26，柳宿 26，外屏 25，库楼 25，氐宿 25，腾蛇 24，弧矢 23，河鼓 23，天纪 21，娄宿 21，星宿 20，参旗 20。

其中天市垣包括天市垣 28 次、天市西垣 32 次、天市东垣 33 次，太微垣包括太微垣 15 次、太微西垣 28 次、太微东垣 12 次。三垣中提到的具体星官单列（如紫微垣的勾陈、北极）。此外，出现 19—15 次的星官有：华盖、昴宿、牛宿、中台、斗宿、天钩、天庙、天园、大陵、房宿、亢宿、南河、七公、土司空、八谷、北落师门、天厨。14—10 次的有：北极、梗河、天廪、尾宿、五诸侯、心宿、左旗、卷舌、霹雳、上台、天大将军、下台、虚宿、织女、大角、鬼宿、瓠瓜、建星、郎位、内阶、张宿、渐台、狼星、女床、右旗、左摄提。

因为流星是全天范围随机地、突然地出现，这些星官出现的概率与星占无关。常用到的原因可能是有亮星的星官（如天津、五车）、大天区星官（如天囷、羽林军、天市垣）、习惯性重视和熟悉的星官（如二十八宿、北斗）。此外，北极附近恒显区显然出现频度较大，赤纬偏北也比偏南的概率更大。

彗星、客星记录也用到许多不同的恒星星官。例如，本书 6.2.1 节所举成化七年彗星，一个月之间经过的星官有 32 个，形象地勾勒出彗星经过的路径。由于彗星客星出现次数较少，星官更加分散，没有统计意义。

9.3　全天星图及索引

9.3.1　星图

中国古代恒星体系与星占关系密切，一些星官和恒星暗弱神秘，加之星象传承方法和路径有限，几千年以来，一些星官的对应不免有所变化。但是最主要的变化在于明末开始的西化过程。以《仪象考成》为代表的恒星体系与明末以前的传统，在一些不常用到的暗弱星官上，已有明显的不同。这一方面由于明末清初欧洲传教士主导的历局和钦天监的疏漏，另一方面在一一对照的深究之下，一些并不存在的传统星不得不被替代。

为展现明代的恒星天空，我们在这里给出一套中国传统星图（图 9-5—图 9-9）。也就是说，在现代星图上标出传统星官和连线。这一工作的基础即是星名的中西对照。

传统星名的认证并不是一件简单的事。以《隋书·天文志》为代表的恒星名录，只是对恒星之间的相互位置关系做出粗略的描述，几次较全面的位置测量也还是精度不够。最大的困难还在于，恒星体系脱胎于星占，它所关注的恒星并非从亮到暗。例如，一些 3.0 等亮星从未被命名，北斗魁里从不遗漏的天理四星却只能在 6.0 等以下的众多暗星中去寻找对应。传统星官的图形连线有一定之规，这为星名对照提供了线索，却也设置了障碍。此外，可以凭据的线索还有历代天象记录中的月行星凌犯记录。因此某些星官在相应范围内很难确定究竟是哪些星与之对应。自三国陈卓以至明末，除主要星官的传承一以贯之外，那些不常用到的、暗弱的星官，难免有一些变化。

潘鼐对明末以前的中国恒星体系进行了详尽的研究，涉猎文献之广、研究着力之深，堪称集大成者[1]。本书采用潘鼐对《三垣列舍入宿去极集》的研究结果。这份星图/表可能是元初郭守敬的著作（也可能是明初的观测），最可能代表明代钦天监所用的全天恒星体系。

---

① 潘鼐. 中国恒星观测史. 上海：学林出版社，2009.

　　图 9-5 到图 9-9（即星图 1—5）给出明代的星空。图上的恒星标记及坐标，根据耶鲁大学亮星表（Yale Catalogue of Bright Stars）第四版。该星表收录了 6.5 等以上的恒星以及少量更暗的星，共 9110 颗。我们于图上标出了其中亮于 5.5 等且赤纬大于−50°的恒星，共计 2700 颗，以星点的大小表示亮度。图中缩写的拉丁字表示国际通用星座名。折线端点表示的传统恒星，有些星暗于 5.5 等，在图上无法标出，但都有相应的暗星。

　　星图采用公元 1500 年为历元，以便尽可能准确地显示明代的星象，尤其是北极星、老人星、分至点等敏感因素。星图包括 1 幅以极坐标表示的北极天区图和 4 幅以直角坐标表示的赤道带图。图上标明 1500 历元的赤经（单位：时）和赤纬（单位：度）。

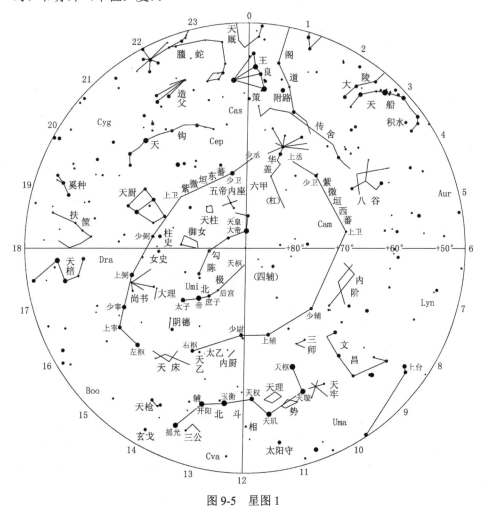

图 9-5　星图 1

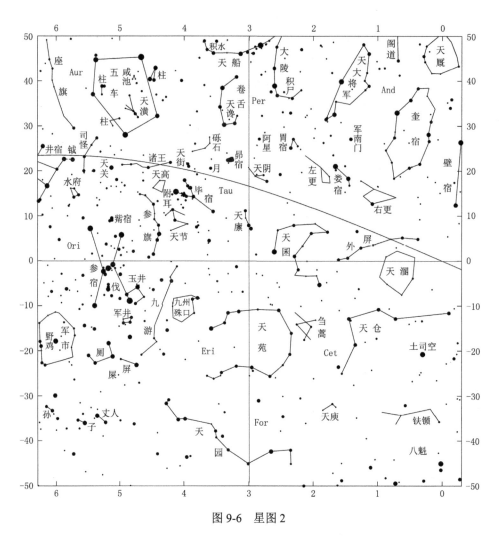

图 9-6　星图 2

恒星的中名认证和连线，基本上依从潘鼐《中国恒星观测史》的表 4.1.2 和图 7.2.10。少许明显的缺漏，笔者做了补充（星图中带括号的星名）。潘鼐的图表，尚有以下星官无法确认落实：四辅、六甲、八魁、器府、鳖、天垒城。

9.3.2　星名索引

为方便读者根据星名查询星图，我们根据以上星图编制了星名索引，星名按汉语拼音次序排列。5 幅星图（图 9-5—图 9-9）各自分为 4 个区：a 左上，b 左下，c 右下，d 右上。表 9-1 给出星官名（带*号的是二十八宿）、每官所含星数和该星官在星图上的位置。例如，败瓜 5 星，在星图 5 的 d 区。两幅星图的衔接处,有的星官名同时出现在两幅星图上,如北斗在星图 1 的 b 区和 c 区。表 9-1 共 301 官 1464 星。星官数超出传统的 283 官,是因为陈卓的"定纪"著作并未传世,历代文献中星官的组合不同。例如,十二国,各自可以是一官,也可以合为一官;北斗七星,也可以各为一官,各有其名。

　　表 9-2 给出一些单星星官的索引,共 63 星。它们的星数已经包括在表 9-1 中了。可以看到它们是表 9-1 中的一些大星官分解出来的单星星官,在星图中用小字表示。因此,在表 9-1 中找不到的星名,可以在表 9-2 中试试。一些重名的星,在表 9-1 中并列。此外,表 9-2 中天市垣的一些星、轩辕御女也是重名。

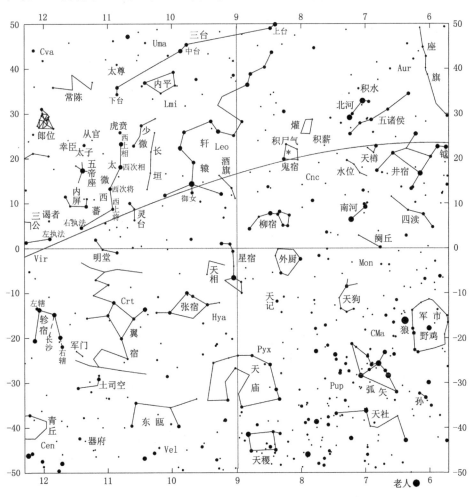

图 9-7　星图 3

一些星官在不同文献中出现时会有不同但近似的名称。为便于检索，列在下面。

壁垒—垒壁阵，东壁—壁，东井—井，钩—天钩，鼓旗—右旗，弧—弧矢，黄帝坐、四帝坐—五帝座，稷—天稷，九卿内坐—九卿，狼星—天狼，南斗—斗，内杵—杵，女御—御女，七星—星，牵牛—牛，三公内坐—三公（太微），摄提—左摄提、右摄提，天阿—阿星，天矢—屎，婺女—女，须女—女，营室—室，舆鬼—鬼，柱下史—柱史，左角—角，顿顽—颁顽。

那些首字相同，容易联想的异名，就不再一一列出，如觜觿—觜、羽林—羽林军、太一—太乙、九斿—九游等。

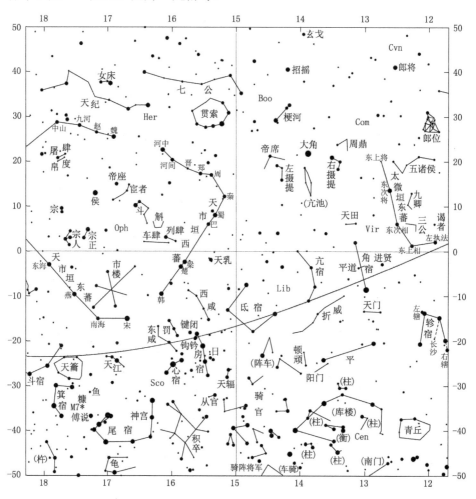

图 9-8　星图 4

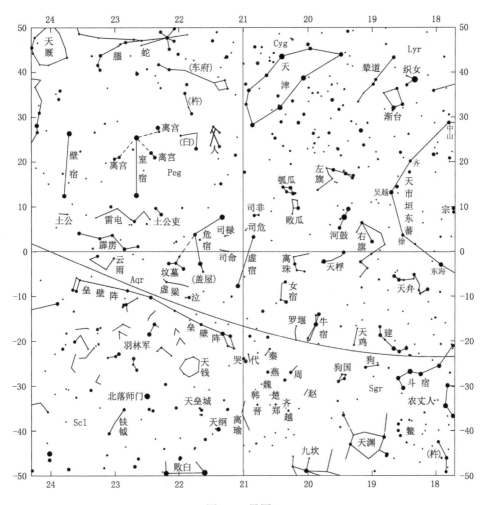

图 9-9 星图 5

表 9-1 星名索引

名称	星	星图	名称	星	星图	名称	星	星图
阿星	1	2d	毕*	8	2a	车府	7	5d
八谷	8	1d	壁*	2	2d/5a	车骑	3	4c
八魁	9	2c	鳖	14	5c	车肆	2	4a
败瓜	5	5d	帛度	2	4a	刍藁	6	2c
败臼	4	5b	厕	4	2b	杵	3	5a
北斗	7	1bc	策	1	1d	杵（箕南）	3	4b/5c
北河	3	3d	常陈	7	3a	楚（十二国）	1	5c
北极	5	1b	长沙	1	3b/4c	传舍	9	1d
北落师门	1	5b	长垣	4	3a	从官（太微）	1	3a

名称	星	星图	名称	星	星图	名称	星	星图
从官（房南）	2	4b	韩（十二国）	1	5c	糠	1	4b
大角	1	4d	河鼓	3	5d	亢*	4	4c
大理	2	1b	衡	4	4c	亢池	6	4d
大陵	8	1d/2d	侯（天市）	1	4a	哭	2	5b
代（十二国）	2	5c	弧矢	9	3c	库楼	10	4c
氐*	4	4c	斛	4	4a	奎*	16	2d
帝席	3	4d	虎贲	1	3a	郎将	1	4d
帝座（天市）	1	4a	瓠瓜	5	5d	郎位	15	3a/4d
东瓯	5	3b	华盖-杠	16	1d	狼星	1	3c
东咸	4	4b	宦者	4	4a	老人	1	3c 南
斗（天市）	5	4a	积尸（大陵）	1	2d	雷电	6	5a
斗*	6	4b/5c	积尸气（鬼）	1	3d	垒壁阵	12	5b
顿顽	2	4c	积水（井北）	1	3d	离宫	6	5a
伐	3	2b	积水（天船）	1	1d/2a	离瑜	3	5b
罚	3	4b	积薪	1	3d	离珠	5	5c
房*	4	4b	积卒	12	4b	砺石	4	2a
坟墓	4	5b	箕*	4	4b	列肆	2	4a
铁钺	3	5b	建星	6	5c	灵台	3	3a
铁锧	5	2c	渐台	4	5d	柳*	8	3d
扶筐	7	1a	键闭	1	4b	六甲	6	1d
辅	1	1b	角*	2	4c	娄*	3	2d
附耳	1	2a	进贤	1	4c	罗堰	3	5c
附路	1	1d	晋（十二国）	1	5c	昴*	7	2a
傅说	1	4b	井*	8	2a/3d	明堂	3	3b
盖屋	2	5b	九坎	9	5c	南河	3	3d
阁道	6	1d/2d	九卿	3	4d	南门	2	4c
梗河	3	4d	九游	9	2b	内厨	2	1b
勾陈	6	1b	九州殊口	9	2b	内阶	6	1c
钩铃	2	4b	酒旗	3	3a	内平	4	3a
狗	2	5c	臼	4	5a	内屏	4	3a
狗国	4	5c	卷舌	6	2a	辇道	5	5d
贯索	9	4a	军井	4	2b	牛*	6	5c
爟	4	3d	军门	2	3b	农丈人	1	5c
龟（尾）	5	4b	军南门	1	2d	女*	4	5c
鬼*	4	3d	军市	13	3c	女床	3	4a

名称	星	星图	名称	星	星图	名称	星	星图
女史	1	1b	司命	2	5a	天节	8	2a
霹雳	5	5a	司危	2	5d	天津	9	5d
平	2	4c	四渎	4	3d	天厩	10	2d/5a
平道	2	4c	四辅	4	1c	天牢	6	1c
屏	2	2b	孙	2	2b/3c	天垒城	13	5b
七公	7	4a	太微垣	10	3a/4d	天理	4	1c
齐（十二国）	1	5c	太阳守	1	1c	天廪	4	2a
骑官	27	4c	太乙	1	1b	天门	2	4c
骑阵将军	1	4c	太子	1	3a	天庙	14	3c
泣	2	5b	太尊	1	3a	天钱	10	5b
器府	32	3b	螣蛇	22	1a/5a	天枪	3	1b
秦（十二国）	2	5c	天棓	5	1b	天囷	13	2d
青丘	7	4c	天弁	9	5c	天乳	1	4b
阙丘	2	3d	天仓	6	2c	天社	6	3c
人	5	5a	天谗	1	2a	天市垣	22	4ab/5cd
日	1	4b	天厨	6	1a	天田（角北）	2	4d
三公（北斗）	3	1b	天船	9	1d/2a	天田（牛南）	9	5c
三公（太微）	3	4d	天床	6	1b	天相	3	3b
三师	3	1c	天大将军	11	2d	天乙	1	1b
三台	6	1c/3ad	天桴	4	5c	天阴	5	2d
三柱	9	2a	天辐	2	4b	天庚	3	2c
尚书	5	1b	天纲	1	5b	天渊	10	5c
少微	4	3a	天高	4	2a	天园	13	2b
参*	7	2b	天钩	9	1a	天苑	16	2c
参旗	9	2a	天狗	7	3c	天箪	8	4b
神宫	1	4b	天关	1	2a	天柱	5	1a
屎	1	2b	天皇大帝	1	1a	天樽	3	3d
市楼	6	4b	天潢	5	2a	屠肆	2	4a
势	4	1c	天溷	7	2c	土公	2	5a
室*	2	5a	天鸡	2	5c	土公吏	2	5a
水府	4	2a	天记	1	3c	土司空（奎南）	1	2c
水位	4	3d	天纪	9	4a	土司空（翼南）	4	3b
司非	2	5d	天稷	5	3c	外厨	6	3c
司怪	4	2a	天江	4	4b	外屏	7	2d
司禄	2	5a	天街	2	2a	王良	5	1d

续表

名称	星	星图	名称	星	星图	名称	星	星图
危*	3	5a	玄戈	1	1b/4d	赵（十二国）	2	5c
尾*	9	4b	燕（十二国）	1	5c	折威	7	4c
胃*	3	2d	阳门	2	4c	轸*	4	3b/4c
魏（十二国）	1	5c	野鸡	1	3c	阵车	3	4c
文昌	6	1c	谒者	1	3a/4d	郑（十二国）	1	5c
五车	5	2a	翼*	22	3b	织女	3	5d
五帝座	5	3a	阴德	2	1b	周（十二国）	2	5c
五帝内座	5	1a	右更	5	2d	周鼎	3	4d
五诸侯（井北）	5	3d	右旗	9	5d	诸王	6	2a
五诸侯（太微）	5	4d	右摄提	3	4d	柱史	1	1a
五柱	15	4c	鱼	1	4b	子	2	2b
西咸	4	4b	羽林军	45	5b	紫微垣	15	1abcd
奚仲	4	1a	玉井	4	2b	宗	2	4a/5d
辖	2	3b/4c	御女（紫微垣）	4	1a	宗人	4	4a
咸池	3	2a	月	1	2a	宗正	2	4a
相	1	1c	钺	1	2a/3d	觜*	3	2a
心*	3	4b	越（十二国）	1	5c	左更	5	2d
星*	7	3c	云雨	4	5b	左旗	9	5d
幸臣	1	3a	造父	5	1a	左摄提	3	4d
虚*	2	5c	张*	6	3b	座旗	9	2a/3d
虚梁	4	5b	丈人	2	2b			
轩辕	17	3a	招摇	1	4d			

表 9-2　一些单星星官索引

星名	星图	星名	星图	星名	星图
巴（天市垣西番）	4a	河中（天市垣西番）	4a	上丞（紫微垣西番）	1d
楚（天市垣西番）	4b	后宫（北极）	1b	上辅（紫微垣西番）	1c
帝（北极）	1b	晋（天市垣西番）	4a	上台（三台）	1c/3d
东次将（太微垣东番）	4d	九河（天市垣西番）	4a	上卫（紫微垣东番）	1a
东次相（太微垣东番）	4d	开阳（北斗）	1b	上卫（紫微垣西番）	1d
东海（天市垣东番）	4b/5c	梁（天市垣西番）	4b	上宰（紫微垣西番）	1b
东上将（太微垣东番）	4d	南海（天市垣东番）	4b	少弼（紫微垣东番）	1a
东上相（太微垣东番）	3a/4d	齐（天市垣西番）	5d	少丞（紫微垣东番）	1d
韩（天市垣西番）	4b	秦（天市垣西番）	4a	少辅（紫微垣西番）	1c
河间（天市垣西番）	4a	上弼（紫微垣东番）	1b	少卫（紫微垣东番）	1a

续表

星名	星图	星名	星图	星名	星图
少卫（紫微垣西蕃）	1d	天璇（北斗）	1c	右枢（紫微垣西蕃）	1b
少尉（紫微垣西蕃）	1b	魏（天市垣西蕃）	4a	右执法（太微垣西蕃）	3a
少宰（紫微垣东蕃）	1b	吴越（天市垣东蕃）	5d	玉衡（北斗）	1b
蜀（天市垣西蕃）	4a	西次将（太微垣西蕃）	3a	御女（轩辕）	3a
庶子（北极）	1b	西次相（太微垣西蕃）	3a	赵（天市垣西蕃）	4a
宋（天市垣东蕃）	4b	西上将（太微垣西蕃）	3a	郑（天市垣西蕃）	4a
太子（北极）	1b	西上相（太微垣西蕃）	3a	中山（天市垣东蕃）	4a/5d
天玑（北斗）	1c	下台（三台）	3a	中台（三台）	3a
天权（北斗）	1c	徐（天市垣东蕃）	5d	周（天市垣西蕃）	4a
天枢（北斗）	1c	燕（天市垣东蕃）	4b	左枢（紫微垣东蕃）	1b
天枢（北极）	1b	摇光（北斗）	1b	左执法（太微垣东蕃）	3a/4d

9.4 《步天歌》

《步天歌》产生于唐代，本是皇家司天机构的秘籍。它首创三垣二十八宿体系，为后世沿用。南宋郑樵《通志》中全文收录，此后历代皆有传本。它以诗歌的形式历数群星，文句朗朗上口，内容浅显活泼，便于记忆和辨认，因而在明中期以后流传广泛，影响巨大。

《步天歌》中有不少恒星颜色的描述：黑色为甘氏星官，红色为石氏星官，黄色为巫咸星官，并非恒星本身的颜色。《步天歌》版本众多，词句互有差异。周晓陆对比研究了大量不同版本，提出一个校订本[①]。下文给出周晓陆的校订本，共计七言诗 379 句（这里舍弃了周本的南天和银河两节）。读者可以对照本书给出的星图，逐一指认，来一个"纸上谈星"。

角 宿

两红南北正直悬，中有平道上天田，总是黑星两相连。别有一乌名进贤，平道右畔独渊然。最上三乌周鼎形，角下天门左平星，两黑两赤横楼上，库楼十红屈曲明。楼中五柱十五形，三三相属如鼎形。中有四赤别名衡，南门楼外两星红。

---

① 周晓陆. 步天歌研究. 北京：中国书店，2004.

亢 宿

四红却似弯弓状，大角一红直上明，折威七黑亢下横。大角左右摄提星，
三三赤立如鼎形。折威下左颉颃星，两个斜安黄色精。颃右二星号阳门，
色若颉颃直下蹲。

氐 宿

四红似斗侧量米，天乳氐上黑一星，世人不识称无名。一赤招摇梗河上，
梗河横赭三星状。帝席三黑河之西，亢池六黑近摄提。氐下众星骑官赤，
骑官之星二十七，三三相连十欠一。阵车三黑氐下是，车骑三乌官下位。
天辐两黄立阵傍，将军阵里镇威霜。

房 宿

四红直下主明堂，键闭一黄斜向上，钩钤两赤近其旁。罚有三黄直键上，
两咸之珠各四赤，两咸夹罚似房状，东南西北无差别。房下一乌号为日，
从官两黄日下出。

心 宿

三赤中央色最深，下有积卒红十二，三三相聚心下是。

尾 宿

九赤如钩苍龙尾，下头五朱号龟星。尾上天江四红是，尾东一赤名傅说，
傅说东红一鱼子。尾西一赪是神宫，所以列在后妃中。

箕 宿

四红形状似簸箕，箕下三星名木杵，箕前一黑是糠皮。

斗 宿

六赤其状似北斗，魁上建星三对形，天弁建上三红九。斗下圆赤十四星，
虽然名鳖贯索形。天鸡建背双黑星，天钥柄前八黄精，狗国四乌鸡下存。
天渊十黄鳖东边，更黑两狗斗魁前。黑农丈人斗下眠，天渊色黄狗色玄。

牛 宿

六红近在河岸头，头上虽然有两角，腹下从来欠一脚。牛下九黑是天田，
田下三三赤九坎。牛上直红三河鼓，鼓上三赪是织女。右红左黑各九星，

河鼓两畔挂旗旌。更有四黄名天桴，河鼓直下如连珠。罗堰三乌牛东居，
渐台四黑似口形，辇道东乌连五丁。辇道渐台近河浒，欲得见时近织女。

女　宿

四红如箕名婺女，十二诸国在下陈，先从越国向东论，东西两周次二秦，
雍州南下双雁门，代国向西一晋伸，韩魏各一晋北寻，楚之一国魏西屯，
楚城南畔独燕军，燕西一郡是齐邻，齐北两邑乃赵垠，欲知郑在越下存，
十六黄星细区分。五赪离珠女上横，败瓜之上匏瓜生，败黑匏红各五星。
天津九赤弹弓形，两星入牛河中横。奚仲四黄天津上，七黑仲侧扶筐星。

虚　宿

上下各一赤连珠，命禄危非虚上星，对对在北八乌星。虚危下乌哭泣星，
哭泣双双下垒城。天垒圆黄十三星，败白四红城下横，白西三金璃瑜明。

危　宿

三红不直旧先知，危上五黑号人星，人畔三四杵白形。人上七乌号车府，
府上天钩九黄精。钩上五鸦字造父，危下四红号坟墓。墓下四黄斜虚梁，
十个天钱梁下黄。墓傍两黑名盖屋，色同杵白危下宿。

室　宿

两红上有离宫出，绕室三双六星朱。下头六黑雷电形，垒壁阵次十二星，
形赤两头大似升。阵下红明羽林军，四十五卒三为群，壁西四下最难论，
仔细历历看区分。三粒黄金名铁钺，一颗丹珠北落门。门东八魁九黑子，
门西一黄天纲星。电傍两黑土公吏，腾蛇室上廿二青。

壁　宿

两红下头是霹雳，霹雳五乌横着行。云雨次之黑四方，壁上天厩十圆黄，
铁锁五乌羽林傍，土公两黑壁下藏。

奎　宿

腰细头尖似破鞋，一十六红绕鞋生。外屏七乌奎下横，屏下七黑天溷星。
司空右畔土之黔，奎上一黑军南门。河中六赤阁道形，附路一赪道傍明。
五红吐花王良星，王良近上一策青。

娄 宿

三红不匀近一头，左更右更乌夹娄。天仓六赤娄下头，天庾三乌仓东脚，
娄上十一将军赭，左右更星各五求。

胃 宿

三红鼎足河之次，天廪胃下斜四赪。天囷十三赭乙形，河中八赤名大陵，
陵中积尸一黑星。陵北九赤天船名，积水船中一黑精。

昴 宿

七星一聚实不少，阿西月东各一青。阿下五黄天阴名，阴下六乌刍蒿营。
营南十六天苑彤，河中六红名卷舌，舌中一黑天谗星，砺石舌旁斜四青。

毕 宿

恰似丫叉八红出，附耳左股一星赧。天街两青毕背旁，天节耳下八乌幢。
毕上横黑六诸王，王下四皂天高星，节下圆黑九州城。毕口斜对五车口，
车携三柱任染红。车口五黑天潢星，潢畔咸池三黑呈。天关一赤车脚边，
参旗九彤参车间。旗下乌建九游连，游下十三乌天园，九游天园参脚边。

觜 宿

三红相近作参蕊，觜上座旗乌指天，尊卑乌黑九相连。司怪曲立座旗边，
四鸦大近井钺前。

参 宿

总有七红觜相侵，两肩双足三为心。伐作三赪足里深，玉井四红右足阴。
屏星两赤井南襟，军井四乌屏上吟。左足下四彤天厕，厕下一赤天屎沉。

井 宿

八朱横列河中静，一赤名钺井边安，两河各三南北红。天樽三乌井上头，
樽上赤横五诸侯。侯上北河西积水，彤水东畔积薪红。钺下四青名水府，
水位东边四红序。四渎横黑南河里，南河下头是军市，军市圆红十三星，
中有一赪野鸡精。孙子丈人市下列，各立两乌从东说。阙丘二黑南河东，
丘下一狼光熊熊。左畔九赤弯弧弓，一矢拟射顽狼胸。酡颜老人南极中，
春秋出入寿无穷。

鬼　宿

四红册方似木柜，中赤一白积尸气。鬼上四皂是爟位，天狗七黑鬼下是。
外厨六黔柳星次，天社六青弧东倚，社东一乌名天记。

柳　宿

八红头曲垂似钩，柳上三乌旗号酒，宴享大酺五星守。

星　宿

七朱如钩柳下生，星上十七轩辕红。辕东方乌四内平，平下三黄名天相，
相下三稷横五彤，御女红颜辕下零。

张　宿

六红似轸在星旁，张下只有黑天庙，十四之星册四方。长垣少微虽在上，
星数歌于太微傍。

翼　宿

二十二红大难识，上五下五横着行。中央六点恰如张，更有六星在何处，
三三相连张畔附。必若不能分处所，更请向前看野取。五个黑星翼下头，
欲知名字是东瓯。

轸　宿

四红如张翼相近，中央一赪长沙子。左辖右辖附两赤，军门两黄近翼是。
门下四黄土司空，门东七乌青丘子。青丘之下名器府，器府黑星三十二。
以上便是太微宫，黄道向上看取是。

太微垣

上元天庭太微宫，昭昭列象布苍穹。端门只是门之中，左右执法门西东。
门左皂衣一谒者，以次即是乌三公。三黑九卿公背旁，五黑诸侯卿后行。
四赤门西主轩屏，五帝内座红中正。幸臣太子并从官，乌列帝后陈东定。
将红贵黄居左右，常陈郎位居其后。常陈七朱不相误，郎将陈东彤十五。
两面宫垣十红布，左右执法从头数，东垣上相次相连，次将上将相连明，
西面垣墙依此数，但将上将逆南去。外墨明堂布政宫，三黑灵台候云雨。
少微四赪西南隅，长垣双双黄微西，北门西外三台赤，与垣相对六安排。

紫微垣

中元北极紫微宫，北极五星桢其中，大帝之座第二珠，第三之星庶子居，
第一却号为太子，四为后宫五天枢。左右四黑是四辅，天乙太乙当门赤。
左枢右枢夹南门，两面营卫红十五，上宰少宰上辅星，少辅上卫少卫丞，
相对垣西上丞位，少卫方当上卫明，次第相连于少辅，上辅少尉接枢户。
阴德门里两乌聚，尚书以次黑位五。女史柱史各一乌，四黄御女墨五柱。
大理两黄阴德边，勾陈尾燎北极颠，六勾六甲六青前。天皇独黯勾陈里，
五帝内座后门青。华盖并杠十六星，杠作黑柄乌盖影。盖上横连九个星，
名曰传舍黑连丁。垣外左右各六乌，右是内阶左天厨。阶前八黑名八谷，
厨下五赤天桲宿。天床六黑左枢右，内厨两乌右枢对。文昌斗上半月形，
稀疏形明六个星。文昌之下黄三师，金太尊向三师明。天牢六朱太尊边，
太阳守后四势黔，守赤同一宰相侧，乌聚三公相西偏。杓上玄戈一红团，
天枪三赤戈上悬。天理四星斗里黯，辅星赧近开阳淡。北斗之宿七星红，
第一主帝为枢精，第二第三璇玑星，第四名权第五衡，开阳摇光六七名。

天市垣

下元一宫名天市，左右垣墙红廿二，魏赵九河及中山，齐并吴越徐星是，
却从东海至幽燕，渐归南海宋门前，西门相对韩而楚，梁并巴蜀至秦躔，
东周郑晋连相继，河间直至河中止。当门六角黑市楼，门左两黄是车肆。
四朱宗人两宗正，宗星亦两均依赤。帛度两黄屠肆前，屠肆形黄珠两圆。
一赧候星帝座东，帝座一红常光明，四赤微茫宦者星。右次两黄名列肆，
斗斛帝前依其次，斗是五形斛黑四。垣北九丹贯索星，索口横红七公城。
天纪形色似七公，数着分明多两星。纪北三红名女床，此坐还依织女旁。
三垣之像无相侵，二十八宿随其阴。水火木土并与金，七政络绎详推寻。

附录 《明实录》日月食选注

由于日月食对于古代朝廷十分重要，一些朝廷议论和历史事件也与此有关。笔者应用现代天文计算方法对《明实录》记载的一些记有详情的日食、月食事件作此注记。选取的条目在本书表 3-5（日食总表）、表 4-3（月食总表）的"详情"一栏注有*号。对文本的一些校改据《〈明实录〉天象记录辑校》[①]，以下以圆（原误）方 [改正] 括号表示。明末日月食，《崇祯历书》有十分详细的记载，给出预报和实测数据，已有吕凌峰等的检验分析[②]。

对于每次日月食，以都城（永乐十九年以前南京，此后北京）为主，给出时间和食分。时间采用北京时间（东八区时），用阿拉伯数字表示。我国其他地方的情况，择要给出。日食发生时，各地看到的食分不同，时间也不同。尤其是日全食，只能在百千米宽的带状区域内看到。文中对计算所得日月食区域的描述，使用现代国界和地名。

月食的时刻和食分，世界各地都一样（北京时间一样，各地地方时不同）。由于各地月升月落时间不同，能否看到月食也还是有差异的。都城中夜（二更到四更）能看到的月食，基本上全国各地都能看到。月食时，日月恰好相对。日落时月出，日出时月落。当月食开始时，月亮正好落下（早晨）；当月食结束时，月亮刚刚升起（傍晚），这种情况称为临界。通常都城处于傍晚临界时，以东可以看到，以西看不到；都城处于早晨临界时，以西可以看到，以东看不到。实际上，由于食分太小和地平附近地形、云雾遮蔽，临界的日月食是很难看到的。

明代"食分"的含义与现代大致相同，只是采用"十分百秒"制度，如三分十四秒相当于 0.314。当然，这么精细的食分肯定是计算结果，实际观测是达不到的。

明代的日月食记录保存了部分预报和实测的时刻。用现代天文计算的结果

---

① 刘次沅.《明实录》天象记录辑校. 西安：三秦出版社，2019.
② 吕凌峰，石云里.明末历争中交食测验精度之研究. 中国科技史料，2001，22（2）：128-138.

分析这些记录，对于了解明代天文计算和天文观测水平，具有直接的价值。明代的时间制度及当时预报、观测与现代理论计算之间比对所需的换算，见本书引言一章。对比时将理论计算的时刻（北京时间）化为当地真太阳时（简称当地真时）。本书中用阿拉伯数字表示的时间，通常指北京时间。所引《明实录》后面的数字是"中央研究院"历史语言研究所整理本的页码。

日月食原理和明代日月食记录的统计分析，见本书第3、4章。尽管在理论上，一日自子时起，但后半夜至凌晨的事件，通常记前一天日期。这在明代月食记录中表现得很明确。以现代天文计算方法计算明代的日月食天象，完全可以精确到角分（位置）和时分（时间）。因此计算结果可以作为检验当时预报和观测精度的客观标准。

附录1 日 食

（正统五年十二月丁酉）敕在京文武群臣曰：昨钦天监言，正统六年正月朔日食凡九十一秒，故事，食不一分者不救护。朕惟事天之诚，虽微必谨。敬天之变，岂以微忽。况兹岁始，阳德方亨，致灾有由，敢忘祗畏。是日，在京文武群臣悉免贺礼，及期救护如制。——《英宗实录》1449

（正统六年正月）庚子，行在礼部尚书胡濙奏：今年正月朔，午刻日当食。皇上敬谨天戒，预敕群臣救护。至期，天气晴明，太阳正中无纤毫之亏。此盖皇上至仁大德上格于天，是以当食不食，礼宜庆贺。上曰：上天垂眷，君臣当益加敬慎，不可怠忽。庆贺礼免行。——《英宗实录》1453

正统六年正月初一己亥（1441.01.23）日全环食，我国南部可见偏食。北京、西安不见食，南京见食0.02（10:14食甚），广州0.22，昆明0.22。

（天顺八年四月癸未）是日，日食不见。下天文生贾信于狱。先是，钦天监监正谷滨等奏日食三分十四秒，酉正二刻初亏，日入酉正三刻，见食者仅五十秒，食不及分，例不救护。时天文生贾信奏谈食六分六十秒，酉初初刻初亏，见复圆者尚有二分六十七秒，滨等蒙蔽天象。上命临时测候。至时，果不见食。上曰：天象重事，信所言失实，非惟术数不精，抑且事涉轻率，其逮治之。——《宪宗实录》95

四月初一癸未（1464.05.06）日环食，环食带在北美及北冰洋，我国仅新疆北部可见极小食分。北京19:57初亏，20:30食甚，食分0.17，此刻已日落（19:21）多时，故不可见。

（弘治十三年五月甲寅）日食。——《孝宗实录》2911

（乙卯初二）钦天监春官正李宏等推算日食，谓寅亏卯圆。及期验之，乃亏于卯而复圆于辰。礼部劾奏弘等，并掌监事少卿吴昊等各宜治罪。上曰，李弘等职专历象，推验差错，令法司逮问。吴昊等失于详审，姑宥之，仍各停俸两月。——《孝宗实录》2911

五月初一甲寅（1500.05.27）日环食，我国各地均可见。环食带经过青海、甘肃、内蒙古西部。玉门在环食带内，见食0.94。北京初亏5:26（真时卯初一刻），食甚6:28（卯正一刻），见食0.85，复圆7:36（辰初一刻）。南京见食0.71，西安0.84，广州0.60。

《明实录》未列出钦天监预报和实测的详细数据。如果预报在寅末亏卯末圆，误差也不过两刻时间。通过其他日月食的实测数据可见，当时时间测量的误差也有好几刻。

正德九年八月辛卯朔，日有食之。——《武宗实录》2325

八月初一辛卯（1514.08.20）日全食，全食带经新疆、青海、陕甘川、湖北、江西、福建横贯我国东西，南昌在全食带中心，见食1.03。北京食甚11:59，见食0.70。南京见食0.90，西安0.94，广州0.84。

这次日全食影响极大，《明史·历志一》称："历官报食八分六十七秒，而闽广之地，遂至食既。"许多地方志记载了"日食既""昼晦星见""鸡犬悉惊"的日全食场景。各地记载这次日食食既情形的地方志有62处，其中湖北1处、湖南8处、江西27处、浙江5处、福建8处、广西5处、安徽6处、四川1处、山东1处（详见本书第3章）。

（嘉靖七年八月乙丑）钦天监言本年闰十月朔以大统历推日不食，以回回历推日食二分四十七秒，疏下所司。——《嘉靖实录》2104

闰十月初一己巳（1528.11.12）日环食，我国大部可见。北京食甚10:23，见食0.04。西安见食0.22，南京0.17，广州0.42，昆明0.50。这次日食，《明史·本纪》没有记录,《明会要》《明史·历志》有载。

> 嘉靖四十年二月辛卯朔,日食。是日微阴,钦天监官言日食不见,即同不食。上悦以为天眷(礼部尚书吴山未见日食却主持了救护礼,礼部给事中李东华失于参正,诸官获罚俸记罪云)。——《世宗实录》8183

二月初一辛卯(1561.02.14)日环食,环食带经过西藏、青海、甘肃、宁夏、陕西、山西、河北、辽宁等省(自治区),拉萨、兰州、北京、沈阳在环食带中。北京食甚17:25,见食0.95。南京见食0.73,西安见食0.87。

当天北京日落18:00,日落前35分钟能够见到食分达到0.95的日环食。即使浓阴也应该察觉到"昼晦",何况"微阴",居然没有发现!或许预报的时间太早,一顿争吵之后,已经无人注意观天;抑或"上悦以为天眷"之后,无人敢去报忧了。

> (嘉靖四十年七月己丑朔)是日,日食一分五秒,例免救护(礼部尚书袁炜言贺,上以为然)。——《世宗实录》8255

七月初一己丑(1561.8.11)日环食,我国东南部可见。北京不见。南京见食 0.22,西安见食0.10。

> 隆庆六年六月乙卯朔,日食,自卯正三刻至巳初三刻,所不尽分余,躔井宿度。先是,礼部奏,寅刻,百官赴思善门哭临(穆宗崩),毕,赴本部救护。青衣角带,不用鼓乐。毕,仍素服腰绖办事。又丧礼方殷,阁臣候,不时咨问,免出行礼。俱报可。——《神宗实录》9

六月初一乙卯(1572.07.10)日环食,环食带自西藏至黑龙江横贯我国,经过青海、甘肃、宁夏、内蒙古、吉林等省(自治区),银川、呼和浩特、长春、哈尔滨在环食带中。北京初亏 7:00,食甚 8:16,见食 0.92,复圆 9:44。南京见食 0.69,西安 0.84,哈尔滨 0.95。据计算,北京初亏、复圆时刻,相当于北京真时卯正三刻、巳初二刻。

> 万历五年闰八月乙酉朔,午正一刻,日应食六十三秒,云遮不见。——《神宗实录》1441

闰八月初一乙酉(1577.09.12)日偏食,我国仅黑龙江、吉林可见偏食。北京 11:30（北京真时午初一刻）日月相合，不见食。

（万历十二年十一月癸酉）午刻，日应食不食。——《神宗实录》2859

《明史·历志一》："大统历推日食九十二秒，回回历推不食，已而回回历验。"

十一月初一癸酉（1584.12.02），午时合朔，但日月相距 0.2°，不能食。预报失误。

（万历十八年六月）乙亥，礼部奏言，本年七月朔孟秋时享太庙。旧例以午时为定期。今日食初亏在本日未正三刻。恐皇上将事之后，执事陪祀各官赴部救护，奔趋未便，请暂更巳时庙享。从之。——《神宗实录》4157—4158

万历十八年七月庚子朔，日食。——《神宗实录》4177

七月初一庚子（1590.07.31）日环食，环食带经过我国西藏南部至老挝、越南。北京初亏 16:25（北京真时申正初刻），食甚 17:26，见食 0.43。南京见食 0.55，西安 0.60，拉萨 0.89，昆明 0.85。

（万历二十四年闰八月）乙丑巳正二刻，日食初亏正（酉）[西]，午初四刻，食九分余。——《神宗实录》5637

八月初一乙丑（1596.09.22）日全食，全食带自西北向东南经过北京以北，锡林浩特、大连在全食带中。北京初亏 10:00（北京真时巳初三刻），食甚 11:18（午初初刻），见食 0.95。南京见食 0.82，西安 0.69。

《明史·历志一》邢云路上书言："闰八月朔日食，《大统》推初亏巳正二刻，食几既，而臣候初亏巳正一刻，食止七分余。"邢云路时任河南佥事。邯郸初亏 10:01，食甚 11:19，食分 0.84，复圆 12:39；洛阳初亏 10:01（洛阳真时巳初二刻），食甚 11:18，食分 0.76，复圆 12:37。邢云路的观测，食分差不多，时刻却差得很远。何况他用洛阳的观测来否定钦天监对北京的预报，也显得外行。

（万历三十一年三月壬午）钦天监奏四月朔日辰时，日食八分八十八秒，巳时复圆（因与日食救护时间冲突，改孟夏庙享之期于初五日）。——《神宗实录》7194

（万历三十一年四月戊子）谕内阁，孟夏日食，朕心深切兢惕。——《神宗实录》7201

四月初一丁亥（1603.05.11）日环食，环食带自西藏至黑龙江横贯我国，经过青海、甘肃、内蒙古等省（自治区）。北京食甚 8:46（北京真时辰正二刻），见食 0.90，复圆 10:06（巳初三刻）。南京见食 70，西安 0.86，拉萨 0.94。

万历三十八年十一月壬寅朔，日食约七分余，在尾宿度，初亏未正三刻，申半，日入未复。——《神宗实录》9001

（万历三十八年十一月）丙寅，礼部上言，先据钦天监奏称，本年十一月壬寅朔日食七分五十七秒，未时正一刻初亏，申时初三刻食甚，酉时初刻复圆。食甚日躔尾宿一十五度八十五分一十三秒。至救护日随据该监五官灵台郎刘臣等呈称，先该春官正戈谦亨等推算，到本年此月壬寅朔日食，候至未正三刻，观见初亏西南；申初三刻食甚正南；复圆酉初初刻东南，约至有七分余食甚；日躔黄道，测在尾宿度分……（责戈谦亨推算不准确）。臣等复阅邸报，见兵部职方司员外郎范守己疏称亲验日晷，未时正一刻不亏，正二、正三、正四刻俱不亏，至申初二刻始见西南略有亏形，正二刻方食甚，又以分数不至七分五十余秒，所见与钦天监又异，诚难悬断……（建议通过一系列观测，改进历法）。留中。——《神宗实录》9012—9014

十一月初一壬寅（1610.12.15）日环食，环食带擦过我国东南沿海，广州、海口、香港、台北在环食带中。食甚时日在尾 16 度。北京 14:46（北京真时未正二刻）初亏，16:14（申正初刻）食甚，见食 0.61，17:29（酉初一刻）复圆，日落 16:51（申正二刻）。南京见食 0.78，西安 0.65，广州 0.91。

本条记录对该次日食有三组数据：戈谦亨的计算、刘臣的观测和范守己的观测。这些数据和现代天文计算结果相比，还是戈谦亨的计算最准确。范守己的初亏时刻竟然差了 4 刻！至于食分，范守己是对的，比预报的要小。

（崇祯二年）五月乙酉朔，日食。上以钦天监分刻不合，责礼部。礼部请查例修改，允之。——《崇祯实录》0051、0052

（崇祯二年五月庚子）礼部疏言：本月初一日日食。原题，初亏巳正三刻，而今在午初一刻，则已差二刻矣。原题复在午正三刻，而实在午正一刻，又差二刻矣……（奏请改历）。——《崇祯长编》1366、1367

五月初一乙酉（1629.06.21）日全食，我国除新疆和东北外均可见偏食。北京初亏（北京真时巳正四刻）11:14，食甚 11:58（午初三刻），复圆 12:42（午正一刻），见食 0.17。南京见食 0.44，西安 0.29，海口 0.76，宁城 0.12，全食带经过西贡—马尼拉一线。

《明史·历志一》："徐光启依西法预推，顺天府见食二分有奇，琼州食既，大宁以北不食。大统、回回所推顺天食分时刻，与光启互异，已而光启法验，余皆输。"

将钦天监预报、礼部实测与现代天文计算相比，初亏实测差 2 刻，预报几乎不差；复圆实测不差，预报差 2 刻。

> （崇祯）四年辛未十月辛丑朔，日食。帝升殿，以日食改于来月颁历。——《崇祯长编》2937，《崇祯实录》0136

十月初一辛丑（1631.10.25）日偏食，我国东北部可见。北京食甚 12:54，见食 0.11。南京见食 0.02，哈尔滨 0.30。本应每年十月朔颁历，因日食改期。

《明史·历志一》："光启又进《历书》二十一卷。冬十月辛丑朔日食，新法预顺天见食二分一十二秒，应天以南不食，大漠以北食既。"徐光启预报南京以南不食、北京 0.212 大致不误，但本次日食最甚处（堪察加半岛）食分 0.53，大漠以北（伊尔库茨克）0.12，就误差太大了。

> 崇祯十年春正月辛丑朔，日食，免朝贺。——《崇祯实录》0299

正月初一辛丑（1637.01.26）日环食，我国东部可见偏食。北京食甚 14:08，见食 0.20。南京见食 0.39，西安 0.19，广州 0.47，太原 0.18，昆明 0.24。

《明史·历志一》："十年正月辛丑朔，日食，天经等预推京师见食一分一十秒，应天及各省分秒各殊，惟云南、太原则不见食。其初亏、食甚、复圆时刻亦各异。大统推食一分六十三秒，回回推食三分七十秒，东局所推止游气侵光三十余秒。而食时推验，惟天经为密。"未见时刻记录。就食分而言，还是大统历最近。

附录2 月 食

> （景泰元年正月辛卯）是日早，月食当在卯正三刻，钦天监官以为辰初

初刻，致失救护。六科十三道劾监正许惇等推测不明，下三法司，论罪当徒。诏宥之。——《英宗实录》3784

正月十五辛卯（1450.01.28）月全食，根据现代理论计算，当天 6:52 初亏（北京真时卯正二刻），8:39 食甚，食分 1.22。北京 7:23（卯正四刻）月落时，食分已超过 0.5，十分明显。兰州以西可见全食。

"月食当在卯正三刻"，应是当时的观测结果。由于计时和观察的误差，这个时刻并不准确。实际上初亏应在卯正二刻，钦天监预报在辰初初刻，差了 30 多分钟。按照钦天监的预报，初亏已在月落之后，不会见到月食，故而造成明显漏报，遭到参劾。

（天顺二年二月）甲辰昏刻，月食于翼宿，遂犯右执法星。——《英宗实录》6150

二月十五甲辰（1458.02.28）月全食，18:59 食甚，食分 1.04，在翼 11 度，同时犯右执法（β Vir），相距 0.3°。

（成化十五年十一月）戊戌晓望，月食。免朝。宥钦天监夏官正胡璟等罪。先是，钦天监奏月未入见食一分，已入不见，食八分。今至辰四刻食既（掌监事太常寺卿童轩言，古法不准，当予改进，璟等不能改，当罪。上宥之）。——《宪宗实录》3465—3466

十一月十七戊戌（1479.12.29）月全食，当天 7:05 食既，7:38 食甚，食分 1.21。北京 7:45 月落，所以可以看到初亏、食既、食甚的全食过程。现代计算还原的食既、食甚时刻，相当于地方真时的卯正三刻和辰初一刻。可见当时的计时精度相当差。

（弘治元年正月庚戌）夜，月食不及一分，免救护。——《孝宗实录》188

正月十五庚戌（1488.01.28）月偏食，次日 2:31 食甚，食分 0.03。

（弘治元年十一月丁丑）下钦天监监副吴昊、张绅、高钟等于都察院狱，以本监奏是月十六夜月食不应故也。——《孝宗实录》476

十一月十六乙亥（1488.12.18）半影月食，次日 5:39 食甚，不可见。

（弘治八年八月丙寅）钦天监奏，是夜月食不应。礼部及监察御史等官劾监正吴昊等推步不谨之罪。昊等上章自辩，谓依回回历推算则月不当食，在大统历法则当食。本监但遵守大统历法奏行，是以致误。复谍言月当食不食，为上下交修之应，冀以免罪。上曰：月食重事，昊等职专占候，乃轻忽差误如此，姑宥之。堂上官各罚俸一月，春官正等官各两月。——《孝宗实录》1886、1887

八月十六丙寅（1495.09.04）半影月食，次日 2:50 食甚，不可见。

（弘治十一年闰十一月丁丑）钦天监奏是夜月食，文武百官皆诣中军都督府救护。既而不食，随为阴云所掩。纠仪监察御史等官劾奏，掌钦天监事太常寺少卿吴昊等推算不明，宜治之法。命宥之。——《孝宗实录》2514

闰十一月十六丁丑（1498.12.28）半影月食，次日 1:18 食甚，不可见。

（弘治十三年十月丙申）是日晓刻，月食。夜，月犯天街星。——《孝宗实录》3033

十月十五丙申（1500.11.06）月偏食，当天 8:44 食甚，食分 0.86。北京不见，西安以西可见偏食，新疆、西藏可见食甚。子夜，月犯天街（κ Tau），相距 0.4°。

（弘治十五年十月）戊午，钦天监奏，弘治十六年二［月］十五日夜望，月当食一分二十秒，依回回历推算则不食。缘所食数少，请待临期观候，免百官行救护。礼部言，若不救护，恐临时月食有验，反为失误。上命如例救护。——《孝宗实录》3546、3547

（弘治十六年 1503 二月壬子）初，钦天监奏是晚月当食，至期不食。——《孝宗实录》3620

二月十五壬子（1503.03.12）半影月食，次日 4:47 食甚，不可见。

（嘉靖元年二月）壬辰夜，月食一十分七十八秒。——《世宗实录》410

二月十五壬辰（1522.03.12）月全食，16:29 食甚，食分 1.09。我国各地不可见（月食时尚未升起）。

（嘉靖二年二月丙戌）夜，［月］食一十分六十八秒。——《世宗实录》661

二月十五丙戌（1523.03.01）月全食，次日 3:58 食甚，食分 1.33。

（隆庆六年十一月）戊戌望，夜，月食子时，阴云不见。——《神宗实录》259

十一月十六戊戌（1572.12.20）月偏食，（北京 16:54 月带食出，17:53 食甚，食分 0.82，19:28 复圆）。初昏时可见明显月偏食，预报时间在子夜，误差太大，未能发觉。

（万历元年十一月辛卯）是日夜，望，月食，初亏丑四刻，至寅初三刻食既。——《神宗实录》536

十一月十五辛卯（1573.12.08）月全食，次日 1:26 初亏（北京真时丑初一刻），2:26 食既（丑正一刻），3:13 食甚（寅初初刻），食分 1.56，4:00 生光（寅初三刻），5:00 复圆（寅正三刻）。

原文丑四刻，不知是丑初还是丑正。若丑初，初亏至食既约 105 分钟；若丑正，初亏至食既约 45 分钟。天文计算得 60 分钟。考虑到肉眼观察初亏还会有一点迟滞，原文当是丑正。再将观测与天文计算相比较，误差竟然大到六七刻！不过，若"食既"乃食甚之误，设所记初亏为丑初四刻，则两个观测计时都误差 3 刻。

（万历五年三月壬寅）丑正三刻，月食既。——《神宗实录》1373

三月十五壬寅（1577.04.02）月全食，次日 2:20（北京真时丑正初刻）初亏，3:19 食既（寅初初刻），4:05（寅初三刻）食甚，食分 1.56。

（万历五年闰八月）庚子卯初四刻，月应食不食。——《神宗实录》1450

八月十六庚子（1577.09.27）月全食，当天 6:17（北京真时卯正一刻）初亏，8:13 食甚，食分 1.49。北京月落 6:15，不可见。西安以西可见偏食，乌鲁木齐可见全食。

预报时刻偏早，实际月食发生时月已落，看不到月食。

（万历六年二月丁酉）是夜戌正三刻，月食。——《神宗实录》1554

二月十六丁酉（1578.03.23）月偏食，20:33（戌正一刻）食甚，食分 0.28。

（万历十二年四月）辛酉戌时初刻，月食。——《神宗实录》2761

四月十五辛酉（1584.05.24）月全食，19:43（北京真时戌初二刻）食甚，食分 1.82。

（万历十三年四月）乙卯夜，望，月食约五分余。——《神宗实录》2933

四月十四乙卯（1585.05.13）月偏食，次日 0:24 食甚，食分 0.48。

（万历十三年闰九月）癸丑夜望，月食约五分余。——《神宗实录》3013

闰九月十六癸丑（1585.11.07）月偏食，17:59 食甚，食分 0.19。

（万历十五年二月）乙亥夜，望，月食约九分余，其体赤黄色，测在轸宿度分，至亥正三刻复圆正西。——《神宗实录》3418、3419

二月十六乙亥（1587.03.24）月全食，20:17 食甚，食分 1.06，在轸 5 度，21:53（北京真时亥初二刻）复圆。

（万历十九年五月）庚辰亥时，月食。——《神宗实录》4380

五月十六庚辰（1591.07.06）月全食，次日 0:27 食甚，食分 1.53。

万历二十年五月庚申朔，礼部言十五夜月食，该监推算差一日，宜究。奉旨救护。改正行监官李钦等各罚俸二月。——《神宗实录》4613

甲戌夜，月食。——《神宗实录》4618

丁丑，以月食时刻分秒监官推算失真，礼部再疏参罚，夺监正张应候、历官李钦等俸有差。——《神宗实录》4619

五月十五甲戌（1592.06.24）月偏食，次日 5:38 食甚，食分 0.71。

综观《明实录》所记明代月食预报，时间误差不过数刻。本次月食，实际上是次日乙亥清晨，但也符合取前一日日期的惯例。"差一日"之说，应属误会。礼部官员事先说差一日，事后又说时刻分秒失真，有蓄意陷害之嫌。

> （万历二十三年十一月壬午）钦天监奏，次岁三月十五日夜望月应食。依大统、回回二历推算，其分秒时刻、起复方位微有异。下所司。——《神宗实录》5391

> （万历二十四年三月壬午）月应食不食。先是，春官正李钦等推算，望月食三分七十秒。候至寅正初刻，月体未亏，亦无占咎。——《神宗实录》5488

二十四年三月十五壬午（1596.04.12）月偏食，次日 3:30（北京真时寅初一刻）初亏，4:33（寅正一刻）食甚，食分 0.37。

预报的食分准确，时间也应该差不太远，这么明显的月食居然没有看到。应该是把壬午次日凌晨的月食误作当日。

> （万历三十年四月丙午）是夜月食，子正初一刻亏，卯初一刻复圆。——《神宗实录》6959

四月十五丙午（1602.06.04）月全食，次日 0:19 初亏（北京真时子正初刻），2:16 食甚，食分 1.67，4:13 复圆（寅正初刻）。

"子正初一刻"不通，当是"子正一刻""子正初刻"或"子初一刻"初亏，到卯初一刻复圆，分别是 5 小时到 6 小时。与天文计算的近 4 小时相比，都显得太长。不过，还是子正一刻接近些。

> （万历三十四年二月乙卯）是日夜，望，月食。——《神宗实录》7901
> （万历三十四年二月丙辰）夜，月食既。——《神宗实录》7902

二月十六乙卯（1606.03.24）月全食，18:21 食甚，20:08 复圆，食分 1.43。北京及我国东部地区可见月带全食而出；中部可见偏食；新疆、西藏不见月食。《神宗实录》所记乙卯月食不误，次日丙辰再食则误，可能是预报子夜月食，事关前后两日。《神宗实录》编撰时作为两条记录，分别插入两天，不再连贯。

> （万历三十七年六月）丙寅卯刻，月当食，云遮月体不见。——《神宗实录》8662

六月十七丙寅（1609.07.17）月全食，当天 7:24 食甚，食分 1.38。北京不可见（月食开始时，月亮已落下）；西安以西可见偏食。

（万历三十七年十二月壬戌）夜，望，月食自戌至亥既。——《神宗实录》8778

十二月十五壬戌（1610.01.09）月全食，18:56（北京真时酉正二刻）初亏，19:55 食既，20:42 食甚（戌正一刻），21:30 生光，22:29（亥正初刻）复圆，食分 1.58。

（万历四十年四月）甲申，夺钦天监推算官俸三月。仍谕礼部，历法紧要，还酌议修改。先是，该监题十五日己卯晓望月食六分二十秒，初亏寅一刻，复圆辰初初刻。至期部委主事一员同五官灵台郎刘臣测得，候至寅时三刻初亏东南，其体赤色，约食三分余，与前不合。礼部请加罚治，从之。——《神宗实录》9307、9308

四月十五己卯（1612.05.15），当天晨见月偏食，初亏4:27（北京真时寅正一刻），食甚5:46，复圆7:06（卯正三刻），食分0.56。北京见月带食落，西安以西可见食甚。

记录未说明"初亏寅一刻"是寅初还是寅正。若寅初一刻，至复圆（辰初初刻）3小时46分；若寅正一刻，至复圆2小时46分。按照天文计算，初亏至复圆是2小时39分。原文应是寅正。

与现代计算比较。预报初亏不差，复圆差了1刻，食分也较接近。刘臣的观测，显然不如预报的准确。

（万历四十四年七月己巳）原任陕西按察使邢云路献七政真数……（叙天体交会之理）。以此法布算，今岁七月十六日戊寅夜望月食……（推算的中间步骤和数据）。初亏丑初二刻，食既丑正一刻，食甚寅初二刻，生光寅初三刻，复明寅正三刻。此月食之数，即日月交之数也。——《神宗实录》10359、10360

万历四十四年七月初一己巳。计算显示，万历四十四年七月十六甲申（1616.08.27）当天月全食中国不可见。万历四十五年七月十六戊寅（1617.08.16），后半夜月全食，初亏 1:29（北京真时丑初初刻），食既 2:31（丑正初刻），食甚 3:13（丑正三刻），生光 3:55（寅初二刻），复圆 4:57（寅正二刻），全程可见。

从月食时间和日期干支来看，邢云路所计算的月食是万历四十五年，《实录》中也有载。文中称"今岁"，可见献书也在四十五年。实录中误置于四十四年。另外，邢云路所算的食甚时刻与其他时刻不协调，当是寅初初刻之误。

与现代计算比较，邢云路预报的各项时刻大约晚 1 刻。

（万历四十六年正月乙亥）是夜亥初二刻，月食二分。——《神宗实录》10638

正月十五乙亥（1618.02.09）月偏食，22:31（北京真时亥正初刻）食甚，食分0.18。

无法判断记录是预报还是实测，时间差2刻，食分准确。

（泰昌元年十一月）己丑夜，月有食之，既。时历官戈永龄等所报数刻有差。署部事礼部侍郎郑以伟上言：月，阴德也，于象为刑，况今岁食甚，至全魄皆黑，旋复变红，则与寻常亏蚀大不相同……至戈永龄等推步未合，盖缘泥其师说，罔知心会，当薄加罚治。上曰：月食自当修省。该监官占验有差，各夺俸一月。——《熹宗实录》148、149

十一月十六己丑（1620.12.09）月全食，次日1:17食甚，食分1.60。月全食时，由于地球大气的折射，月面呈深红色。但天气状况不佳（雾霾薄云）时，月亮就全然不见。实录所记"大不相同"，实则天气由差变好所致。

（天启三年九月壬寅）酉月食，亥复圆。——《熹宗实录》1955

九月十五壬寅（1623.10.08）月偏食，17:51（北京真时酉初三刻）初亏，19:16食甚，20:14（戌正初刻）复圆，食分0.60。

（天启六年十二月）癸丑，月有食之，凡食八分七十六秒，自酉至亥二刻复圆。——《熹宗实录》3826

十二月十五癸丑（1627.01.31）月偏食，17:24（北京真时申正三刻）初亏，17:26北京月出，18:57（酉正二刻）食甚，食分0.80，20:30（戌正初刻）复圆。时刻误差较大，食分大致正确。

（崇祯七年正月辛丑）满城布衣魏文魁上言：今年甲戌二月十六日癸酉晓刻月食，今历官所订乃二月十五日壬申夜也。八月应乙卯日食，今乃以甲寅，遂令八月之望与晦并白露秋分皆非其期。讹谬尚可言哉！臣年已七十八矣，谨将本年日食月食时刻分秒，详具进览。命召文奎入京测验。——《崇祯实录》0188、0189

二月十六癸酉（1634.03.15）月偏食，食甚 4:52，食分 0.87。历官在十五日夜，魏文魁在十六日晓，并无差别。八月合朔在乙卯子时（1634.08.24，0 时），没有日食发生。由于朔在临界，八月初一本应在乙卯，历官设在甲寅，略有误差。但是朔在子时竟然算出日食，魏文魁和历官都差得太远［实际上日食在闰八月甲申（1634.09.22），中国不可见］！